珠江水利委员会珠江水利科学研究院
粤港澳大湾区水安全保障重点实验室
水利部珠江河口治理与保护重点实验室



# 华南河口海岸台风浪潮灾害防御关键技术

王世俊　侯　堋　朱小伟◎著

河海大學出版社
HOHAI UNIVERSITY PRESS
·南京·

## 内容提要

河口海岸地区是海陆相互作用研究的重点区域。华南海岸地区是我国最富特色的区域，有经济发达的粤港澳大湾区，但同时大湾区也是受台风浪潮影响最为显著的地区之一。本书以华南河口海岸地区为研究对象，在总结近20年来华南河口海岸工程咨询、规划及城市设计国际竞赛经验的基础上，提炼华南河口海岸台风浪潮致灾机理及灾害链防治技术。结合新形势下河口海岸保护与修复理念，构建台风浪潮耦合高精度预报、浅滩侵蚀防护、硬质海堤生态化改造、滨海城市韧性防护等关键技术，形成台风浪潮致灾机理—规律分析—趋势研判—关键技术的完整预测预报与治理技术体系，为河口海岸地区韧性防灾体系构建、柔性防护工程设计与适应性管理提供科学依据。

本书结合大量实测数据与遥感影像，通过数字模拟和物理模型等综合分析方法，建立了河口海岸台风浪潮灾害链形成机制并开展了韧性防范关键技术研发。研究成果旨在为从事河口海岸工程设计优化、综合治理与保护、水利规划与管理等相关工作的专业人员提供参考。

**图书在版编目(CIP)数据**

华南河口海岸台风浪潮灾害防御关键技术 / 王世俊，侯堋，朱小伟著. -- 南京 ：河海大学出版社，2022.12

ISBN 978-7-5630-7906-3

Ⅰ. ①华… Ⅱ. ①王… ②侯… ③朱… Ⅲ. ①台风灾害—灾害防治—华南地区②海浪—灾害防治—华南地区 Ⅳ. ①P425.6②P731.22

中国版本图书馆CIP数据核字(2022)第245890号

**书　　名**　华南河口海岸台风浪潮灾害防御关键技术
**书　　号**　ISBN 978-7-5630-7906-3
**责任编辑**　金　怡
**责任校对**　卢蓓蓓
**封面设计**　徐娟娟
**出版发行**　河海大学出版社
**地　　址**　南京市西康路1号(邮编:210098)
**电　　话**　(025)83737852(总编室)　(025)83722833(营销部)
**经　　销**　江苏省新华发行集团有限公司
**排　　版**　南京布克文化发展有限公司
**印　　刷**　广东虎彩云印刷有限公司
**开　　本**　710毫米×1000毫米　1/16
**印　　张**　14.5
**字　　数**　259千字
**版　　次**　2022年12月第1版
**印　　次**　2022年12月第1次印刷
**定　　价**　89.00元

# 前言

河口海岸地区既是经济最活跃的地区，也是受台风浪潮影响最显著、受破坏程度最大的地区，因此，河口海岸地区是国际地圈生物圈（IGBP）研究的重点区域。华南沿海地区作为我国经济增长最快的几个区域之一，同时粤港澳大湾区也是国家战略所在地，其不仅在经济发展方面起到引领作用，而且在保障社会安全、体现一国两制优越性方面贡献自身力量。华南沿海地区直面台风浪潮影响，台风浪潮自海向陆传播过程中，在不同阶段分别对海床稳定、近海工程、海岸岸滩、海堤工程、海岸生态产生不同程度的负面影响，由此并发传导效应，形成系列灾害链，从而造成更严重的破坏与损失，对区域经济、社会、环境等产生明显不利影响。因此，开展台风浪潮灾害链研究，具有迫切的实际工程意义。

全书共分 7 章，第 1 章概述台风浪潮灾害及防御体系基本情况；第 2 章介绍华南沿海台风浪潮基本特征及致灾机理；第 3 章介绍台风浪潮耦合模拟技术及动力特征；第 4 章介绍台风浪潮模拟技术在河口区增水预报中的应用；第 5 章介绍台风浪潮对砂质海岸的侵蚀影响及工程响应；第 6 章介绍兼顾安全与生态的植物消浪防护关键技术；第 7 章介绍台风浪潮综合防护与砂质岸滩保护技术在深圳城市综合更新中的应用。

参加本书撰写的有侯堋、王世俊、王其松、刘晓建、朱小伟、黄春华等，其中第 1 章由侯堋、王世俊、黄春华撰写；第 2 章由王其松、刘晓建、朱小伟撰写；第 3 章由侯堋、王其松、黄春华撰写；第 4 章由侯堋、王其松、朱小伟撰写；第 5 章由王世俊、王其松、侯堋撰写；第 6 章由朱小伟、侯堋、王世俊撰写；第 7 章由侯堋、王世俊、王其松撰写。全书由王世俊负责统稿，侯堋、朱小伟负责编辑、校审工作。

本书相关研究工作得到了国家重点研发计划项目“河湖岸线和内河洲滩资源高效利用与保护关键技术研究”、国家自然科学基金“弱潮河口羽状射流对拦门沙形态塑造的影响机制”、水利部 2021 年流域重大关键技术研发项目“珠江河口水沙变异及治理保护关键技术”、自然资源部“阳江海陵大堤东北侧红树林生态系统减灾功能评估”等项目的资助，研究过程中得到何用、吴小明、陈荣力、刘诚等教授级高级工程师的专业指导，以及诸多同事的交流指导，在此一并致谢！

华南河口海岸地貌结构复杂，地质基础差异较大，区域经济与社会发展水平也差异显著，此外，在不同台风暴潮影响下，灾害影响程度不一，灾害防护措施存在较大差异。由于作者专业能力所限和基础资料欠缺，书中错漏之处在所难免，衷心欢迎读者批评指正。

# 目录

# 1

# 概述

我国沿海地区是海洋灾害多发、频发区和主要受灾区，历年来，台风浪潮灾害损失居于全国各类灾害前列。据统计，1949—2018 年 70 年间登陆中国的台风共计 627 个，平均每年约 9 个[1]。近年来，随着全球气候变暖，海平面上升，水汽运动加剧进而导致台风发生的频率和强度增加。以华南沿海为例，2017 年"天鸽"及 2018 年"山竹"——两场超强台风给两岸人民生命财产安全造成了重大损失，"天鸽"台风直接造成的经济损失达 51.54 亿元，"山竹"台风直接造成的经济损失达 24.57 亿元[2]。由台风引发的链式灾害，对沿海人民群众的生产生活造成严重影响，直接影响到人民的生命安全、海岸资源开发利用和社会经济的可持续发展。《国家综合防灾减灾规划（2016—2020 年）》提出"进一步完善海洋防灾减灾体制机制，扎实提升海洋防灾减灾防御水平，全面提升沿海海洋防灾减灾能力，保障人民群众生命财产安全和海洋经济持续健康发展，推进海洋防灾减灾事业科学发展"。积极开展台风暴潮灾害防灾减灾工作，科学有效防范和应对各种灾害，对于完善我国综合防灾减灾体系，缓解海洋经济发展与海洋灾害的矛盾，维护经济稳定发展、构建和谐社会，保障沿海地区经济社会可持续发展具有重大意义。

由于台风-风暴浪潮灾害伴随着强风、风暴潮、巨浪等，河口海岸的台风致灾因子呈现多样性，灾害过程呈现时空耦合性、群发性和整体联动性等特征[3]。以往多集中于致灾因子的某一方面进行单项研究，缺乏对台风-风暴浪潮灾害链链式效应和致灾机理的综合研究，导致研究成果难以综合地反映灾害的链式过程。因此，需开展更为系统全面的台风-风暴浪潮灾害链致灾机制研究，全方位、多链条考虑台风暴潮的致灾过程，这对为减灾应急管理提供理论依据和技术支撑极为重要。

传统的海岸灾害防御，多以"挡"为主，在海岸灾害防御方面曾发挥重要作用。但在新的发展理念和发展形势要求下，传统的灾害防御措施存在以下几个方面的弱点：①割裂河口海岸系统景观，破坏了河口海岸生态功能；②设施老化，华南海岸防护工程大多修建于 20 世纪 80—90 年代，标准偏低、结构安全性差；③更新困难，原灰色防御工程大多是单一功能的硬质工程，这些工程大多是采用确定的标准来防御不确定的风险，然而随着海平面上升、极端天气频发，防护工程的防护能力已不能满足新的水文情势下的防护要求，但受地质基础、用地的限制，更新困难。

党的十九大报告将坚持人与自然和谐共生作为新时代坚持和发展中国特色社会主义的基本方略之一，而以往的防护工程仅能在台风暴潮发生时发挥防御作用。在正常情况下，其对城市及生态景观产生割裂作用，因此需要研究综合考虑生态、景观等多元功能的新型防御措施，在考虑防御功能的同时，强化河口海岸带生态环境保护意识，构建多层次纵向韧性防护体系，重视生态型防护策略，因地施策，全方位提升河口地区的防灾减灾能力。

## 1.1 华南海岸带风暴浪潮基本特征

华南海岸带是我国受台风影响最频繁、受灾最严重的几个地区之一。根据相关统计，1949—2021年，对广东省沿海造成影响的热带气旋超过400次，其中台风以上级别的热带气旋占比超过1/4。根据《中国海洋灾害公报》[4]相关数据，风暴潮导致的经济损失占各类海洋灾害的比例甚至超过90%，广东省是受灾最严重的几个省份之一。

2017年，强台风“天鸽”(1713)12时50分前后以强台风级(14级，45 m/s)在中国广东省珠海市登陆，导致中央气象台发出2017年首个台风红色预警信号，港澳气象部门发出十号飓风信号，且登陆时恰逢天文大潮，给珠海、香港、澳门等地区带来重大破坏。其风力之大、降雨量之强使珠江口西岸地区遭受几十年一遇的罕见风灾，并造成了24人死亡和重大经济损失，广东省直接经济损失达51.54亿元。沿海观测到的最大风暴增水为279 cm，发生在珠海站。增水超过100 cm的还有三灶站(216 cm)、横门站(215 cm)、赤湾站(203 cm)、黄埔站(194 cm)、盐田站(129 cm)、惠州站(120 cm)和汕尾站(118 cm)。惠州站、盐田站、赤湾站、黄埔站、横门站和珠海站最高潮位达到当地红色警戒潮位，上述各站均破历史最高潮位纪录。珠海站、赤湾站、横门站和黄埔站最高潮位分别超过当地红色警戒潮位147 cm、72 cm、58 cm和12 cm，三灶站最高潮位达到当地橙色警戒潮位，汕尾站最高潮位达到当地黄色警戒潮位。

“山竹”(1822)台风于2018年9月16日17时前后在广东省台山市海宴镇附近沿海登陆，登陆时中心附近最大风力14级，为2018年登陆我国最强台风，造成广东省直接经济损失23.70亿元。沿海观测到的最大风暴增水为339 cm，发生在三灶站。增水超过100 cm的还有横门站(289 cm)、惠州站(278 cm)、黄埔站(274 cm)、赤湾站(247 cm)、汕尾站(178 cm)、台山站(175 cm)、北津站(147 cm)、海门站(129 cm)、汕头站(114 cm)和闸坡站(113 cm)。横门站、惠州站、三灶站、赤湾站和黄埔站最高潮位分别超过当地红色警戒潮位 93 cm、71 cm、64 cm、57 cm 和 46 cm，其中横门站、惠州站和三灶站最高潮位破历史最高潮位纪录。汕尾站最高潮位达到当地橙色警戒潮位，北津站最高潮位达到当地黄色警戒潮位。

## 1.2 台风浪潮灾害链特征分析

随着城市化进程的不断加快，生态圈中各要素之间的关联性越来越大。自然灾害复杂的形成机理及内在关联性，导致很多次生灾害的发生，形成链式效应，进而导致的损失远远超过单一灾害造成的损失。

当由台风诱发的暴雨、大风、风暴潮等致灾因子独立地或者与其他因素联合发生时，引发的同源型、串联型、混联型等链状次生灾害即为台风灾害链。台风灾害链已成为影响河口地区最严重的自然灾害之一。严重的灾情通常源于台风引起的风暴潮、洪涝、堤防垮塌等次生灾害，在时间与空间上连锁反应形成的灾害链作用，造成灾情积累放大。台风灾害链包括台风-飓风灾害链、台风-洪涝灾害链及台风-风暴浪潮灾害链，本书针对台风-风暴浪潮灾害链开展相关研究，主要的链式灾害表现形式见图 1.2-1。

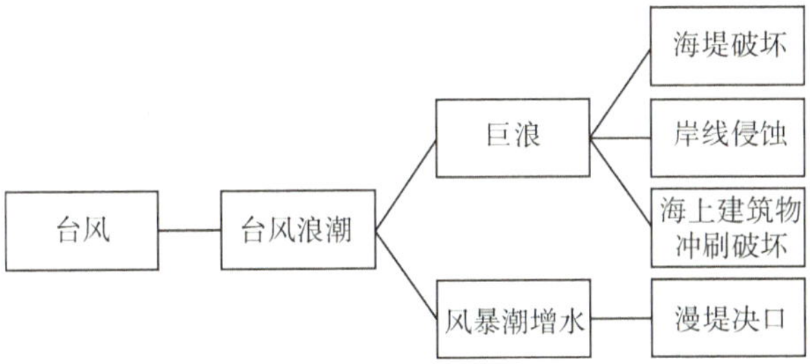


**图 1.2-1　台风-台风浪潮灾害链示意图**

台风灾害以及链式效应导致的灾害往往会造成巨大的损失，因此，需对台风灾害链发生过程的多因性、耦合性等特征开展致灾机理研究，并采取综合断链减灾措施。由于台风灾害链的源头难以人为控制，因此应从切断灾害链的传递及加强承灾体的防护角度提出减灾措施，减轻链式效应，从而达到防灾减灾的目的。

近年来，由于全球气候变化，极端天气频发而带来的“黑天鹅”灾害事件使得基于韧性城市构建的防灾减灾措施成为各级政府研究的重点及热点。

国外在这方面已经积累了多年的实践经验[5]；国内研究虽然起步较晚，但是对此问题日益重视，加快了韧性防灾减灾的步伐。基于韧性、生态、多元的灾害防护技术成为未来风暴浪、潮防灾减灾技术研究的重点。

## 1.3 生态海堤建设需求

党的十九大报告指出，建设生态文明是中华民族永续发展的千年大计，要坚持人与自然和谐共生，还自然以宁静、和谐、美丽，构建生态廊道和生物多样性保护网络，建设美丽中国。习近平总书记在 2016 年提出了新时代防灾减灾救灾新理念“两个坚持、三个转变”，要坚持以防为主、防抗救相结合，坚持常态减灾和非常态救灾相统一，努力实现从注重灾后救助向注重灾前预防转变，从减少灾害损失向减轻灾害风险转变，从应对单一灾种向综合减灾转变。推进生态海堤的建设，是构建和完善沿海防潮减灾体系的重要一环。

2017 年 8 月，国家发展改革委、水利部组织编制了《全海堤建设方案》，明确了当前和今后一个时期海堤工程建设应更加注重生态保护。2018 年 10 月 10 日，习近平总书记在中央财经委员会第三次会议上提出了“实施海岸带保护修复工程，建设生态海堤，提升抵御台风、风暴潮等海洋灾害能力”，进一步为生态海堤建设指明了方向。《全国重要生态系统保护和修复重大工程总体规划(2021—2035 年)》也提出了海岸带生态保护和修复重大工程相关规划，推进“蓝色海湾”整治，开展退围还海还滩、岸线岸滩修复、红树林修复等典型海洋生态系统保护修复工作，重点提升重要海湾、河口生态环境。

根据广东省水利厅 2021 年 2 月公布的《广东省生态海堤建设“十四五”规划》，“十四五”期间规划达标加固海堤 555 km，新建海堤 41 km，规划实施后海堤防潮安全达标率将提高到 100%。规划近期至 2025 年海堤生态化改造 1 522 km，远期至 2035 年海堤生态化改造 2 100 km。目前，深圳市、东莞市及珠海市已经开展了海堤提标改造的方案论证制定工作，其中生态海堤的建设和改造是一项重要的内容。

海堤是抵御台风暴潮灾害的重要工程，海堤建设也带来了许多生态和环境问题，如滨海湿地的缩减和生物多样性的降低。20 世纪 80 年代以来，人们开始重视海堤的生态和环境问题。认识到应将生态要素纳入海堤工程建设中，通过构建陆海缓冲带和生态功能区域，提高沿海地区应对自然灾害的能力，促进自然社会的可持续发展。Jones 等[6]在美国得克萨斯州通过人工抛石、使用本地原料和本土植物构筑海堤防治沙滩侵蚀，并将其融入自然景观。Kabat 等[7]构想了一种将硬质结构、植被、木质碎屑、牡蛎礁以及其他滨海生境结合起来的生态系统。欧盟于 1999 年发布了用于指导海岸防护工程建设的《欧洲海岸带环境行为守则》，明确海堤工程建设应为滨海湿地生态系统留出足够空间，应兼顾生态保护和自然景观开发[8]。美国陆军工程师团于 2002 年发布的《海岸工程手册》指出海岸工程建设应保护并修复当地生态系统[9]。Gittman[10]发现与自然海岸相比，硬质海堤的生物多样性和丰度分别降低了 23%和 45%，而生态海堤则无明显差别。

我国生态海堤建设实践始于采取生物措施保滩护堤。珠江三角洲新会和斗门两地自 20 世纪 80 年代初期起在海堤外滩地种植适于咸水环境的落羽松等防浪林，取得了良好的防护效果。范航清[11]发现堤外分布有红树林的海堤在台风过境后破损少，指出单纯的人工海堤的护岸功能远差于海堤-红树林复合体，并强调应重视在堤外养护红树林，因其具有削减海浪能量的重要作用。严飞等[12]以长江吴淞口炮台湾湿地公园的海堤工程为例，通过在堤前设置生态岛、开挖内河等手段，在不降低海堤防潮标准的前提下，将景观、生态要素与海堤结合。潘丹等[13]在防城港西湾红沙环海堤方案设计中将海景、功能设施和绿地环境充分结合，模拟本土植物群落结构、红树林湿地植物景观带，在原有片石海堤边坡上铺设生态溢水多功能砖并填充种植土，种植花灌木和爬藤类植物，构建了海堤生态系统。南沙灵山岛部分堤段采用了超级海堤建设方案，超级海堤建设与市政道路建设结合起来，形成了宽阔的滨海生态空间系统，包括了海岸亲水带(滨海步道、亲水绿化带)、滨海绿化带(人行道、绿道)等。采用多层级消浪平台、消浪带后，海堤堤顶高程仅比相应防御标准的设计水位高 0.5 m，比传统海堤建设堤顶高程降低 1～1.5 m，有效解决了传统海堤建设面临的难题。

## 1.4 研究内容

本书以阐明河口海岸地区台风-风暴浪潮灾害链的致灾机理为基础，以“断链减灾技术”为主线，破解台风-风暴浪潮灾害链各典型灾害防护关键技术的难题，并将关键技术应用于“河湾-海岸-近海”多维空间尺度的台风浪、潮灾害的防灾减灾过程中，保障了河口地区防潮安全，提高了综合防灾减灾能力。

针对台风浪潮造成的风暴潮增水灾害、堤防破坏灾害、海岸侵蚀灾害及近海建筑物破坏灾害的致灾机理进行深入研究，为风暴浪潮灾害链断链减灾技术提供理论支撑。

在机理研究方面，研究内容包括以下几方面

(1) 河口海岸风暴潮增水机理。基于台风-海洋-海浪耦合模拟技术，明晰了台风移动路径、中心气压、最大风速半径、移行速度、波浪等特征参数对风暴增水的影响规律，提出了最不利于珠江河口的风暴潮增水的台风参数组合，结合现状堤防标准，对珠江河口进行防潮风险区划分。

(2) 极端天气下海堤破坏机理。通过二维波浪断面物理模型试验，研究了海堤破坏过程中的成灾方式和致灾机理，揭示了极端天气条件下，波浪冲击护面块体及防浪墙、高潮位水体持续越浪冲蚀背水坡等因素造成的海堤破坏机制。

(3) 极端天气条件下海岸侵蚀破坏机理。结合现场调查和采用模拟试验方式，分析了极端波浪与潮汐不同组合条件下，砂质海岸岸滩断面侵蚀差异；明确了同样波况条件下典型砂质弧形海岸近岸波高、波向的沿岸变化规律，以及海岸自切线段到遮蔽段，海岸剖面响应机理。

在河口海岸及近岸工程减灾防护方面，主要从以下 4 个方面进行技术攻关。

(1) 风暴潮增水防灾减灾关键技术。基于台风暴潮和巨浪的互制耦合机理，研发了基于台风-海洋-海浪耦合预报的模拟技术，实现了复杂曲折岸线下台风期增减水、漫滩过程及波浪场的精确模拟。

(2) 海堤生态防护关键技术。通过现场观测-多尺度波浪数值模拟-二维波浪断面物理模型试验，研究红树林种植宽度、种植密度、底坡对应的消波率变化规律，建立红树林消浪防护-种植经济效益曲线，并根据当地海堤的防护需求，推荐合理的红树林种植宽度、种植密度，为海堤生态化建设提供技术参考。

(3) 海岸侵蚀保护防护关键技术。提出了适用于华南海岸的工程措施和自适应综合措施相结合的砂质海岸防护技术，研发了一种兼具景观及防浪效果的消浪栈桥结构，解决了传统海滩保护措施对水流、泥沙及生态的干扰问题。

本书从台风-风暴浪潮灾害链致灾范围出发，系统梳理不同空间区域的致灾类型，结合研发断链减灾技术特点和适用范围，凝练总结涵盖河口海岸“河湾-海岸-近海”三个空间尺度的灾害保护防护修复模式。

# 2

# 华南河口海岸台风浪潮防灾体系现状分析

本章主要分析华南沿海地区台风浪潮现状、灾害防护体系及相关技术研究现状，评估华南沿海地区台风浪潮灾害防御发展趋势。

## 2.1 历史台风数据统计

台风预报为台风暴潮预报的基础。台风预报有两个方面，一是台风路径，二是台风风场和气压场。历史台风观测数据有助于准确分析台风当前位置、强度及结构等信息，从而提高台风路径、强度和风雨预报的精准度。因此，需细致分析历史台风数据，含台风路径、最大风速、最低气压及风速半径等。目前，已收集中国气象局发布的 1949—2014 年共 66 年间，西北太平洋（含南海，赤道以北，东经 180°以西）海域的热带气旋资料。

中华人民共和国成立至 2014 年，西北太平洋海域发生的热带气旋共 2 233 场，达到台风级别的有 1 091 场，其逐年发生次数情况见图 2.1-1。

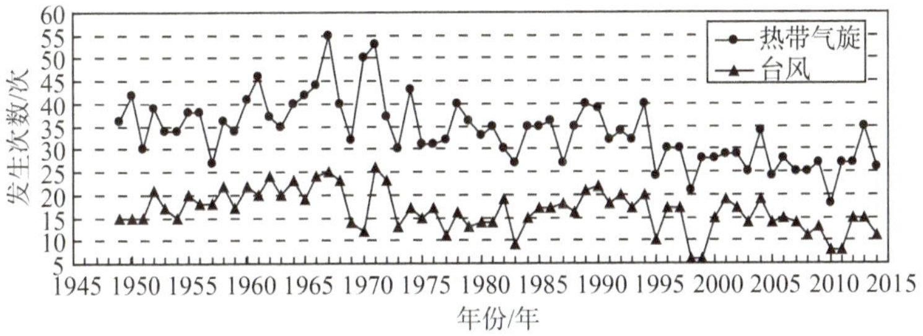


**图 2.1-1 1949—2014 年在西北太平洋海域发生的热带气旋与台风次数比较**

由图 2.1-1 可知，西北太平洋海域热带气旋年均发生次数为 33.8 次，年最多次数为 55 次，发生在 1967 年；年均台风发生次数为 16.5 次，年最多次数为 26 次，发生在 1971 年。从统计角度分析，发生热带气旋偏多的年份，台风发生数量也偏多，二者接近 2∶1 的关系，即约有一半热带气旋增强为台风。

在所有 2 233 次热带气旋中，共有 604 次在我国海岸线登陆，接近所有发生次数的 1/4；登陆我国的热带气旋逐年发生次数见图 2.1-2，年均发生 9.15 次，年最多次数为 16 次，发生在 1952 年。登陆我国的热带气旋中，有 218 次发展成台风级别，约为热带气旋发生次数的 1/3，年均发生 3.3 次，其逐年分布情况见图 2.1-3。

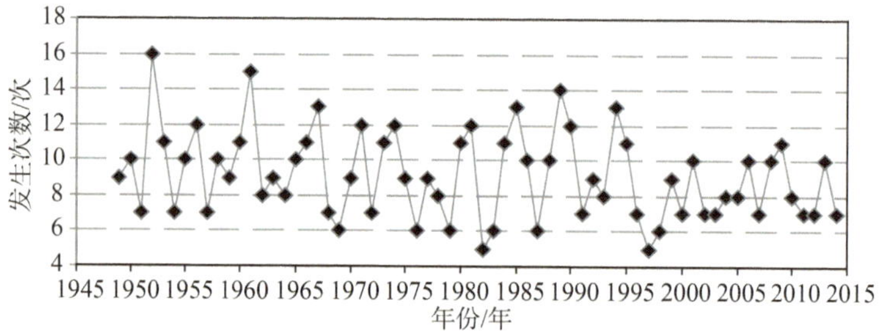


**图 2.1-2　1949—2014 年在我国登陆的热带气旋次数**

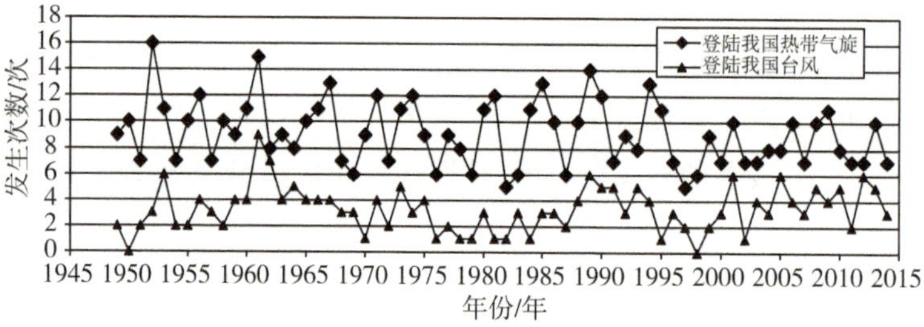


**图 2.1-3　1949—2014 年在我国登陆的热带气旋与台风次数比较**

在我国海岸线登陆的 604 次热带气旋中，影响广东沿海的有 364 次，超过登陆次数的一半，其中登陆广东 206 次、香港 11 次、海南 147 次，其逐年变化情况见图 2.1-4。影响广东的 364 次热带气旋中，台风次数为 89 次，约为热带气旋次数的 1/4，两者逐年分布情况见图 2.1-5。登陆我国的 218 次台风中，影响广东沿海的有 89 次，约占登陆我国台风数的 2/5，其中登陆广东 50 次、海南 39 次，其逐年分布情况见图 2.1-6。

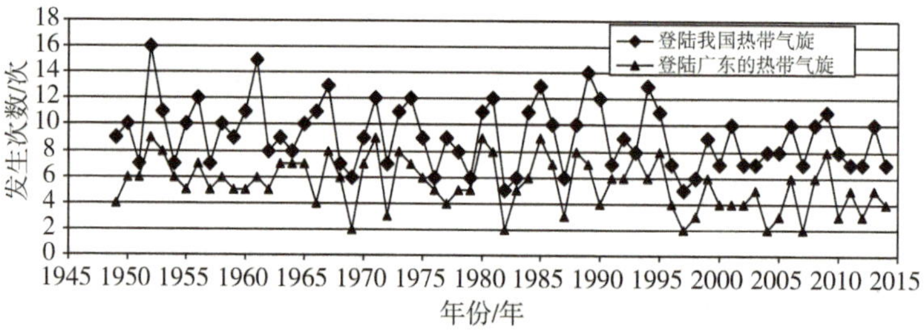


**图 2.1-4　1949—2014 年在我国登陆的及影响广东沿海的热带气旋次数比较**

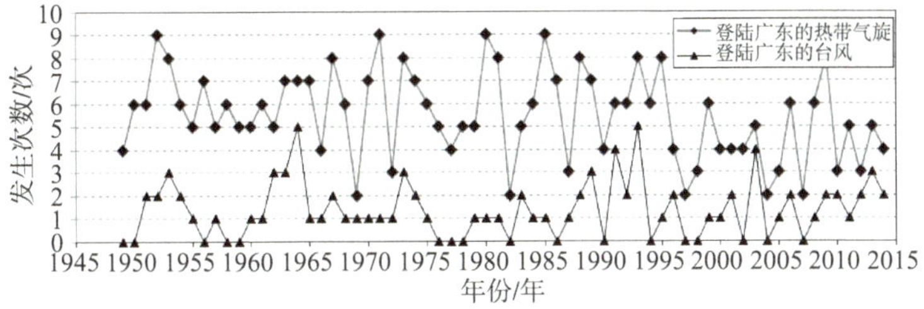


**图 2.1-5 1949—2014 年影响广东沿海的热带气旋及台风次数比较**

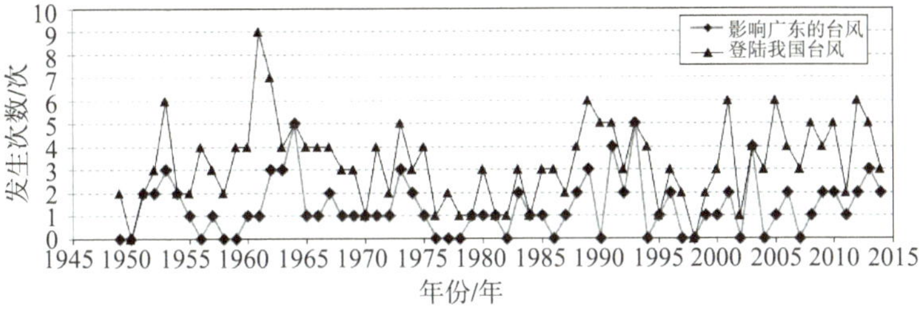


**图 2.1-6 1949—2014 年在我国登陆的及影响广东沿海的台风次数比较**

## 2.2 风暴浪潮防护体系现状分析

### 2.2.1 岸线特征

广东海岸的地层复杂多样。坚硬的基岩海岸，如花岗岩、玄武岩等，广泛分布在广东大陆沿岸半岛、岬角、沿岸岛屿；固结—松散的黏土、砂砾，如湛江组和北海组地层，主要分布在雷州半岛沿岸；东西向、南北向和东北向的构造体系，共同构成海岸轮廓的基本格局[14]。

粤东基岩海岸和砂质海岸相间分布。岩石岬角和弧形砂质海岸相间交错，将砂质海岸分隔为数百米至数千米的岸段，因此基岩岬角对砂质海岸的淤侵情况起了一定的控制作用[15]。粤东被侵蚀的海岸类型复杂多样，有三角洲砂质海岸（韩江、螺河等）、沙坝潟湖海岸（后江湾沙坝）、岬角沙坝（靖海湾沙坝、施公寮沙坝、红海湾沙坝）、湾口沙嘴（汕尾沙嘴、乌坎湾沙嘴、平海湾沙嘴）等。据孙杰等统计[16]，粤东海岸中属于侵蚀性质的岸段长度为290.4 km，占粤东岸线长度的29.5%。

粤中珠江口岸段以基岩海岸为主，砂质海岸零星分布，目前珠江每年的悬移质泥沙仍使三角洲滨线向海推移。本岸段海岸侵蚀主要分布在珠江口东侧，属于岬间砂质海岸，侵蚀强度及长度较小，属于侵蚀性质的海岸总长为116.8 km，占粤中岸线长度的8.6%[17]。

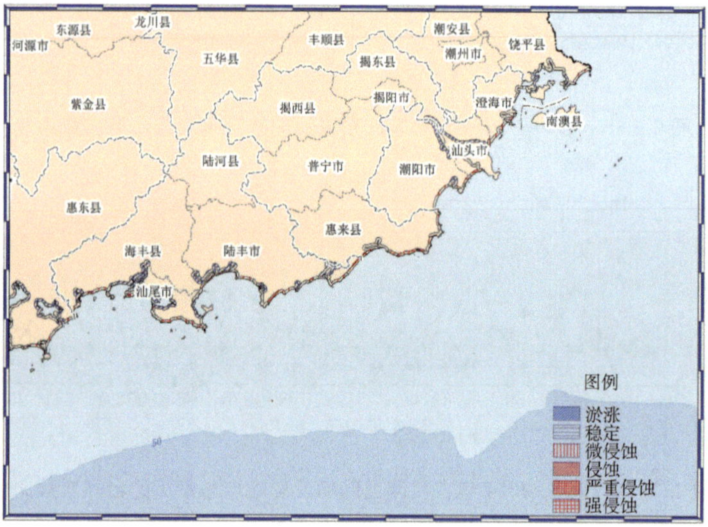


图 2.2-1a　广东省海岸侵蚀分布图(粤东)

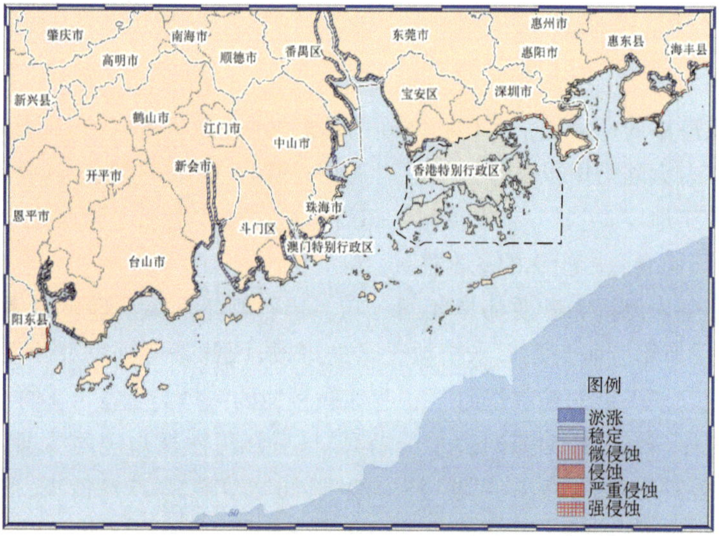


图 2.2-1b　广东省海岸侵蚀分布图(粤港澳大湾区)

粤西岸段是广东省砂质海岸最集中的岸段，其长度约占粤西岸线总长度的一半，大多数遭受侵蚀后退，且侵蚀后退速率较大（见图 2.2-1c）。粤西岸段海岸侵蚀有明显的季节性，即在夏秋季节的风暴潮作用下岸线后退更为明显。雷州半岛的软弱基岩海岸抗侵蚀能力较差，在海浪的冲蚀下海岸线不断后退[18]。粤西岸段属于侵蚀性质的岸段长度为 493.2 km，占粤西海岸长度的 27.8%。

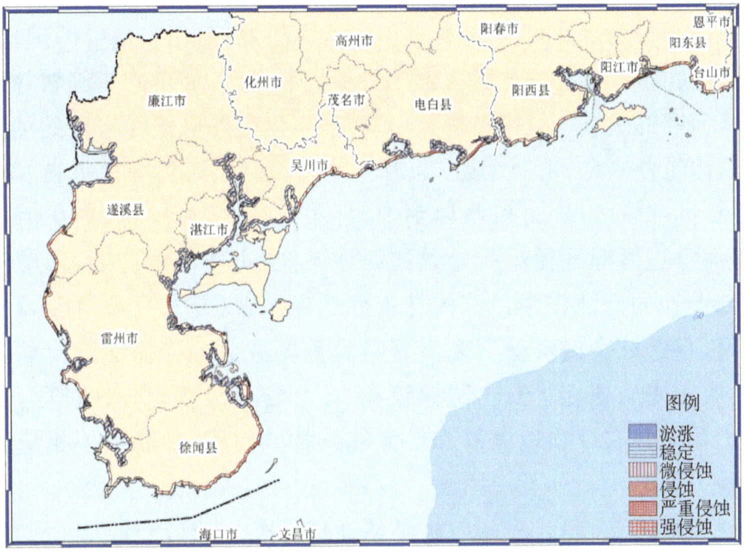


**图 2.2-1c　广东省海岸侵蚀分布图（粤西）**

《广东省海岸带综合保护与利用总体规划》提出，到 2020 年海洋生态红线区面积占管辖海域面积比例为 28.07%，大陆自然岸线保有率大于等于 35%，海岛自然岸线保有率大于等于 85%[19]。在海岸侵蚀的大背景下，海岸保护与修复任重道远。

## 2.2.2　海堤现状

广东省已有海堤 4 314 km，达标海堤长度 2 510 km，达标率仅 58%，其中 1 级海堤达标率为 65%，2 级海堤达标率为 59%，3 级及以下海堤达标率仅为 50%左右。与上海（91%）、浙江（72%）、江苏（88%）及福建（70%）相比，广东省海堤达标率较低，且部分堤防存在堤身单薄、堤顶高程不足等问题，有的海堤存在沉降、渗漏、变形及涵闸损坏等隐患，威胁广东省防潮安全。

广东沿海已建成海堤多以传统物理海堤为主，一般为砌石或钢筋水泥结构，更注堤防防洪安全功能，而对生态、景观等功能考虑不足，且破坏了海岸原有的动植物群落和自然景观，中断了海陆过渡带的生物廊道和生态缓冲带，降低了海陆过渡带的生物多样性，影响了人与自然的和谐，在环境协调性、生态友好性、人群亲和性等方面有待提升。

### 2.2.3 防护林现状

位于海岸带的潮间带湿地属于海陆间缓冲带，为相当重要的湿地资源，在海岸带生物多样化保护方面有着无法替代的作用，而潮间带红树林湿地更是近年来研究的热点。红树植物树形奇特，不仅能够吸引深水区的动物来到红树林区内觅食栖息、生产繁殖，为海洋动物、候鸟、海鸟等提供良好的繁殖生长、发育栖息环境，同时可防风消浪、促淤保滩、固岸护堤、净化海水和空气，避免海洋近海湿地径流所导致的泥沙流失，实现促淤造陆，缓解海浪对海洋近海湿地的侵蚀作用。红树林资源的保护、恢复和发展对保障沿海地区的安全、促进社会经济稳定和发展具有重要意义。为保护红树林湿地生态系统，我国先后建立了 6 个国家级和 12 个省县级红树林保护区，投入大量的人力物力并有计划地恢复和扩大红树林的面积，并制订了相应的保护法律法规。

根据相关研究[20]，广东省红树林的地理分布，可划分为 3 片，即粤东片、粤中片和粤西片。粤东片包括汕尾市、揭阳市、汕头市和潮州市，粤东沿海红树林群落大多呈狭长带状分布，群落结构简单、外貌单调，高度一般在 2 m 以下，少部分有 3～4 m，群落层次不明显，多为单层结构，主要种类有 7 科 8 种。由于受人为破坏严重，现存天然红树林仅 74.6 $hm^2$，主要群落类型为秋茄＋桐花树和海漆＋桐花树群落。粤中片包括惠州市、深圳市、东莞市、广州番禺区、珠海市、江门市，与粤东片相比，粤中沿海红树林植物种类有所增加，分布多呈块状和带状，群落结构、层次相对复杂，树高最高可达 10 m 以上（龙岗区盐灶的银叶树），一般为 3～4 m，主要群落类型有银叶树、秋茄＋桐花树＋老鼠勒、桐花树、秋茄等。其中，惠州市澳头的红树林有 10 科 12 种以上，深圳市有 8 科 10 种以上。粤西片包括阳江市、茂名市、湛江市沿海，是广东省红树林分布最广、面积最大的地区，约占全省现有红树林面积的 92.4％，其中湛江市红树林就占全省的 79.7％。粤西沿海红树林种类最丰富、群落结构最复杂，初步统计种类达 15 科 22 种以上，保护良好的红树林树一般高 4～6 m，群落层次也相对明显，主要群落类型有秋茄＋桐花树、桐花树、秋茄、白骨壤＋秋茄桐花树、红海榄+桐花树、白骨壤+红海榄、秋茄+红海榄等[21]。

## 2.3 台风浪潮致灾机理

### 2.3.1 台风浪致灾机理

波浪是塑造河口、海岸形态,形成沿岸输沙的主要动力因素。

我国海岸线资源丰富,拥有 3.2 万多 km 长的海岸线(数据来源:陈吉余主编《中国海岸侵蚀概要》)。海岸线背后建设有大量的海堤工程用于保护海滨城市。近年来,极端天气和自然灾害频发,台风天气引起的巨浪和伴随的风暴潮高潮位造成海堤破坏频现,引起了人们的广泛关注。例如,2017 年"天鸽"台风给我国珠海等沿海城市造成了严重的损失,部分海堤结构受损,如情侣路海堤遭受巨浪冲击破坏(见图 2.3-1)。

图 2.3-1 情侣路海堤护栏遭受巨浪冲击破坏

总体而言,海堤破坏形式主要表现为以下几种:①海堤护面块体或防浪墙遭受波浪冲击,导致护面块体或防浪墙失稳破坏;②海堤堤前岸滩冲刷,导致海堤基础淘空及护坡崩塌破坏;③波浪对海堤堤顶产生冲击,导致海堤整体失稳;④越浪对海堤背水坡冲刷,背水坡受到水流冲刷及浸泡,导致海堤整体结构失稳;⑤海堤基础薄弱沉降导致护坡挤压变形、塌陷破坏;⑥越浪导致的堤后淹没灾害。究其原因,在极端天气条件下,台风天气往往伴随着巨浪和风暴潮产生的高潮位,巨浪和高潮位持续作用于海堤,对海堤的破坏力巨大。具体而言,海堤破坏主要原因分为以下三类:①巨浪对海堤护面块体产生冲击，导致护面块体失稳破坏；②受波浪冲击和潮水压力（“浪冲潮压”）双重作用，防浪墙易失稳破坏；③高潮位水体持续越浪冲蚀背水坡，海堤因背水坡堤身土持续流失失稳破坏。

巨浪具有波高大、波面不规则、冲击力大等特点，在传播至堤前时，持续增长的波高常常伴随着波浪破碎的发生，巨浪破碎作用于海堤护面块体的冲击力非常大，是护面块体失稳破坏的重要原因（见图 2.3-2）。具体而言，巨浪作用下护面块体失稳破坏一般是由以下三种原因造成：①块体所受的上举力大于块体重量，块体从护面中跳出；②沿坡面的波浪冲击力太大引起块体滑动；③护面块体受到较大的倾覆力产生翻转。

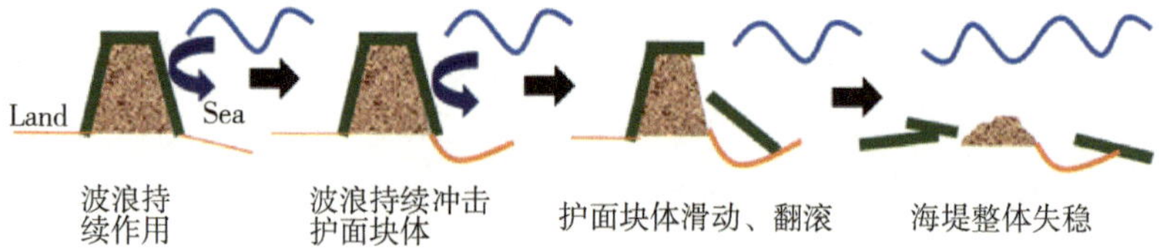


**图 2.3-2　巨浪作用力导致海堤迎水坡护面块体破坏**

极端天气条件下，当海堤遭遇超过防御标准的潮位时，在巨浪作用下会产生巨大的越浪和波浪爬高，防浪墙受波浪冲击和潮水压力双重作用易产生倾覆或冲击破坏（见图 2.3-3）。防浪墙的破坏一般有三种原因：①防浪墙基础薄弱，受波浪持续冲击作用，整体稳定性不足，易产生倾覆失稳破坏；②越浪越过防浪墙坠落在防浪墙内侧，如内侧为土堤，抗冲刷性较差，内侧被淘空后防浪墙倒塌；③部分防浪墙迎水坡附近质量较差，在波浪和水流持续作用下产生淘蚀，防浪墙墙角淘空向迎水坡侧倒塌。

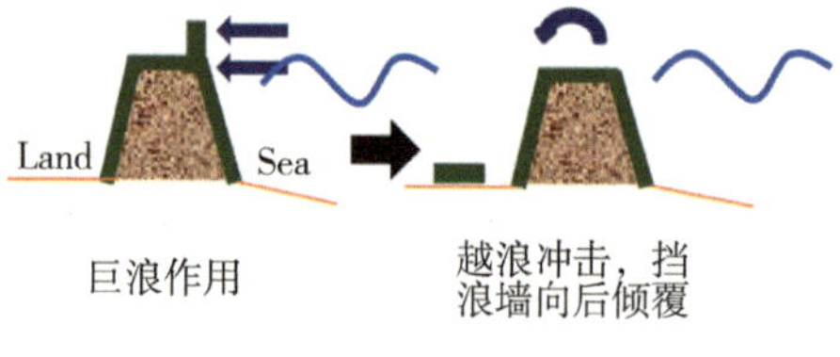


**图 2.3-3　“浪冲潮压”作用导致海堤防浪墙破坏**

当海堤遭遇超过防御标准的潮位时，在巨浪作用下会产生巨大的越浪量，越浪水体产生的巨大压力及水流冲击力对海堤背水坡产生冲蚀，先是导致背水坡失稳，进而导致整个海堤失稳（见图 2.3-4）。背水坡的破坏原因一般是:背水坡为草皮护坡时,越浪水体冲蚀背水坡,导致背水坡堤身土流失,在长时间高潮位越浪持续作用下,背水坡冲蚀引发堤身土流失而失稳。

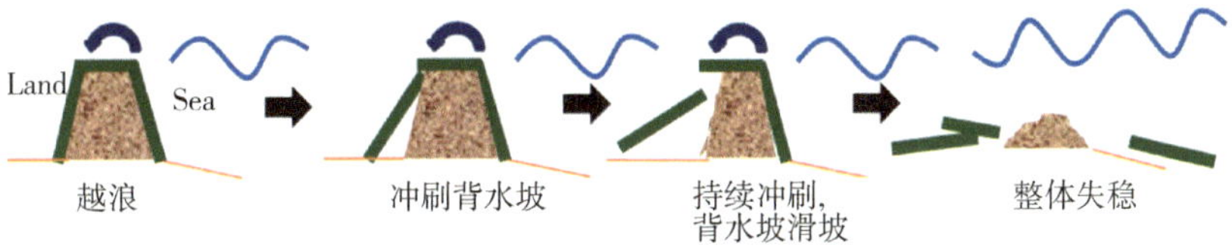


**图 2.3-4 越浪对背水坡冲蚀导致海堤结构失稳破坏**

### 2.3.2 风暴潮致灾机理

2017 年"天鸽"台风暴潮和 2018 年"山竹"台风暴潮均为近年登陆珠江口的超强台风,这两场台风暴潮造成灾害损失的共性特点是:①渔业损失占总直接经济损失比重最大;②风暴潮产生高潮位和近岸浪增大导致破坏力更强,因此造成广东多地海岸防护工程受损严重、受损范围大。与 2017 年的"天鸽"台风暴潮灾害过程相比,2018 年的"山竹"台风暴潮增水不仅造成海水淹没,而且淹没持续时间长,另外在深圳大、小梅沙以及惠州大亚湾等区域,由于高潮位下海浪推沙造成大量泥沙上岸,大量泥沙覆盖在近岸为历史罕见,给灾后恢复重建带来较大的困难。

事实上,风暴潮是海洋能量传播到近岸所呈现的特有现象。台风在海洋上空发展时,其低压中心在水中产生矮"山",即为负压增水。当台风跨海盆移动时,负压增水所形成的"山"随之移动。随着台风逼近近岸浅水区,增水区上方的风吹向岸边产生大量抬升的、风驱动的水,即形成风暴潮。此外,台风行进路径右侧,向岸风进一步将海水向岸堆积,向岸风增水与低压增水叠加,造成风暴潮,如图 2.3-5 中的红色区域所示。

从生成过程来看,风暴潮大致可分为三个阶段。(1) 在台风还远在大洋或外海时,潮位已受到一定的影响,这种在风暴潮来临之前趋向岸边的波称为先兆波。先兆波可以表现为海面的微小上升,有时也表现为海面的缓慢下降。(2) 风暴已逼近或过境时,该地区将产生急剧的水位升高。风暴潮的发生主要是在这一阶段,潮高能达到数米,称之为主振阶段。(3) 当风暴潮的主振阶段过去之后,仍然存在一系列的振动——假潮或自由波,这一系列的振动称为余振。

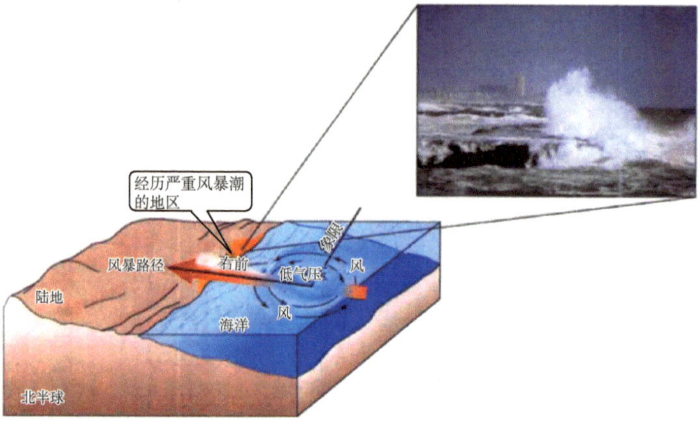


**图 2.3-5　北半球热带气旋产生风暴潮的过程**

（低压中心的负压结合向岸强风产生高水位的风暴潮，其中台风右上侧海岸区域被台风袭击后，向岸风进一步堆积水，导致了严重的风暴潮。）

有数据表明，风暴潮最高可达近 10 m，导致近岸海平面高度急剧增加，产生大风浪，对沿海低洼地区（尤其是遭遇中大潮时）造成巨大破坏。表 2.3-1 列出了台风强度与典型风暴潮增水值的关系。当台风风速达到 33～43 m/s 时，引起的增水值为 1.2～1.5 m；当风速达到 45～50 m/s 时，引起的增水值将达 1.8～2.4 m。

**表 2.3-1　台风风速等级及其破坏性特征**

| 分类 | 风速(km/h) | 海表高度高于正常高度(m) | 破坏性 |
|---|---|---|---|
| 1 | 120～153 | 1.2～1.5 | 最小：对建筑物的破坏很小 |
| 2 | 154～177 | 1.8～2.4 | 中等：某些屋顶材料、门窗毁坏，有些树木被吹倒 |
| 3 | 178～209 | 2.7～3.7 | 较大：某些结构的房屋和墙壁倒塌，树木被吹断 |
| 4 | 210～249 | 4.0～5.5 | 很大：更大程度的结构和墙壁倒塌，多数灌木、树和路标被吹倒 |
| 5 | >250 | >5.8 | 灾难：屋顶完全掀翻，整个建筑倒塌，所有灌木、树和路标均被吹倒；沿岸房屋的低层被水淹没 |

## 2.3.3　砂质海岸侵蚀机理

海岸侵蚀问题，实质是海岸带泥沙在波浪、潮汐等驱动力的作用下如何运动的问题。海滩前滨（滩肩和低潮时波浪冲溅回卷流作用到的低水线之间的海滩剖面的斜坡部分）是海滩的主要组成部分，是海陆相互作用最直接的区域，也是变化最活跃的部分，关于海岸侵蚀的研究，大多集中在海滩前滨。海岸侵蚀问题的研究，大致分为三大类型：海岸动力地貌学、海岸平衡剖面与平衡海岸平面曲线形态研究。

海岸动力地貌学重在研究海陆动力互相作用下海岸地貌发生和发育过程及演变趋势。Wright 和 Short 以澳大利亚不同海岸背景的岬间海滩为例，利用碎波尺度参量总结了反射性、耗散性和介于二者之间的中间类型海滩的碎波带波流、地形、组合和剖面特征[22]。Lippmann 和 Holman 进一步划分了 8 种海滩状态和 4 种沙坝类型，并和 Wright 和 Short 的分类进行了对比[23]。动力地貌学方法在短期或某个事件尺度范围内海岸过程的研究方面取得了一定成就，但由于海岸系统和过程是非线性的，特别是中长期的海岸侵蚀演变，动力过程与形态之间的相互作用更为复杂，因此动力地貌学方法在长期的海滩演变研究中仍然存在较大困难。

海滩剖面是海滩侵蚀研究的另一个重要方面。海滩剖面物质组成、坡度与地貌形态结构的时空变化在一定程度上反映了复杂的过程——响应系统的海滩演变主要过程。Shepard 等[24]通过对美国西海岸的近岸观测提出了“冬季剖面”（风暴剖面）与“夏季剖面”（涌浪剖面）的概念，反映了剖面形态与动力特征及剖面类型的转换与蚀积过程的关系。一些学者进一步研究了粒度与波浪尺度对海滩剖面类型的影响。剖面除了依赖于风暴与涌浪条件的变化外，还显示出与其他动力要素（如潮汐、风）相应的变化关系[25]。

平衡海岸平面曲线形态是砂质海岸演变与稳定的重要规律之一。Yasso[26]通过模拟原型海湾，最早提出对数螺线模型，此后，一系列新的岸线平衡模型相继出现，如抛物线形模型、椭圆形模型、形态要素模型等[27-29]。岸线平衡形态规律在海岸长期侵蚀演变预测与护岸工程方面得到了广泛的应用。岬间海湾平面平衡形态经验模型的提出和发展为海岸平面形态的稳定性研究提供了新的思路和方向。它不仅在理论上为海岸形态与演变的研究提供了新的方法和思路，而且在实际应用中也卓有成效。利用模型可以预测静态平衡岸线，把人类的生产、生活设施布置在可能侵蚀区域之外。同时海湾平面平衡形态经验模型为海岸工程人员设计经济、合理、有效的海岸防护工程，如岬角控制工程、离岸堤工程、填海造地工程等提供了重要的理论依据。

## 2.4 相关研究现状

### 2.4.1 台风浪潮灾害现状

河口、海岸是陆(河流)—海(洋)的交接过渡地带。由于资源和经济上的优势,河口地区为人类提供了理想的生活和居住环境,已逐渐成为人们开发的重点区域。在中国,人口最稠密、经济最发达的重要商贸城市和工业区多集中在河口地区,如上海、广州、深圳、青岛、大连等经济发达的城市。据统计,我国沿海地区的面积仅占陆地面积的13%,却有40%的人口居住在这一区域,其经济总额已占国民经济总额的60%以上。

河口海岸地区在享受资源优势的同时,也遭受来自海洋台风暴潮引发的洪水灾害的袭击。风暴潮(Storm Surge)系指由于强烈的大气扰动(强风和气压骤变)引起的海面异常升降,使受其影响的海区的潮位大大地超过正常潮位的现象。它具有数小时至数天的周期,叠加在天文潮位(Astronomical Tide)之上。而风浪(Wind Wave)、涌浪(Swell)具有数秒或十几秒的周期,叠加在前二者之上。由这三者的结合引起的沿岸涨水常常酿成巨大灾害,通常称之为风暴潮灾害或潮灾。

国际自然灾害防御和减灾协会前主席M. I. El-Salbh认为:风暴潮灾害在世界自然灾害中居首位,在人员死亡和破坏方面甚至超过地震[30]。他指出,自1875年以来,全球直接和间接的风暴潮经济损失累计超过1 000亿美元,至少有150万人在风暴潮袭击下丧生;这些损失还不包括与风暴潮相关联的海岸和土地侵蚀的长期影响。死亡人数中的90%以上是死于风暴潮,余下的不足10%是死于台风的影响。因此,美国官方和世界气象组织(WMO)将风暴潮称为来自海洋的"杀手"[31]。

我国是西北太平洋沿岸国家中遭受风暴潮灾害最频繁、损失也最严重的国家之一,其中华南沿海地区受灾尤其严重。在华南沿海地区,详细记载的风暴潮灾害有:1862年7月27日(清同治元年七月初一)珠江三角洲的广州、澳门、新会、顺德、香山、高明、东莞等地发生了一场巨大的风暴潮,死亡约十万人;1922年8月2日夜间,多片乡村被卷入海涛之中,广东省汕头地区七个县受灾,共死亡七万余人;1937年9月2日台风经过香港期间,香港Tolo港记录到有史以来的最大风暴潮,有11 000人丧生,Tolo港周围的几个村庄荡然无存;2006 年 1 号台风“珍珠”在广东及福建两地造成重大损失,其中汕头倒塌房屋 1 750 多间,水利设施损失 0.72 亿元,回港避风渔船碰撞碰伤 703 艘,沉船 172 艘,并造成 8 人死亡,直接经济损失 25.59 亿元,广东省紧急转移 32.7 万人。

由以上事实可知,中国历史上最大的风暴潮增水和灾害伤亡人数最多的风暴潮灾害都发生在华南沿海及珠江三角洲地区,风暴潮灾害成为华南沿海破坏力最强的灾害。

从单一风暴潮过程来看,影响其强度的主要因素是台风中心气压大小。但从我国沿海发生风暴潮的几率来讲,还受到其他诸多因素的影响。首先是全球气候变化的影响,按最保守估计,至 2100 年全球平均气温将比 1990 年升高 2℃左右,升温速率将超过过去 100 年平均值的 3～5 倍。全球气候变化对风暴潮的影响表现为两个方面:全球气温升高,西北太平洋海表温度可能上升,导致西北太平洋热带气旋年均生成频次和登陆并影响中国的热带气旋频次均可能增多;另一方面,全球海平面也将随气温升高而上升,从而导致沿海各地初始海面(包括高、低潮位)抬高,风暴增水值与潮位叠加,将出现更高的风暴高潮位,某些较大的风暴潮增水在不与天文大潮遭遇情况下形成潮灾的可能性也将增大,从而可能引发更多的风暴潮灾。

另外,区域性海平面的上升对于风暴潮灾害有推波助澜之势,是今后风暴潮灾害加剧的重要原因之一。《中国海平面公报》发布的数据表明:1980—2021 年,中国沿海海平面呈加速上升趋势,平均上升速率为 3.4 mm/a,且以 0.06 mm/a 的速度增加;1993—2021 年,中国沿海海平面上升速率为 4.0 mm/a,高于同期全球 3.3 mm/a 的平均水平[32]。2012—2021 年是中国沿海海平面有观测记录以来最高的 10 年,比 1982—1991 年平均海平面高约 108 mm。2021 年中国沿海海平面为 1980 年以来最高,比常年(1993—2011 年,下同)平均海平面高 84 mm。渤海湾、江苏南部和海南北部沿海海平面上升较快,上升速率为 4.4～5.2 mm/a,辽东湾西部、台湾海峡西岸和北部湾沿海海平面上升相对较慢,上升速率为 2.0～2.7 mm/a。

综合考虑地面沉降和区域性的海平面变化,预测至 2030 年珠江三角洲相对海平面上升幅度为 22～33 cm。由于相对海平面上升,至 2050 年,珠江三角洲地区目前 50 年一遇的风暴高潮位将可能降为 20 年一遇,目前 100 年一遇高潮位可能降为 50 年左右一遇。这就意味着,即使登陆和影响中国的热带气旋的风暴增水不变,未来相对海平面升高也将可能增加风暴潮成灾概率和风暴潮的强度，从而加剧风暴潮灾。总体上讲，风暴潮在华南沿海发生频次和强度有增大的概率，由此所造成的损失也有可能增多。

因此，今后风暴潮灾害的防治是我国华南沿海面临的重点课题。河口海岸地区，尤其是易受风暴潮袭击的华南沿海地区，在发展经济的同时，应加强对灾害的预测与防御能力，促进经济、社会和谐、稳定、快速、同步发展。而要实现从无序、无节制地与水争地转变为有序、可持续地与洪潮协调共处的战略转变，必须先拓宽思路，转变治水理念，从以建设防洪工程体系为主的战略转变为在防洪工程体系的基础上建成全面的防洪减灾工作体系。

### 2.4.2 防护技术研究现状

河口海岸风暴浪潮灾害的链式效应的展现形式主要为风暴潮增水漫堤灾害、海堤破坏灾害、岸线侵蚀灾害及海上建筑物冲刷灾害。针对不同的灾害形式，目前国内外已有相关的防护措施。

(1) 风暴潮预报研究现状

对于风暴潮的研究，最初是分析风暴潮历史资料，区分风暴潮成因及分布区域差异。根据风暴潮形成时的气压场及温度带差异，国际上通常把风暴潮分为热带风暴和温带气旋。前者主要在以下三个地区影响最为严重：大西洋及加勒比海地区、印度洋地区及西太平洋地区。不同的地方对风暴潮的称谓又不一致：大西洋、加勒比海地区热带风暴被叫作飓风，由此引起的潮水位变化称为飓风潮；在印度洋（主要指孟加拉湾）热带风暴被称作热带风暴或风暴潮；在西太平洋地区（中国、日本和菲律宾沿海等地）热带风暴则称作台风。其中西太平洋区域风暴潮发生频次最多。对于风暴潮区域分布的研究，主要是对某一区域进行风暴潮发生概率与强度统计分析和趋势预测。如杨桂山在分析了中国沿海风暴潮灾害的历史变化规律后认为，中国沿海的风暴潮灾害在气温较高的偏暖时段比在气温较低的偏冷时段明显增多，由于全球气候趋暖造成海平面持续上升，风暴潮发生的频度和强度有明显增加的趋势[33]。

对于一次风暴潮灾害，其灾害程度受以下三个方面因素的影响。

①热带气旋最低气压、中心最大风力范围、移动速度和途径，以及热带气旋中心与预测地点的最接近距离。

②沿岸海床地形和海岸线形状。由于能量守恒原理，从深海吹向岸的风暴潮，到达海床浅的地方会比海床深的地方产生更大风暴潮。喇叭状地形也会增加风暴潮的高度。

③当地风向(向岸风会增大风暴潮,离岸风则相反)、河流流量、降雨量和天文潮高度。

随着研究的深入和灾害预报预警的需要,风暴潮的研究逐渐转向对风暴潮增、减水估算及风暴潮流场的模拟。世界主要海洋国家早在 20 世纪 20—30 年代,就已经在天气预报和潮汐预报的基础上,开始了风暴潮的预报研究工作,20 世纪中期以来,进一步系统地开展了风暴潮经验预报和数值预报以及与之相关的淹水范围预报方面的研究。20 世纪 80 年代初,W. J. Petak 等曾依据历史风暴潮资料,分析了美国部分沿海地区的风暴潮灾害风险,基于经验统计方法,给出了一个建立风暴潮灾害模型的流程[34]。W. J. Petak 等将灾害风险分析的全过程划分为相互联系的三个环节——风险辨识、风险估算和风险评价[35]。D. M. Bush 等在考察海岸带灾害的形成过程及效应时,从区域、局部、场址三个层面着眼,提出一组可以用于风险快速评价和辅助长期环境效应评估的场址地学指标[36]。

在国外已有大量台风暴潮的计算数值模型,一些水利研究工作比较发达的国家如荷兰、丹麦、美国等都有比较成熟的数值模型,并在世界许多地方得到了实际应用。荷兰的 DELFT 水利数值模拟系统中也引入了风暴潮计算模型,其风暴潮模型能够模拟风暴潮增水发生的位置和可能洪水淹没范围、台风登陆可能的致灾范围。丹麦的水力学研究所也开发出了一套可用于风暴潮预警预报的模型系统,该系统将 GIS 技术与模型技术、数值处理技术相结合,提供了较好的人机对话、结果显示、决策支持等方面的系统特性,也在我国一些工程技术系统中得到了应用。

国内学者从 20 世纪 90 年代开始关注这方面的研究,但已开展的工作主要限于多年一遇风暴潮极值水位的推算、风暴潮漫滩数值预报研究、风暴潮灾害风险评估的基本问题的提出等方面。从区域灾害系统论的角度谈,国内关于风暴潮灾害的研究总体上处于风暴潮灾害致灾因子特征的分析阶段。黄崇福、王家鼎[37]依据区域灾害系统论的观点将区域自然灾害风险分析的内容概括为:①区域自然灾害致灾因子特征的综合分析;②研究区域相对于各类自然灾害的脆弱性综合分析;③单灾种区域自然灾害风险模型和多灾种自然灾害综合风险模型的建立;④区域自然灾害风险值的估算以及估算结果的评价。

综合近年来风暴潮预报研究,目前风暴潮预报研究已形成了两种基本模式:统计分析模式和数值模拟模式。统计分析又分为两种:一种是风暴潮增水影响因子的相关分析，从统计学的角度寻求风暴潮增水的主要影响因子，又称联合概率法；另一种则是通过风暴潮增水的极值分析，外推不同频率风暴潮增水幅度，或通过风暴潮发生的年时间序列分析，预测风暴潮发生的可能性。风暴潮的数值模拟技术包括三个方面的内容：一是台风气压场、风场的模拟，二是台风增水的模拟，三是天文潮与增水的耦合模型。显然，三者有着紧密联系，其预报精度取决于各自的模拟精度。同时从减灾备灾的角度看，风暴潮灾害预报除了对预报精度的要求外，另一个重要指标就是时效性。台风运动具有多变性，因此对台风增水预报的预见期不能很长。从提高精度、增加时效等几个方面考虑，目前大多数较为先进的模型都在朝着台风云图-风暴增水一体化数值预报模型发展，模型通过卫星云图接收系统获得台风信息，实时计算台风可能路径和台风增水，结合决策支持系统，形成防治风暴潮灾害的预警系统。

随着计算机技术的广泛应用，数值模拟技术不再是单一模拟一次台风过程，更与地方经济相结合，已逐步进入风暴潮防灾减灾的实际决策过程，大多数模型都在朝着系统化、集成化、通用化的方向发展，并对模型的预报能力提出了更高的要求。

(2) 风暴潮防灾减灾工程技术研究现状

进入近现代后，沿海地区对于风暴潮灾害防御的重视程度空前提高。现代人们工程技术水平空前发达，在风暴潮灾害防御方面也取得了更多的主动权。而效果明显的硬质工程设施成了当代抵御风暴潮的主要途径。其主要分为四类：平行并位于海岸上的防御工事，比如海堤、铺面和护岸；平行于海岸并位于海岸之外的工程，如防波堤、顺坝；垂直于海岸并位于海岸上的工程，如丁坝、导流堤、防洪闸。

海堤(Seawalls)是现代重要的海岸防御工程，一般指沿海地面上修建的垂直不透水工程设施，主要用来防御风暴潮和洪水侵袭。海堤一般不允许越浪，因此海堤高度是重要的设计内容，一般在波浪爬升高度以上，并且适当留有一定安全距离。海堤一般根据结构形式可以分为直立式、斜坡式和混合式三种(图 2.4-1)。直立式海堤建造简便、造价低，但是直接反射波浪冲击容易造成对海堤的破坏，维护费用较高；斜坡式或者弯曲式的海堤能够引导海浪方向，遭受的直接冲击少，但是造价高，建造复杂，且易造成堤底沉积物的流失；混合式则介于两者之间。

图 2. 4-1a 直立式海堤

图 2. 4-1b 斜坡式海堤

图 2. 4-1c 混合式海堤

铺面(图 2.4-2)(Revetments)是指安装在沙滩或坡面上的拨片板以进行坡面的加固,与护岸(Bulkheads)功能类似,但是防浪潮冲击能力弱,主要用于海岸自身的稳固。

**图 2.4-2 铺面工程**

防波堤工程一般指人工建造的通过阻断波浪的冲击力、围护港池来提供相对平静安全的水域环境的离岸工程设施,可保护港口免受天气影响以便船舶安全停泊和作业,同时起到防止港池淤积和波浪侵蚀岸线的作用。防波堤根据结构类型可以分为重型和轻型:重型堤是传统的防波堤形式,通过自身的重量来阻挡波浪,包括斜坡堤、直墙堤和复合堤等;轻型堤则是近十年发展起来的针对波浪集中于表面的特点研发的新型防波堤,如透空堤、浮堤、喷气堤和射水堤等。

**图 2.4-3 防波堤工程(Breakwaters)**

挡潮闸是用于挡水和控制水位的大型工程设施，经常和海堤、防波堤等结合起到阻挡潮水、排洪泄洪的作用，也能控制其围合区的水位。

**图 2.4-4　挡潮闸工程**

（3）海堤破坏防护修复技术

造成海堤破坏的原因是多方面的，主要包括：现行海堤设计标准低；海堤堤身断面单薄，结构强度不达标；海堤管理不完善；部分海堤基础淤泥层较厚，导致海堤沉降；在遭遇超过海堤设计标准的极端天气时，风暴潮及巨浪冲击导致海堤淹没、堤身受损。针对海堤破坏的修复处理措施，应根据破坏的原因、海堤结构形式、风浪情况等综合确定。国内外现状海堤修复技术主要是从以下几个方面开展实施。

①提高海堤设计标准

近年来极端天气频发，现有海堤的设计防潮标准已不能适应全球气候变化，应提高海堤防潮标准。另外，台风暴潮增水引起的极值水位有逐年增加的趋势，全球海平面也逐年上升，但海堤高程的确定尚未考虑极值潮位上涨等因素。

②增加工程消浪设施

为防止海堤破坏，一般可设置消浪平台或者设置护面块体、块石等。例如，在设计水位或历史最高潮位上下 0.5 m 左右设置消浪平台，可有效减小波浪爬高；在海堤迎水坡设置四脚空心方块、栅栏板等消浪块体，可减小波浪对海堤的冲击，有效应对极端天气引起的巨浪对海堤的破坏。

③海堤加高加固技术

对于不达标的海堤，堤顶高程达不到相应防洪标准的要求，极端天气引起的巨浪或者漫堤可能会对海堤结构稳定性产生严重破坏。因此，可对原有海堤进行加高培厚，增加挡浪墙高度，提高海堤的防御标准。

④海堤监测技术

一方面是加强海堤的沉降观测，另一方面是加强滩面定期观测，分析、比较滩面冲刷沉降或淤积趋势，为今后的海堤工程建设提供科学依据。

(4) 岸线侵蚀修复保护技术

海岸侵蚀是海岸基质、泥沙补给和海洋动力三要素间的平衡问题，三要素平衡，海岸稳定。海岸侵蚀机理可简要地视作是海岸基质、泥沙补给和海洋动力间的一种“负失衡”，表现为海岸泥沙亏失。海岸侵蚀防护与修复技术也主要包括三种方式:动力防护、物源补给及海岸系统自适应防护。

动力防护主要是针对海洋动力进行局部岸滩的工程防护，包括海堤、坎坝、离岸潜堤、丁坝等，该类防护主要针对波浪、潮汐动力造成的岸滩泥沙流失。海堤等硬质工程建设技术已非常成熟，但对海岸生态环境不太友好，一方面工程自身会对周边岸滩冲淤产生一定影响，另一方面，硬质工程安全要求较高，与砂质岸滩的柔性景观一致性较差。防风林、耐盐植物固沙、固沙木栅等属海岸风力防护，对海岸沙丘风力侵蚀有一定的防护作用。

物源补给主要是沙滩养护，用人工的方法把泥沙回填海滩，缓冲海岸侵蚀。沙滩养护在美国、澳大利亚和日本大量用于修复砂质海岸[38]，我国在秦皇岛、厦门、北海、珠海等地采用人工养滩技术取得不错的侵蚀防护效果[39]。不论是国外还是国内，使用人工养滩的同时都需要与符合当地地理水文条件的护岸工程相结合，所取沙料的粒级应与所补海滩的粒级相适应。海滩补沙遵循了海岸演变的自然过程，对其上、下游海岸无负面影响，方法灵活，造价低，但需进行周期性补沙。

动力防护、物源补给在理论上符合海岸侵蚀机理，但在实践中有的效果欠佳，其原因主要是所选用的防护工程与海岸侵蚀环境间的匹配性、适应性欠缺，海岸侵蚀防护应尽量使防护工程顺应海岸的自然过程。弧形海岸是天然海岸中常见的形态，其沿岸输沙由于受到上下游岬角阻断，在波浪作用下趋于静态平衡的弧形岸线。理想平衡状态下，波浪波向处处与弧形岸线垂直，沿岸输沙理论上为零或极小，从而保持岸线形态的长期稳定。海岸系统自适应防护主要采用弧形海岸理论，进行岸滩侵蚀防护设计与实施，是最接近海岸自然过程的修复方式。但海岸系统自适应防护工程设计需要专门的海岸演变知识体系及工程设计理论支撑，目前该修复技术接受度不高。

### 2.4.3 发展趋势

(1) 风暴潮增水防灾减灾技术发展趋势

风暴潮灾害已成为我国重大自然灾害灾种之一，因此气候变化影响下风暴潮灾害的发展趋势已成为人们关注的重要问题。从风暴潮灾害损失的致灾原因分析，决定风暴潮灾害损失的发展要素有三个：一是风暴潮事件发生的频度和强度；二是风暴潮影响地区的经济发展速度；三是抵御灾害的防灾减灾措施力度。近些年来，风暴潮成灾损失的增加速度明显加快，防治风暴潮灾害的工程和非工程措施与经济发展速度不相称。

过去，风暴潮的防御措施主要以硬质工程防御为主，面对水文新形势及社会发展需求，应结合城市发展提出更多的风暴潮防御策略。针对河口海岸地区的风暴潮增水灾害的宏观防御策略主要包括："后退""防护""顺应"。"后退"策略是一种回避风险且避免造成灾难性破坏后果的城市发展策略，适用于低密度发展区域、不发达区域或者农田和栖息地的保护区域。"防护"策略是指通过建立闸、堤等防御设施来确保海岸防护的标准能够抵御风暴潮增水引发的灾害影响，适用于高密度发展区域、城市商业开发区域或者低密度不发达区域。"顺应"是一种支持在现有海岸带区域发展，甚至借助现代工程和科技力量实现利用新的海洋空间资源的发展方式，适宜在城市空间资源紧缺的地区运用，但是对技术的要求高，资金投入大，目前关于风暴潮的影响及其承受能力的研究还不够成熟。

总之，由于经济的发展、气候因素的变化等原因，今后风暴潮灾害呈增加的趋势已成为许多科学工作者的共识，研究开发有效的工程与非工程措施防治风暴潮灾害，将成为我国防洪减灾研究不可忽视的重要内容。

(2) 海堤破坏修复保护技术发展趋势

除了传统的海堤破坏修复技术外，目前国内外也发展了一些新的海堤破坏修复技术，成为我国海堤修复未来发展的重要方向，如多级消浪技术、植物消浪技术、海堤背水坡防护技术等。

①多级平台消浪技术

采用多级平台消浪技术，对原有不达标的海堤进行改造，增加多级消浪平台，改造为超级海堤，不但降低了堤顶设计高程，提高了海堤防御标准，而且迎水侧设有多级景观平台，景观性、亲水性大大改善。如广州市南沙区灵山岛海堤采用多级消浪技术改造为超级海堤后，堤顶高程大大降低，仅比设计防洪（潮）水位高 0.5 m 便能满足海堤防御功能。随着未来对滨海城市景观性和亲水性需求的增加，多级消浪技术成为未来海堤修复改造的重要方向之一。

②植物消浪技术

在滩地侵蚀严重的海岸段，直接加固护坡往往只能解决局部问题，因为一旦海堤基础崩塌，上部海堤护坡结构也随之失稳，只有保滩和护堤相结合，才能更好地解决海堤防护问题。通过在滩地种植红树林、互花米草等植物，不但保护了滩地，维护了滩地生态环境系统，而且消减了波浪，提高了海堤的防灾减灾能力。随着人们对生态环境系统保护越来越重视，植物消浪技术会得到越来越多的应用。

③海堤背水坡防护技术

近年来，越浪、漫堤引起的海堤背水坡冲刷的防护越来越引起人们的关注，如在堤顶靠近背水坡位置设置排水沟加快越浪或漫堤水体的排出；在背水坡坡脚位置设置混凝土结构的排水沟，既能排水也能防止冲刷坡脚；背水坡改造成抗冲刷的植草砖，起到减缓越浪或漫堤引起的水流冲刷作用；堤顶靠近背水坡位置加一道防浪墙，也能有效消减越浪引起的背水坡冲刷。随着极端天气频发，人们越来越重视对海堤背水坡的防护。

（3）海岸侵蚀保护修复技术

目前可用的海岸防护硬质工程措施包括：传统海堤、缓坡海堤、丁坝、顺岸坝（包括潜堤和出水堤）、人工潜礁、人工岬角等，柔性措施包括人工补砂（包括水下补砂、沙丘补砂）、浮式防波堤以及综合海岸防护系统。

丁坝是比较成熟的海滩防护措施，在拦截沿岸漂沙使之落淤的同时，对斜向波浪有一定的拦截作用。为保护大片滩地并促使其淤涨，常需建筑一至数道较长的丁坝，拦截较多的泥沙。该方法施工比较简单，造价也比较低，但总体景观较差，亲水性差，且长丁坝挑流显著，对上下游甚至对岸都会产生影响，设计时要慎重考虑其平面布置与长度。多用于无亲水要求的淤泥质海岸或海滩围垦，最著名的是荷兰的须德海海滩防护丁坝群。

顺岸坝是在离岸一定距离的水中建造的与岸大致平行的坝体，用以消减波浪并促使泥沙在坝后岸侧沉积。高潮位时坝顶不淹没的称为出水顺坝，其坝顶高程高于平均高潮位。坝顶经常淹没于水下的称为潜顺坝，其坝顶高程略低于平均潮位。顺岸坝坝顶较高时，能较好地消减波浪能量，岸滩防护效果显著。但此时波浪荷载也较大，要求坝身结构更加稳固，因此顺岸坝造价相对较贵，大多用于较小的海滩保护。又因为出水顺岸坝景观性较差，所以在具有旅游价值的海岸保护中，若采用顺岸坝，则多采用潜顺坝。

人工潜礁方法是在近岸水域平均潮位以下人工抛石成礁，改变局部波浪场抑制横向输沙能力，适用于沿岸输沙较小的海滩。

人工岬角法是将人工潜礁与丁坝结合的海滩侵蚀防护方法，建立人工岬角，既能改变岬角附近的波浪场，又能控制沿岸输沙大小，甚至沿岸输沙方向，其控制范围较人工潜礁更大，且具有亲水性，景观效果较好，总体造价比较便宜，是海岸防护硬质工程中较为优良的方法。

近 10 年来，海滩防护的柔性措施逐渐受到重视，目前应用较多的是海滩补砂（包括人工养滩和人工沙丘）、浮式消浪堤等。相对于硬质防护措施，柔性防护措施（台湾称之为“近自然工法”）对区域环境影响相对较小，且容易恢复。

**图 2.4-5　意大利科戈莱托海岸防护实例（人工岬角法）**

海滩、沙丘等地貌单元是海岸带自然适应海岸动力形成的具有一定调节功能的地貌体系，本身具有一定的抵御和防护一定等级极端海况的能力。用近自然工法恢复或重建海岸结构，以恢复海岸带防护体系及生态系统，形成完整、闭合的生态防护体系，达到海岸防护的目的，实现“人水和谐、韧性发展”是海岸防护技术发展的必然趋势。

总体而言，风暴浪潮灾害风险评估方面应重视定量化与综合性。当前，对气候变化背景下风暴浪潮灾害的危险性、暴露度及脆弱性的综合风险评估不足，未来以风暴增水为主的单因素风险评估应转向多因素的综合评估，并将气候变化引起的海平面上升与风暴潮、天文潮等因素结合，计算未来极值水位的重现期。在综合风险评估的基础上，应对气候变化下风暴潮灾害风险应采取有序适应措施。随着全球气候变化和社会经济的发展，沿海地区的综合风险格局也在逐渐改变，应甄别风暴潮灾害风险的敏感区和重点区，注重长期与短期相结合，采取技术可行的适应措施，兼顾经济、社会、环境效益，实现适度适应，避免过度依赖生态措施。

# 3

# 华南河口海岸浪潮耦合数值模拟

华南河口海岸浪潮耦合风暴潮数值模拟是定量分析华南河口海岸浪潮灾害危险程度、开展灾害防护的基础和前提。而开展台风浪潮精细化模拟，首先需分析华南沿海风暴潮灾害情况，对风暴潮发生、发展、致灾的内在机理开展重点研究。本章利用风暴潮数值模拟方法，阐明台风移动路径、中心气压、最大风速半径、移行速度、波浪等特征参数对风暴增水的影响。在此基础上，引入台风风场重构技术、台风暴潮多模型集合预报技术，建立华南近岸浪潮耦合的台风暴潮高精度预报模型，并基于大数据的风暴潮经验辅助预报研究方法等，确保风暴潮预报的精度和效率。

风暴增水是风暴潮研究中的主要问题，风暴潮的强弱直接反映了增水的大小和致灾程度。台风主要通过台风风场和气压场的作用来影响风暴增水的大小，而决定台风风场和气压场强弱的主要因素包括台风路径、台风中心气压、台风最大风速半径、台风移行速度等。因此，研究不同的台风特征参数下的风暴增水情况，分析其关系和规律，对风暴潮研究具有十分重要的意义。

台风过程中同时发生着巨浪和风暴潮运动，尤其在近岸，风暴潮水位和流场影响着台风浪的传播，而台风浪传播过程中产生的辐射应力梯度也会产生风暴增水和流动，其中在大陆架区域约产生 5%～20%的水位增长，在坡度较大地区可以达到 35%。因此，风暴潮位的精确模拟，需考虑波流耦合作用。

华南海域浪潮耦合风暴潮数值模型，将先进的有限体积方法、无结构网格的水动力模型、波浪模型从动力学角度有机地耦合起来，建立一套行之有效的无结构网格的新的耦合模型。该模型能够全面客观地反映影响风暴潮的各种物理因素的耦合效应，为华南近岸海洋工程要素计算和减灾、防灾中的海洋数值计算提供相应的技术方法和理论基础。

## 3.1 台风风场计算模型

台风是引起台风暴潮的直接因素，因此，风暴潮数学模型的首要研究内容就是台风风场。风场研究包括三个部分：台风气压场模型的选取、台风参数的确定以及台风风场的计算。由于台风在其生成、移动的过程中，气压场不断变化，所以将台风参数作为常量处理，与事实相悖。在研制数学模型时，应对台风参数的确定给予充分注意。

### 3.1.1 气压模型和台风参数

台风是热带气旋性低压。其内部结构复杂，气压场、风场随台风生成、发育、运移和消亡过程不断变化。常用的描述台风气压场分布的模型有高桥、梅尔斯、藤田、捷氏模型等。

$$\text{高桥：} p(r) = p_\infty - \frac{\Delta p}{1 + r/R_0} \tag{3.1-1}$$

$$\text{梅尔斯：} p(r) = p_\infty - (1 - \mathrm{e}^{-\frac{R_0}{r}})\Delta p \tag{3.1-2}$$

$$\text{藤田：} p(r) = p_\infty - \frac{\Delta p}{\sqrt{1 + (1/R_0)^2}} \tag{3.1-3}$$

$$\text{捷氏：} p(r) = \begin{cases} p_0 + \frac{1}{4}\Delta p\left(\frac{r}{R_0}\right)^3 & r \leqslant R_0 \\ p(r) = p_\infty - \frac{3}{4}\frac{\Delta p}{r/R_0} & r > R_0 \end{cases} \tag{3.1-4}$$

以上各式中，$\Delta p = p_\infty - p_0$，$p_\infty$是台风外围气压，$p_0$是台风中心气压，$r$ 是计算点至台风中心的距离，$R_0$为表征台风范围的台风参数。

以上这些气压分布模型，都假定气压的等压线呈同心圆分布，并用 $R_0$ 表征台风的范围。不同的公式中 $R_0$ 是不同的，而且对同一次台风，随台风中心的移动、气压场结构的变化，$R_0$ 也在不断变化。

从台风中心向外，气压逐渐增加。对于高桥、梅尔斯、藤田、捷氏等四种模型，$R_0$ 分别代表自中心向外，气压增加至 $0.5\Delta p$、$0.368\Delta p$、$0.293\Delta p$ 和 $0.25\Delta p$的距离。一般地说，高桥 $R_0$ > 梅尔斯 $R_0$ > 藤田 $R_0$ > 捷氏 $R_0$。确定 $R_0$的方法，一种是从天气图上量估六级大风的半径，这样给出的 $R_0$ 不能适用于不同的气压模型。另一种方法，是由各地气压实测资料反推 $R_0$。由于实际气压场分布的非对称性，根据不同地点的气压实测值反推出的 $R_0$ 往往相差很大，因此，选用它们的平均值。还有一种方法，即根据“非线性模型中参数确定”的迭代法，简便快速地由大量实测资料推求出 $R_0$。

### 3.1.2 台风风场的计算

台风区域内每一点的风速由两部分组成，一是与台风中心移动速度有关的风速；二是与台风气压梯度有关的对称梯度风速。

设台风中心的移速为$V$，假设离中心500 km处由台风中心移动引起的风速衰减为$\exp(-\pi)$，则各网格点与台风中心移动有关风速取为

$$F = C_1 \cdot V \cdot \exp\left(-\frac{\pi \cdot r}{500}\right) \tag{3.1-5}$$

式中，系数$C_1$一般取4/7～6/7，对于$R_0$大的台风，$C_1$取4/7；对$R_0$小的台风，$C_1$取6/7。

与台风气压有关的梯度风速可由单位空气质点绕台风作圆周运动的离心力、压强梯度力、柯氏力的平衡求出，即

$$\frac{U_{gr}^2}{r} + 2\omega\sin\varphi \cdot U_{gr} - \rho_a \frac{\mathrm{d}p}{\mathrm{d}x} = 0 \tag{3.1-6}$$

求解上面的二次方程，得梯度风速为

$$U_{gr} = r \cdot \omega \sqrt{\sin^2\varphi + \frac{1}{\rho_a r \omega^2 \frac{\mathrm{d}p}{\mathrm{d}r}} - \sin\varphi} \tag{3.1-7}$$

式中，$\omega$是地转角速度；$r$为等压线曲率半径；$\varphi$是地理纬度；$\rho_a$为空气密度。考虑到摩擦影响，梯度风速的方向由等压线的切线方向向台风中心一侧左偏20°～30°。

对于气压场取捷氏台风模型，风场由下列公式计算：

当$0 < r \leqslant R_0$

$$W_x = V_x \cdot \frac{r}{R_0 + r} - W_R\left(\frac{r}{R_0}\right)^{3/2} \cdot \frac{1}{r}(0.342x + 0.940y) \tag{3.1-8}$$

$$W_y = V_y \cdot \frac{r}{R_0 + r} - W_R\left(\frac{r}{R_0}\right)^{3/2} \cdot \frac{1}{r}(0.940x + 0.342y) \tag{3.1-9}$$

当$r > R_0$

$$W_x = V_x \cdot \frac{R_0}{R_0 + r} - W_R\left(\frac{R_0}{r}\right)^{1/2} \cdot \frac{1}{r}(0.342x + 0.940y) \tag{3.1-10}$$

$$W_y = V_y \cdot \frac{R_0}{R_0 + r} - W_R\left(\frac{R_0}{r}\right)^{1/2} \cdot \frac{1}{r}(0.342x + 0.940y) \tag{3.1-11}$$

式中，$R_0$为最大风速半径；$W_R$为最大风速。参照高桥等模型中对风场移速系数$C_1$、梯度风速系数$C_2$的处理方式，令

$$C_1 = \frac{r}{R_0 + r}, \quad C_2 = \left(\frac{r}{R_0}\right)^{3/2} \quad (0 < r \leqslant R_0)$$

$$C_1 = \frac{R_0}{R_0 + r}, \quad C_2 = \left(\frac{R_0}{r}\right)^{1/2} \quad (r > R_0)$$

以相对距离 $r/R_0$ 为横轴，图 3.1-1 给出风场移速系数 $C_1$、梯度风速系数 $C_2$ 随距台风中心相对距离（$r/R_0$）变化的曲线。图中横轴坐标表示 $r/R_0$ 分别取为 0.0，0.1，0.2，0.3，…，1.0，2.0，3.0，3.9 时（$10 \cdot r/R_0 + 1$）的值。图 3.1-1 显示，捷氏台风模型的风场分布特点为：在台风中心处，风速为零；在最大风速半径以内，风速随距中心距离增大急剧增加；过了最大风速半径，风速逐渐减小。

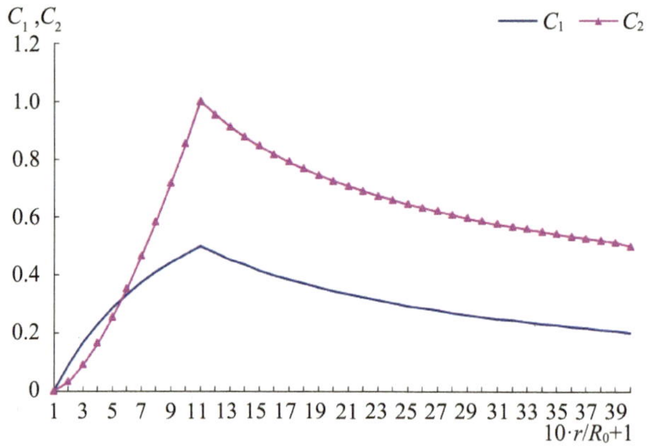


（$C_1$：风场移速系数；$C_2$：梯度风速系数；$R_0$：最大风速半径）

**图 3.1-1　捷氏风场模型系数 $C_1$、$C_2$ 随台风中心相对距离（$r/R_0$）变化曲线**

## 3.1.3　台风气压模型检验

收集 9903、9810、9710、9509、9318、9315、9302、9205、9111、9107、9106、9009、8905、8902、8817、8805、8621、8616、8607、8515、8504、8309、8304、8303、8116、8009、8007 和 7908 等 28 场台风进行台风气压模型的检验。利用的气压资料有我国台湾、香港、福建、广东、海南，以及菲律宾等国家和地区的 44 个测站的观测资料。使用各地气象资料，用迭代方法计算了高桥、梅尔斯、捷氏、藤田等四种台风气压模型的台风参数。以上测站的气压资料中，有的未将气压订正到海面，因此，对收集的气压资料根据测站的海拔高度 $H$，由下式订正到海面：

$$P_{海面} = P(H) \cdot 10^{\frac{0.014\,837H}{273+H/400+30}} \qquad (3.1\text{-}12)$$

图 3.1-2 至图 3.1-7 给出台风 9903、9710、9509、9111、8515 和 8007 等 6 场台风、用四个模型计算的气压分布，并与实测值进行了比较。图中横坐标表示距台风中心的距离(km)，纵坐标为气压值。与此同时，图中注明了由迭代法计算出的各风场模型台风参数及其均方差(SGM)，其中 Myers 代表梅尔斯模型，JLSNSKI 代表捷氏模型。有时测站离台风中心距离太远，计算程序对距离大于 1 000 km 的数据自动剔除。28 场台风实测资料的模拟计算结果显示：多数情况以高桥或捷氏模型与实测值吻合得好些，均方差较小。有几次台风，由于测站距台风中心较远，几种模型的结果差别不很显著，但从均方差来看，多数仍以高桥或捷氏模型的均方差为最小。

对 28 场强台风四种模型的 $R_0$ 和气压均方差进行计算，并进一步对各场台风的气压均方差再作平均处理，结果列于表 3.1-1。28 场台风检验的结果表明：各气压模型的误差很相近，9810、8515 等 4 场台风以捷氏模型略好些；9903、9315 等 12 场台风以高桥模型最优，9509、8504 等 2 场台风以梅尔斯模型略好；9710、9318 等 10 场台风以藤田模型略好些。总体来说，针对该海区的 28 场台风过程，各种模型计算结果相差不大，历场台风 $R_0$ 的气压平均均方差以高桥模型最小(1.79 hPa)，梅尔斯模型次之(1.82 hPa)，但 28 场台风过程检验中，高桥模型计算得到的气压模型与实测资料比较，误差最小次数为 12 次，捷氏模型有 4 次，另有多次为次优，因此，高桥模型或捷氏模型都可以用来模拟实际台风过程。考虑到捷氏模型风场计算采用最大风速，在气象部门的台风路径预报中有最大风速信息可以直接引用，因此，采用广东近岸风暴潮增水模型进行台风增水计算验证时，均采用捷氏模型台风气压场。

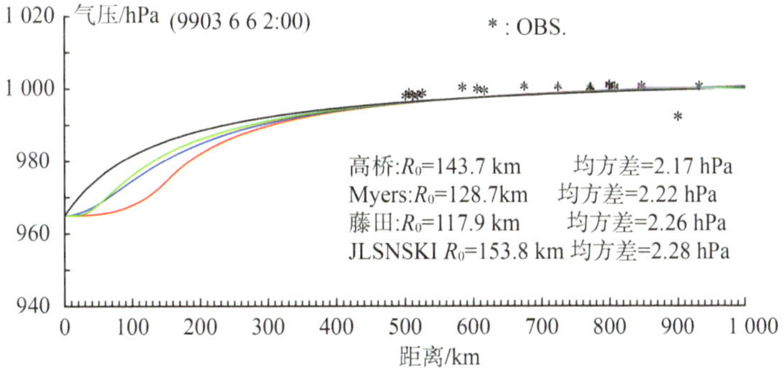

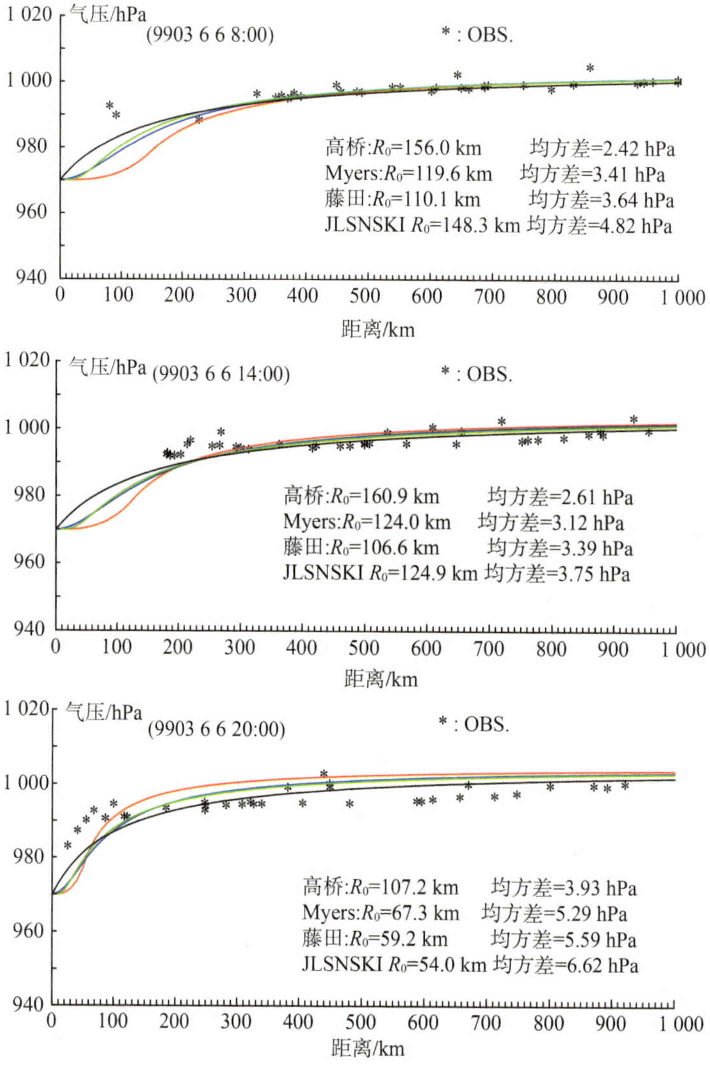


**图 3.1-2　9903 台风四种气压模型气压分布**

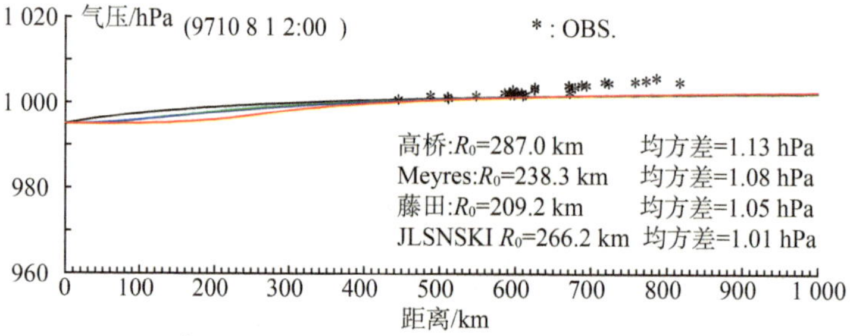

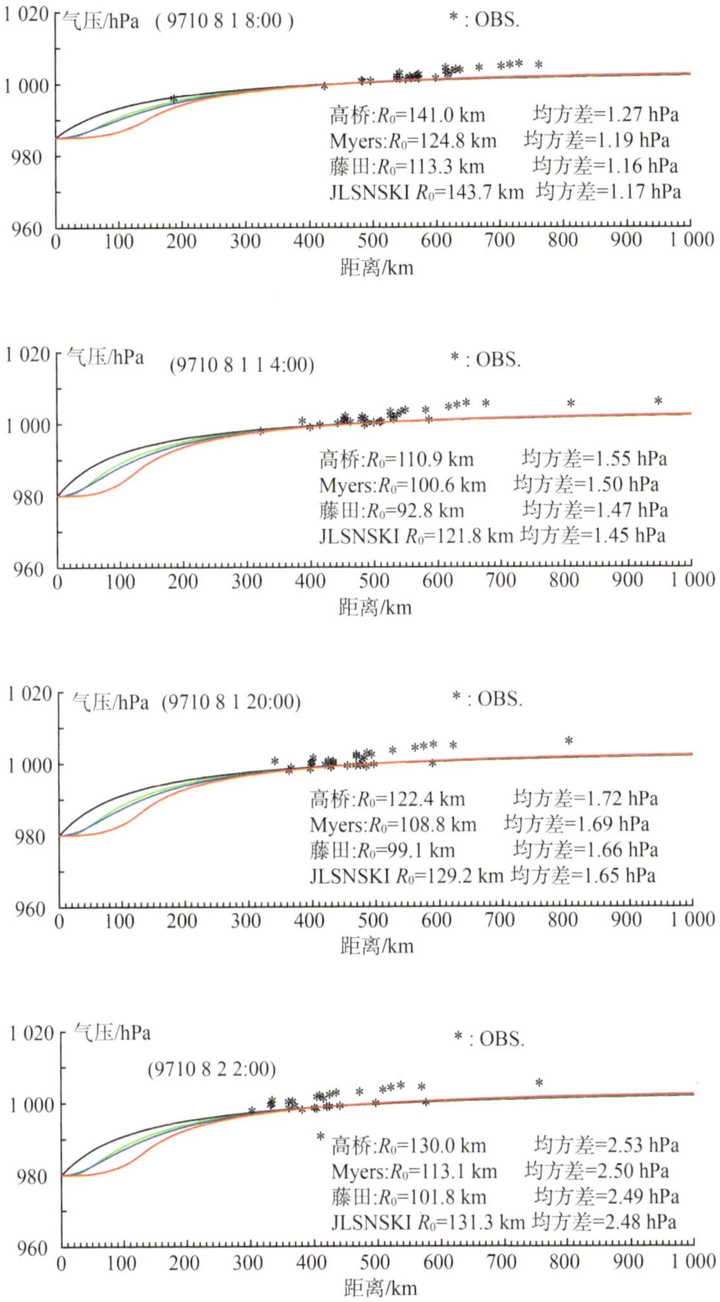


**图 3.1-3 9710 台风四种气压模型气压分布**

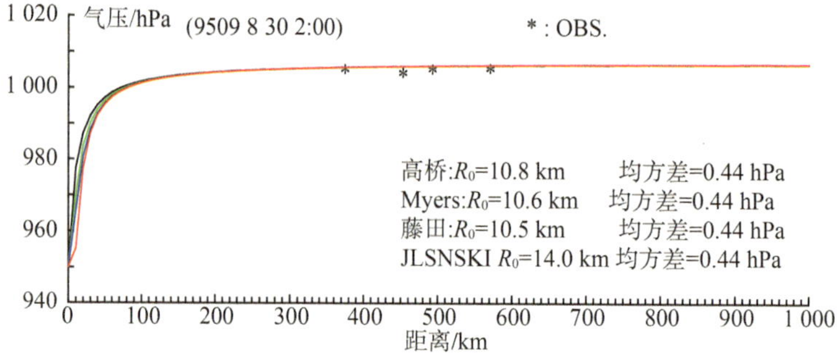
气压/hPa
(9509 8 30 2:00)
*: OBS.
高桥:R0=10.8 km 均方差=0.44 hPa
Myers:R0=10.6 km 均方差=0.44 hPa
藤田:R0=10.5 km 均方差=0.44 hPa
JLSNSKI R0=14.0 km 均方差=0.44 hPa
距离/km

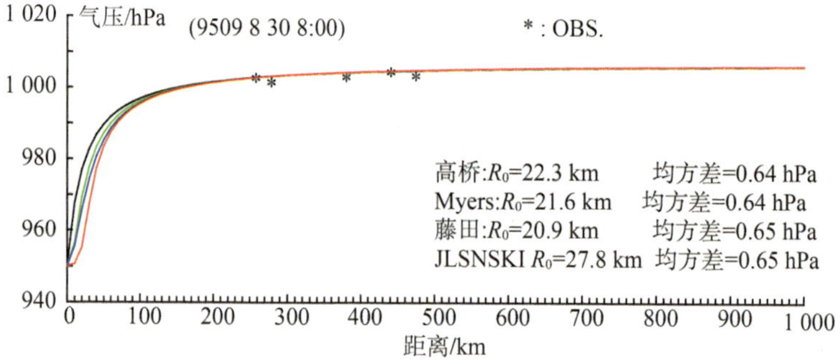
气压/hPa
(9509 8 30 8:00)
*: OBS.
高桥:R0=22.3 km 均方差=0.64 hPa
Myers:R0=21.6 km 均方差=0.64 hPa
藤田:R0=20.9 km 均方差=0.65 hPa
JLSNSKI R0=27.8 km 均方差=0.65 hPa
距离/km

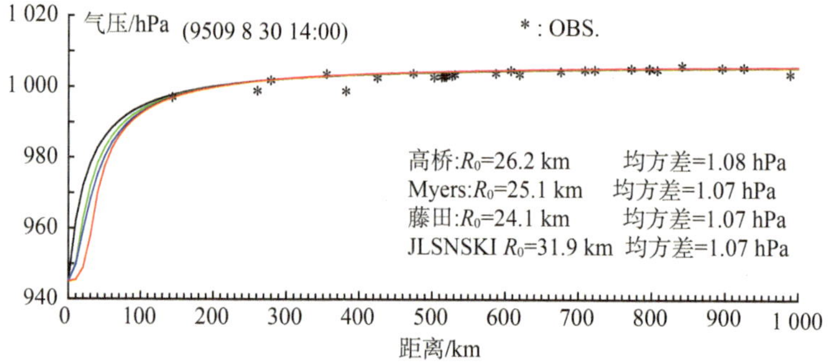
气压/hPa
(9509 8 30 14:00)
*: OBS.
高桥:R0=26.2 km 均方差=1.08 hPa
Myers:R0=25.1 km 均方差=1.07 hPa
藤田:R0=24.1 km 均方差=1.07 hPa
JLSNSKI R0=31.9 km 均方差=1.07 hPa
距离/km

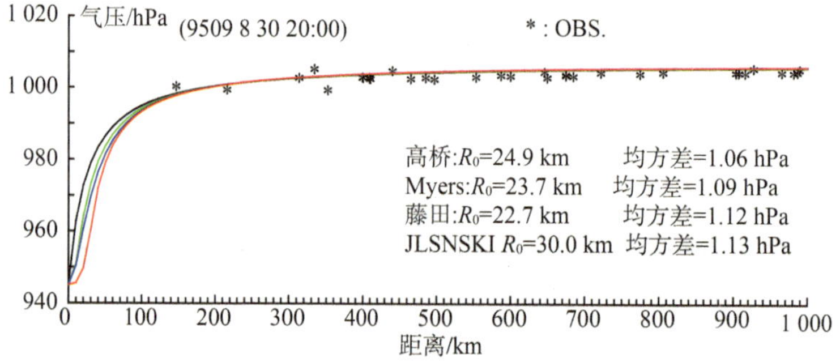
气压/hPa
(9509 8 30 20:00)
*: OBS.
高桥:R0=24.9 km 均方差=1.06 hPa
Myers:R0=23.7 km 均方差=1.09 hPa
藤田:R0=22.7 km 均方差=1.12 hPa
JLSNSKI R0=30.0 km 均方差=1.13 hPa
距离/km

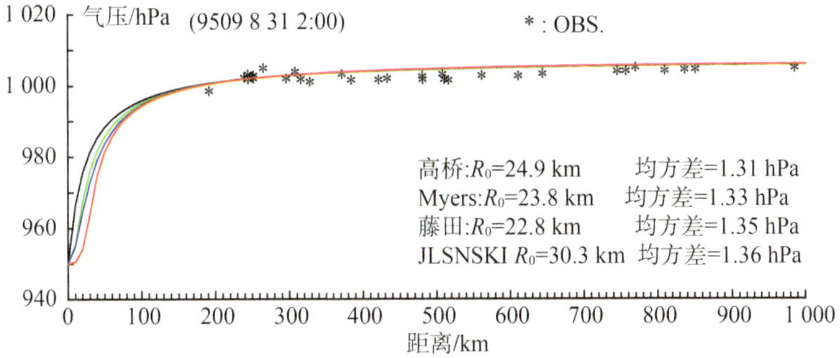
气压/hPa
(9509 8 31 2:00)
*: OBS.
高桥:$R_0$=24.9 km 均方差=1.31 hPa
Myers:$R_0$=23.8 km 均方差=1.33 hPa
藤田:$R_0$=22.8 km 均方差=1.35 hPa
JLSNSKI $R_0$=30.3 km 均方差=1.36 hPa
1 020
1 000
980
960
940
0
100
200
300
400
500
600
700
800
900
1 000
距离/km

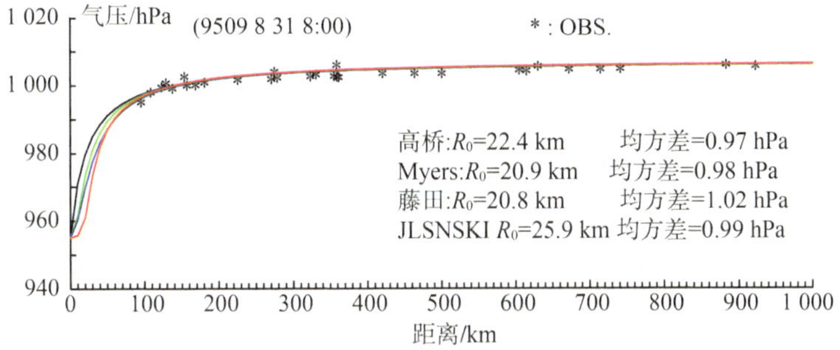
气压/hPa
(9509 8 31 8:00)
*: OBS.
高桥:$R_0$=22.4 km 均方差=0.97 hPa
Myers:$R_0$=20.9 km 均方差=0.98 hPa
藤田:$R_0$=20.8 km 均方差=1.02 hPa
JLSNSKI $R_0$=25.9 km 均方差=0.99 hPa
1 020
1 000
980
960
940
0
100
200
300
400
500
600
700
800
900
1 000
距离/km

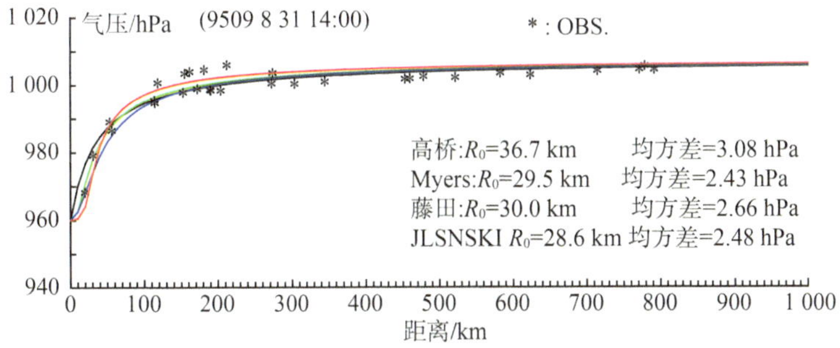
气压/hPa
(9509 8 31 14:00)
*: OBS.
高桥:$R_0$=36.7 km 均方差=3.08 hPa
Myers:$R_0$=29.5 km 均方差=2.43 hPa
藤田:$R_0$=30.0 km 均方差=2.66 hPa
JLSNSKI $R_0$=28.6 km 均方差=2.48 hPa
1 020
1 000
980
960
940
0
100
200
300
400
500
600
700
800
900
1 000
距离/km

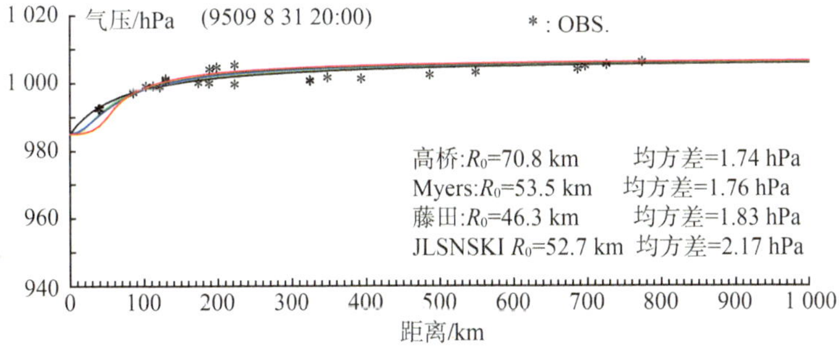
气压/hPa
(9509 8 31 20:00)
*: OBS.
高桥:$R_0$=70.8 km 均方差=1.74 hPa
Myers:$R_0$=53.5 km 均方差=1.76 hPa
藤田:$R_0$=46.3 km 均方差=1.83 hPa
JLSNSKI $R_0$=52.7 km 均方差=2.17 hPa
1 020
1 000
980
960
940
0
100
200
300
400
500
600
700
800
900
1 000
距离/km

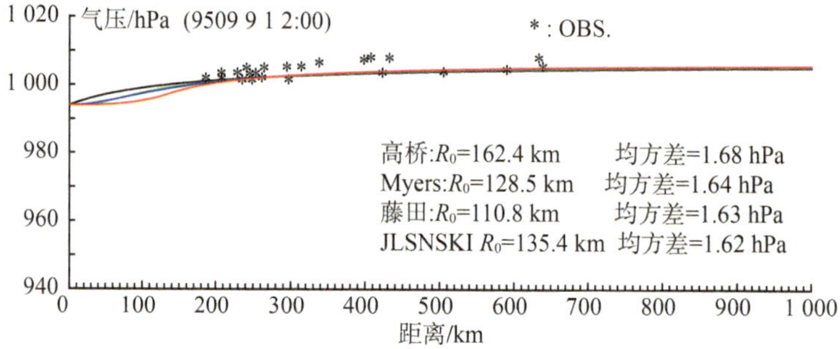


**图 3.1-4 9509 台风四种气压模型气压分布**

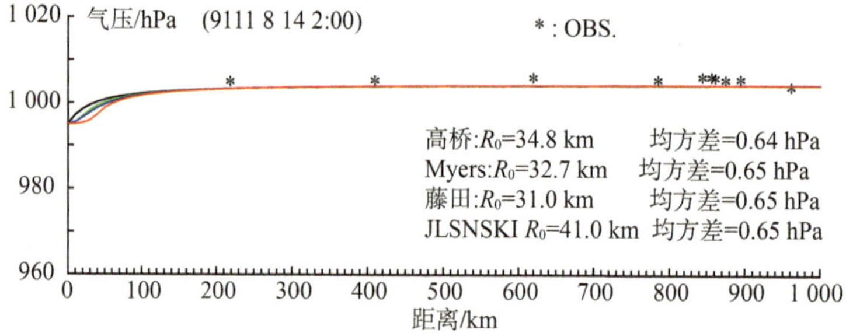


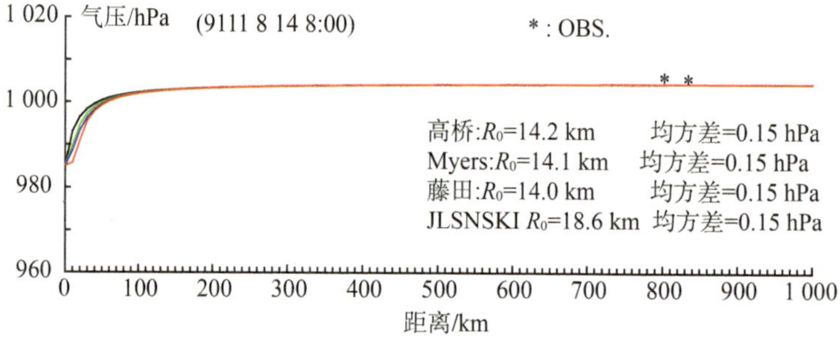


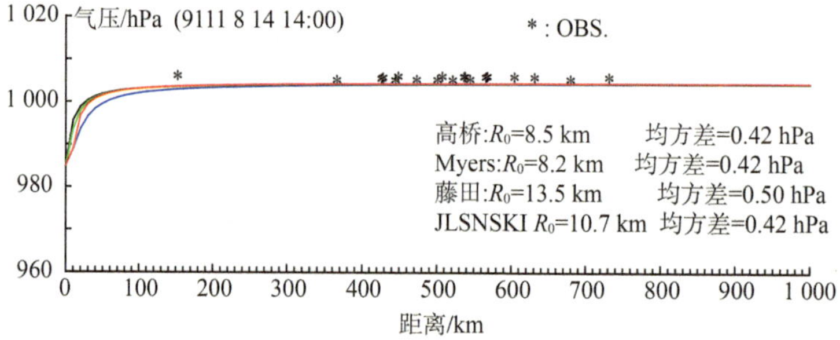

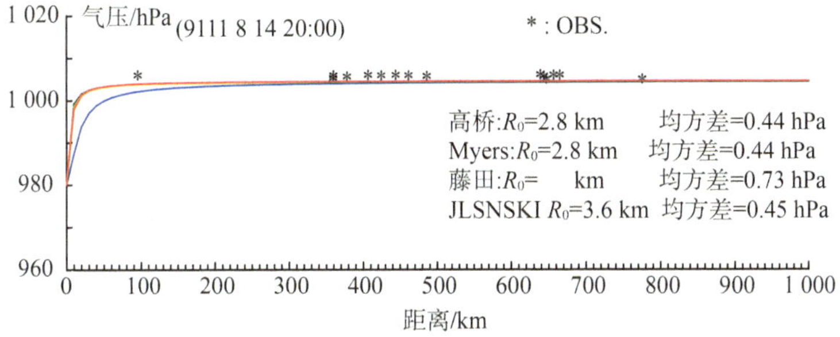
气压/hPa
(9111 8 14 20:00)
*: OBS.
高桥:$R_0$=2.8 km 均方差=0.44 hPa
Myers:$R_0$=2.8 km 均方差=0.44 hPa
藤田:$R_0$= km 均方差=0.73 hPa
JLSNSKI $R_0$=3.6 km 均方差=0.45 hPa
距离/km

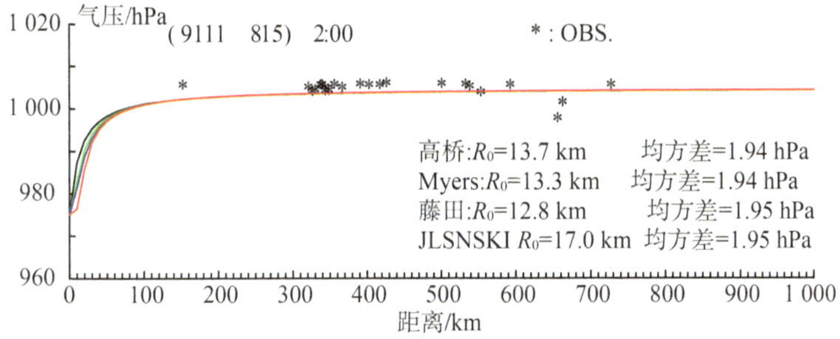
气压/hPa
( 9111 815) 2:00
*: OBS.
高桥:$R_0$=13.7 km 均方差=1.94 hPa
Myers:$R_0$=13.3 km 均方差=1.94 hPa
藤田:$R_0$=12.8 km 均方差=1.95 hPa
JLSNSKI $R_0$=17.0 km 均方差=1.95 hPa
距离/km

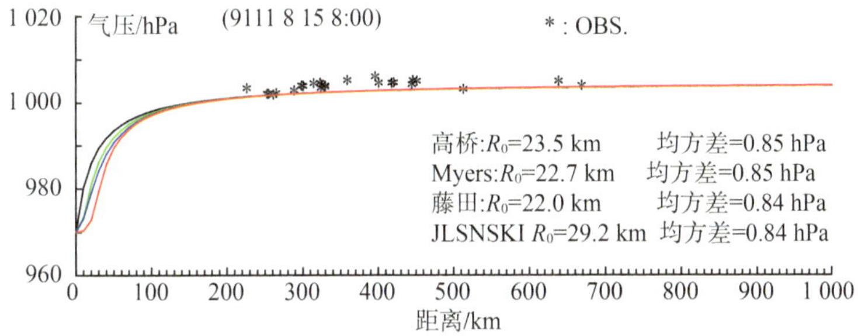
气压/hPa
(9111 8 15 8:00)
*: OBS.
高桥:$R_0$=23.5 km 均方差=0.85 hPa
Myers:$R_0$=22.7 km 均方差=0.85 hPa
藤田:$R_0$=22.0 km 均方差=0.84 hPa
JLSNSKI $R_0$=29.2 km 均方差=0.84 hPa
距离/km

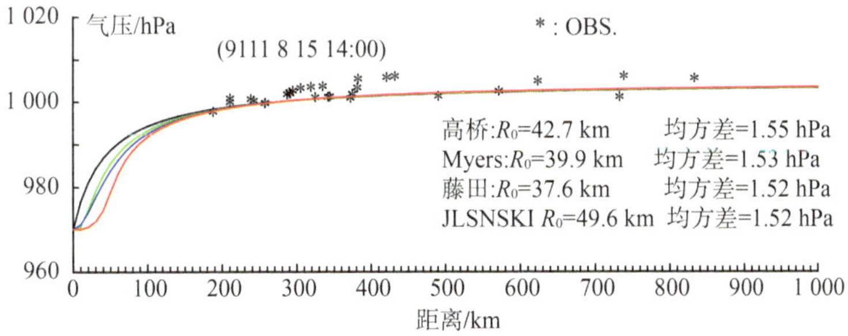
气压/hPa
(9111 8 15 14:00)
*: OBS.
高桥:$R_0$=42.7 km 均方差=1.55 hPa
Myers:$R_0$=39.9 km 均方差=1.53 hPa
藤田:$R_0$=37.6 km 均方差=1.52 hPa
JLSNSKI $R_0$=49.6 km 均方差=1.52 hPa
距离/km

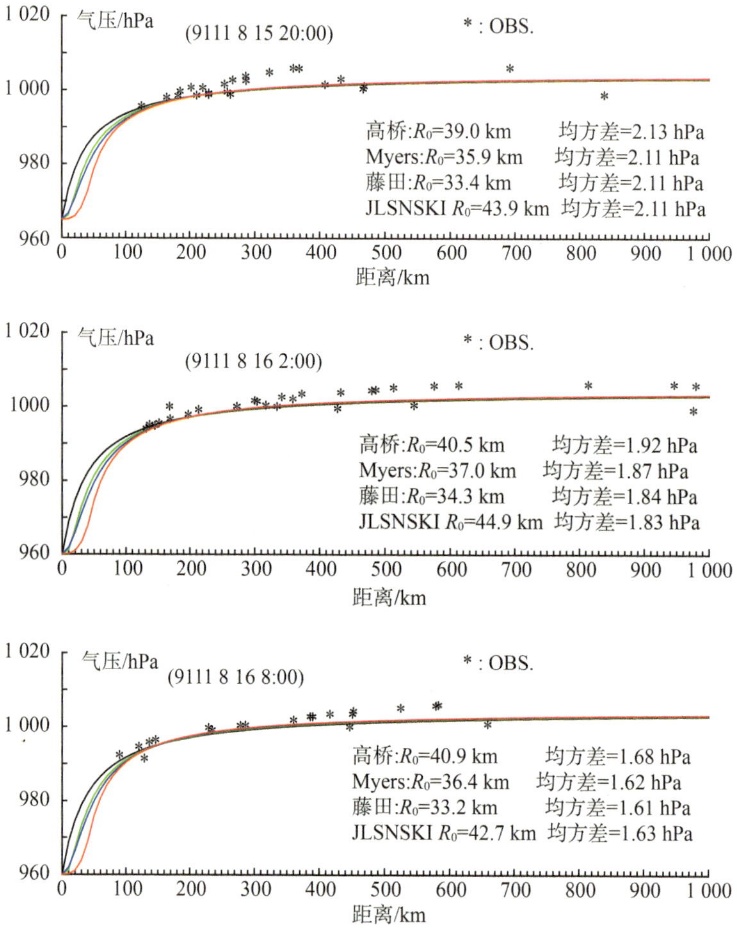


**图 3.1-5　9111 台风四种气压模型气压分布**

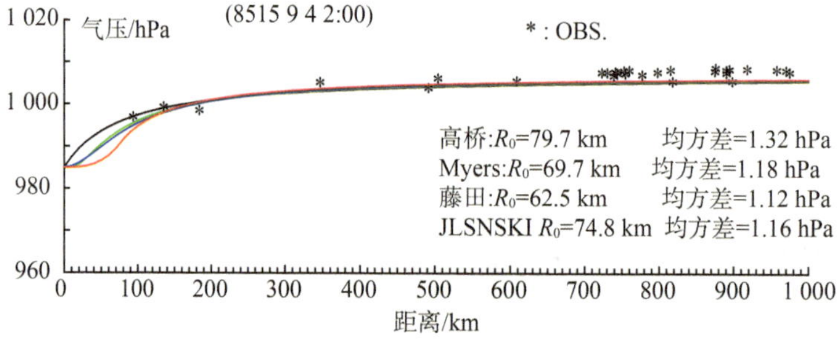

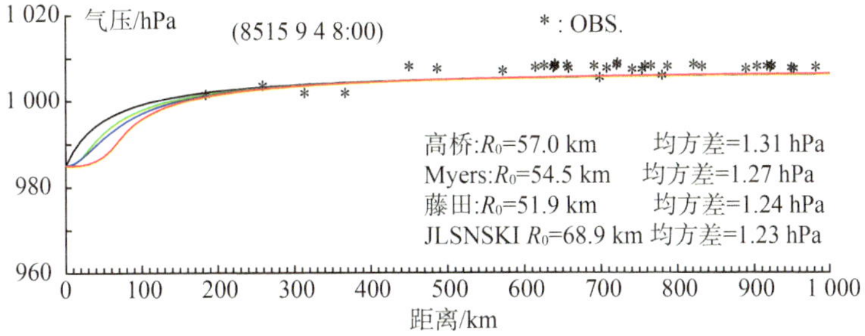
气压/hPa
(8515 9 4 8:00)
*: OBS.
1 020
1 000
980
960
0
100
200
300
400
500
600
700
800
900
1 000
距离/km
高桥:$R_0$=57.0 km 均方差=1.31 hPa
Myers:$R_0$=54.5 km 均方差=1.27 hPa
藤田:$R_0$=51.9 km 均方差=1.24 hPa
JLSNSKI $R_0$=68.9 km 均方差=1.23 hPa

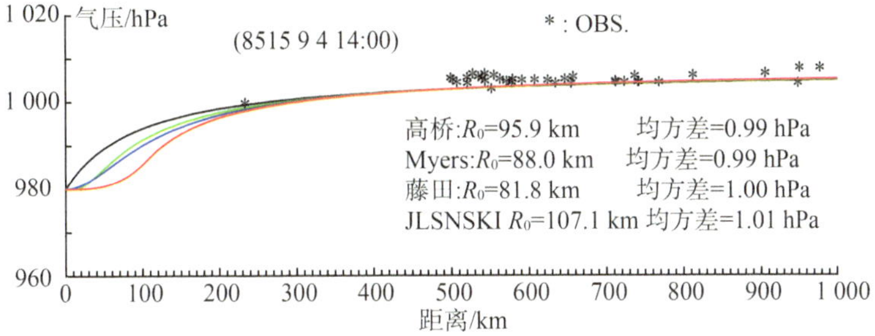
气压/hPa
(8515 9 4 14:00)
*: OBS.
1 020
1 000
980
960
0
100
200
300
400
500
600
700
800
900
1 000
距离/km
高桥:$R_0$=95.9 km 均方差=0.99 hPa
Myers:$R_0$=88.0 km 均方差=0.99 hPa
藤田:$R_0$=81.8 km 均方差=1.00 hPa
JLSNSKI $R_0$=107.1 km 均方差=1.01 hPa

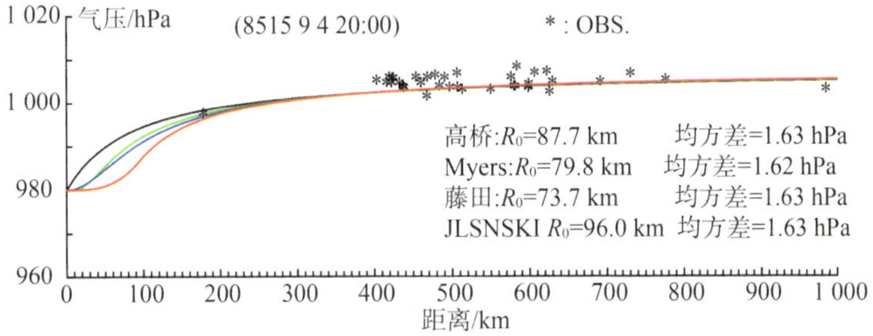
气压/hPa
(8515 9 4 20:00)
*: OBS.
1 020
1 000
980
960
0
100
200
300
400
500
600
700
800
900
1 000
距离/km
高桥:$R_0$=87.7 km 均方差=1.63 hPa
Myers:$R_0$=79.8 km 均方差=1.62 hPa
藤田:$R_0$=73.7 km 均方差=1.63 hPa
JLSNSKI $R_0$=96.0 km 均方差=1.63 hPa

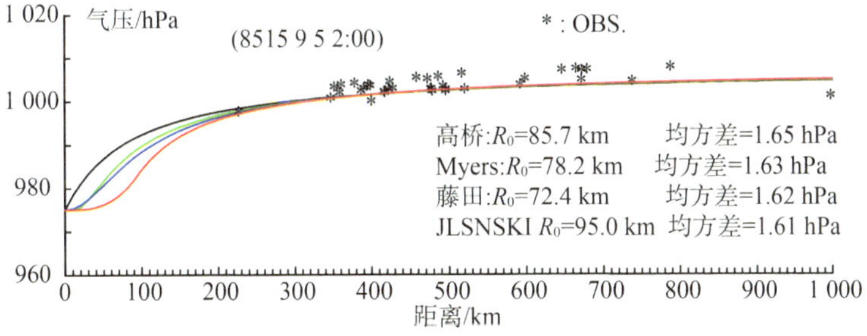
气压/hPa
(8515 9 5 2:00)
*: OBS.
1 020
1 000
980
960
0
100
200
300
400
500
600
700
800
900
1 000
距离/km
高桥:$R_0$=85.7 km 均方差=1.65 hPa
Myers:$R_0$=78.2 km 均方差=1.63 hPa
藤田:$R_0$=72.4 km 均方差=1.62 hPa
JLSNSKI $R_0$=95.0 km 均方差=1.61 hPa

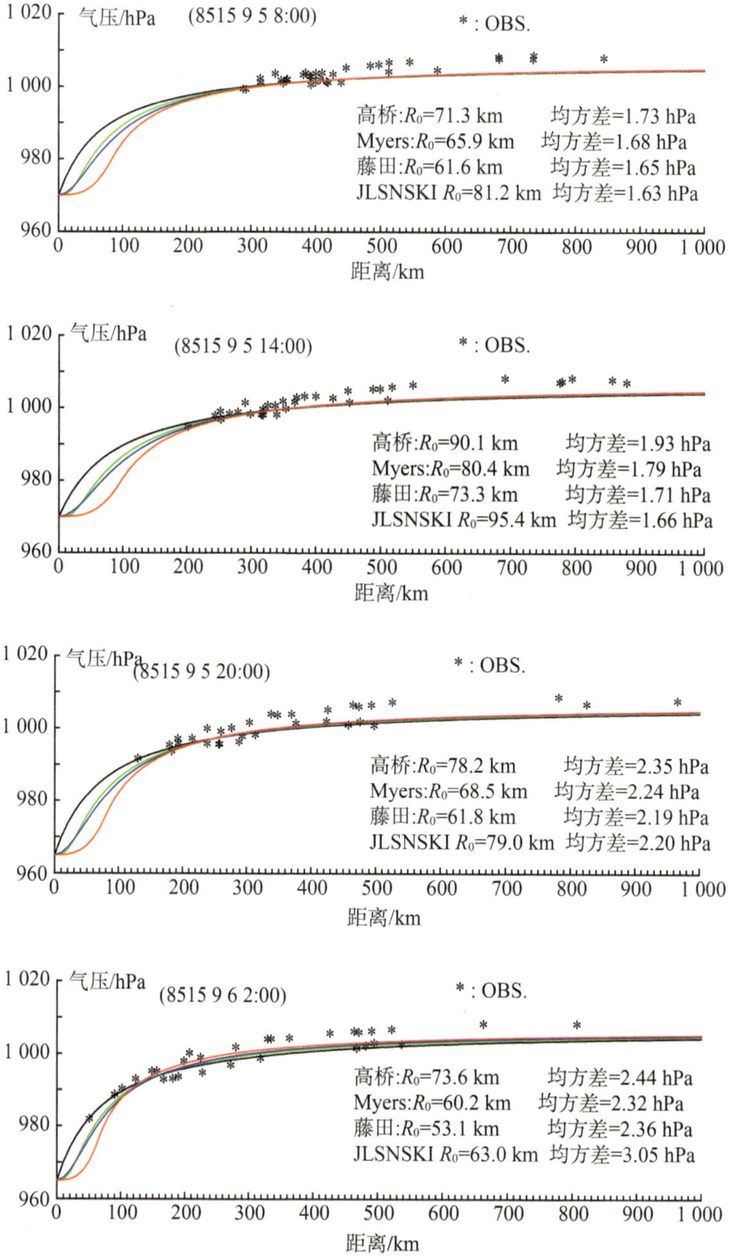


**图 3.1-6　8515 台风四种气压模型气压分布**

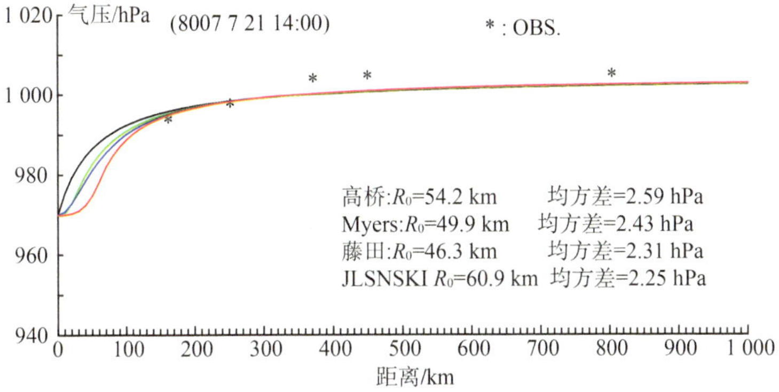
1 020
气压/hPa
(8007 7 21 14:00)
* : OBS.
1 000
980
960
940
高桥:R0=54.2 km 均方差=2.59 hPa
Myers:R0=49.9 km 均方差=2.43 hPa
藤田:R0=46.3 km 均方差=2.31 hPa
JLSNSKI R0=60.9 km 均方差=2.25 hPa
0 100 200 300 400 500 600 700 800 900 1 000
距离/km

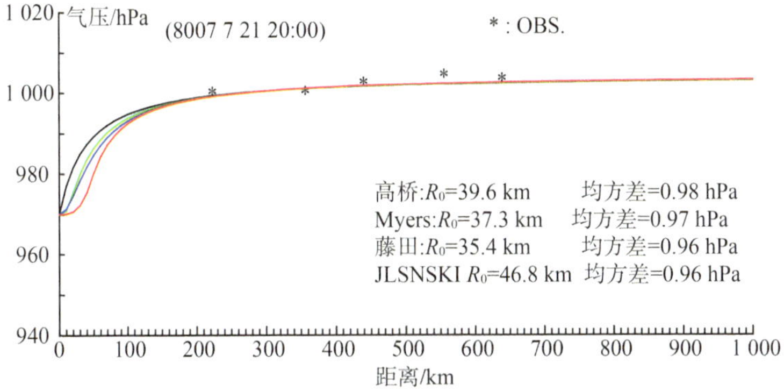
1 020
气压/hPa
(8007 7 21 20:00)
* : OBS.
1 000
980
960
940
高桥:R0=39.6 km 均方差=0.98 hPa
Myers:R0=37.3 km 均方差=0.97 hPa
藤田:R0=35.4 km 均方差=0.96 hPa
JLSNSKI R0=46.8 km 均方差=0.96 hPa
0 100 200 300 400 500 600 700 800 900 1 000
距离/km

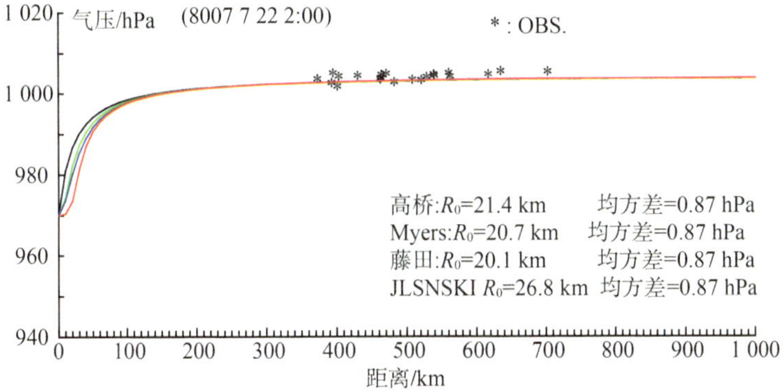
1 020
气压/hPa
(8007 7 22 2:00)
* : OBS.
1 000
980
960
940
高桥:R0=21.4 km 均方差=0.87 hPa
Myers:R0=20.7 km 均方差=0.87 hPa
藤田:R0=20.1 km 均方差=0.87 hPa
JLSNSKI R0=26.8 km 均方差=0.87 hPa
0 100 200 300 400 500 600 700 800 900 1 000
距离/km

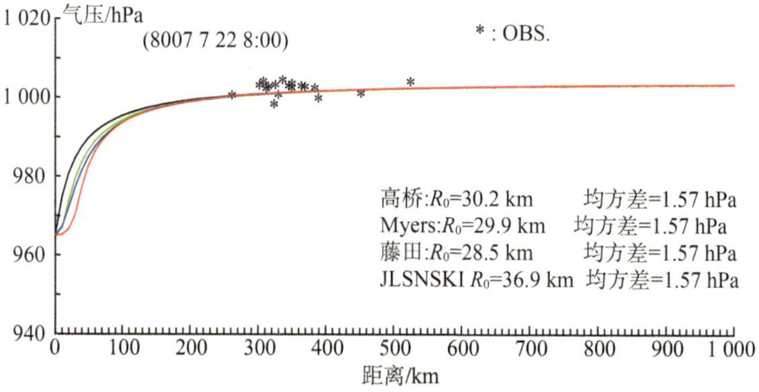


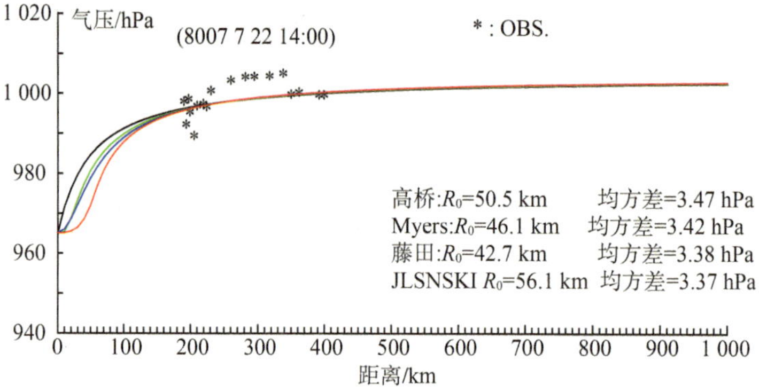


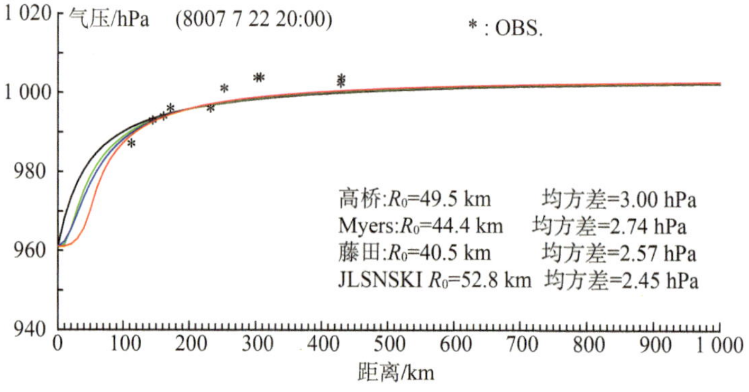


**图 3.1-7　8007 台风四种气压模型气压分布**

**表 3.1-1 广东沿海各场重要台风四种气压模型计算均方差平均** 单位:hPa

| 序号 | 台风编号＼模型 | 高桥 | 梅尔斯 | 藤田 | 捷氏 | 最优 |
|---|---|---|---|---|---|---|
| 1 | 9903 | 2.98 | 3.79 | 4.75 | 3.99 | 高桥 |
| 2 | 9810 | 1.61 | 1.48 | 1.48 | 1.45 | 捷氏 |
| 3 | 9710 | 1.64 | 1.59 | 1.55 | 1.57 | 藤田 |
| 4 | 9509 | 1.33 | 1.26 | 1.32 | 1.31 | 梅尔斯 |
| 5 | 9318 | 0.66 | 0.62 | 0.60 | 0.63 | 藤田 |
| 6 | 9315 | 0.43 | 0.43 | 0.43 | 0.44 | 高桥 |
| 7 | 9302 | 2.46 | 2.80 | 3.39 | 2.98 | 高桥 |
| 8 | 9205 | 1.66 | 1.35 | 1.34 | 1.94 | 藤田 |
| 9 | 9111 | 1.17 | 1.16 | 1.16 | 1.19 | 藤田 |
| 10 | 9107 | 3.14 | 3.39 | 3.69 | 3.53 | 高桥 |
| 11 | 9106 | 1.94 | 1.88 | 1.81 | 1.86 | 藤田 |
| 12 | 9009 | 1.61 | 1.67 | 1.75 | 1.72 | 高桥 |
| 13 | 8905 | 2.66 | 2.56 | 2.41 | 2.50 | 藤田 |
| 14 | 8902 | 1.77 | 1.80 | 1.86 | 1.81 | 高桥 |
| 15 | 8817 | 1.76 | 1.78 | 1.83 | 1.80 | 高桥 |
| 16 | 8805 | 1.51 | 1.51 | 1.53 | 1.53 | 高桥 |
| 17 | 8621 | 1.96 | 2.07 | 2.21 | 2.14 | 高桥 |
| 18 | 8616 | 0.78 | 0.78 | 0.76 | 0.80 | 藤田 |
| 19 | 8607 | 2.27 | 2.34 | 2.60 | 2.39 | 高桥 |
| 20 | 8515 | 1.71 | 1.64 | 1.69 | 1.61 | 捷氏 |
| 21 | 8504 | 2.33 | 2.29 | 2.38 | 2.32 | 梅尔斯 |
| 22 | 8309 | 1.02 | 1.00 | 0.98 | 1.06 | 藤田 |
| 23 | 8304 | 1.41 | 1.49 | 1.59 | 1.77 | 高桥 |
| 24 | 8303 | 1.82 | 1.66 | 1.58 | 1.58 | 捷氏 |
| 25 | 8116 | 1.57 | 1.50 | 1.46 | 1.46 | 捷氏 |
| 26 | 8009 | 1.59 | 1.40 | 1.19 | 1.32 | 藤田 |
| 27 | 8007 | 2.08 | 2.00 | 1.91 | 1.94 | 藤田 |
| 28 | 7908 | 3.28 | 3.69 | 4.09 | 3.83 | 高桥 |
| 合计 | | 50.15 | 50.93 | 53.34 | 52.47 | |
| 平均均方差 | | 1.79 | 1.82 | 1.91 | 1.87 | |
| 最优(次) | | 12 | 2 | 10 | 4 | |

## 3.2 台风浪数值模拟

台风浪计算和后报采用欧洲中期天气预报中心(European Centre for Medium Range Weather Forecasts,简称 ECMWF)业务化第三代海浪预报模型 WAM,对南海北部区域台风浪进行模拟计算。

WAM 海浪模型基于波密度守恒定理,海浪生成、传播、耗散、波-波非线性作用等过程波密度守恒,没有波谱形状限制,适用于较大范围的深水或有限深度海域,二维波密度谱平衡控制方程为:

$$\frac{\partial E}{\partial t} + C_g \nabla E = S_{in} + S_{ds} + S_{bo} + S_{nl}$$

式中,$E$ 为波密度方向谱,在 WAM 模型中以频率来表示为 $E(f,\theta)$;$C_g$ 为波动群速;$S_{in}$ 为风输入源函数;$S_{ds}$ 为涡动耗散源函数;$S_{bo}$ 为底摩擦耗散源函数,深水区域 $S_{bo}=0$;$S_{nl}$ 为波-波非线性作用源函数;$C_g\nabla E$ 表示波密度谱的传播,波谱离散按频率和方向划分为 25×12。

波浪主要由高频波谱吸收能量,风波密度谱在其传播过程中,在非线性作用下由高频波谱向低频波谱转移能量,由涡动和底摩擦耗散能量。波密度的非线性作用采用 Hasselman 四波相互作用近似计算方案。

风输入源函数 $S_{in}$ 计算采用 Snyder 的计算方案[40],形式如下:

$$S_{in}(\omega,\theta) = [B \cdot E(\omega,\theta)]\omega$$

$$B = \mathrm{MAX}\left\{0, 0.25\frac{\rho}{\rho_W}\left[28\frac{U_*}{C}\cos(\theta-\theta_w)-1\right]\right\}$$

$$(U_*/W)^2 = (0.8+0.065W)\cdot 10^{-3}$$

式中,$U_*$ 代表摩擦速度;$W$ 代表高度 10 m 处风速;$\rho$、$\rho_w$ 分别为空气和水密度;$C$ 为波速。本方案只考虑风对浪的作用,不考虑浪对风的影响。

耗散源函数为海浪衰减的主要机制,包括涡动耗散源函数 $S_{ds}$,底摩擦耗散源函数 $S_{bo}$,WAM 模型中,对于深水波浪耗散仅考虑涡动耗散源函数 $S_{ds}$,采用 Komen 计算方案:

$$S_{ds}(\omega) = -2.33\times10^{-5}\overline{\omega}\left(\frac{\omega}{\overline{\omega}}\right)^2\left(\frac{\alpha}{\overline{\alpha}}\right)^2 E(\omega)$$

平均频率：$\overline{\omega} = \dfrac{\int E(\omega)\omega \mathrm{d}\omega}{\int E(\omega)\mathrm{d}\omega}$；

平均波陡：$\alpha = \overline{E}\,\overline{\omega}^4 g^{-2}$，PM 谱平均波陡：$\overline{\alpha} = 4.57 \times 10^{-3}$ 。

对于有限水深海域中，需考虑底摩擦耗散源函数 $S_{bo}$，采用 Hasselman 计算方案：

$$S_{bo}(\omega) = 0.038\,\frac{\omega^2}{g^2 sh^2(kd)}E(\omega)$$

在固定边界上，海浪全部能量因边缘效应（破碎、渗流）而耗散，不出现回波，即 $E(\omega,\theta)=0$。

开边界上，若波能由模型区域外进入，则由边界上的风区风时，按光易谱确定边界各点的波谱值，若波能由模型区域出去，边界上的波谱值等于邻近边界区内的计算波谱值。

模型中代表点的波浪特征要素计算公式为

$$\text{有效波高：} Hs = 4\left[\iint E(\omega,\theta)\mathrm{d}\omega \mathrm{d}\theta\right]^{\frac{1}{2}}$$

$$\text{平均周期：} \overline{T} = 2\pi\left[\frac{\iint E(\omega,\theta)\mathrm{d}\omega \mathrm{d}\theta}{\iint \omega^2 E(\omega,\theta)\mathrm{d}\omega \mathrm{d}\theta}\right]^{\frac{1}{2}}$$

$$\text{主波向：} D = \arctan\left[\frac{\iint E(\omega,\theta)\sin\theta \mathrm{d}\omega \mathrm{d}\theta}{\iint E(\omega.\,,\theta)\cos\theta \mathrm{d}\omega \mathrm{d}\theta}\right]$$

模型针对南海北部区域，计算区域见图 3.2-1。热带气旋取 2013 年影响海南东部外海域的热带气旋，水深起算基面为平均海平面。

### 3.2.1　风场输入

台风浪模型对输入的风场反应敏感，为此把改进的 Jelesnianski（杰氏）经验台风公式计算的台风风场[41]和 NCEP 再分析风场[42]相结合，克服经验台风公式计算结果中外围风场较小的缺点。NCEP 再分析风场台风中心风速强度不足，从而有利于台风过程中波浪的计算，构造后的风场作为波浪模型计算中的输入风场。

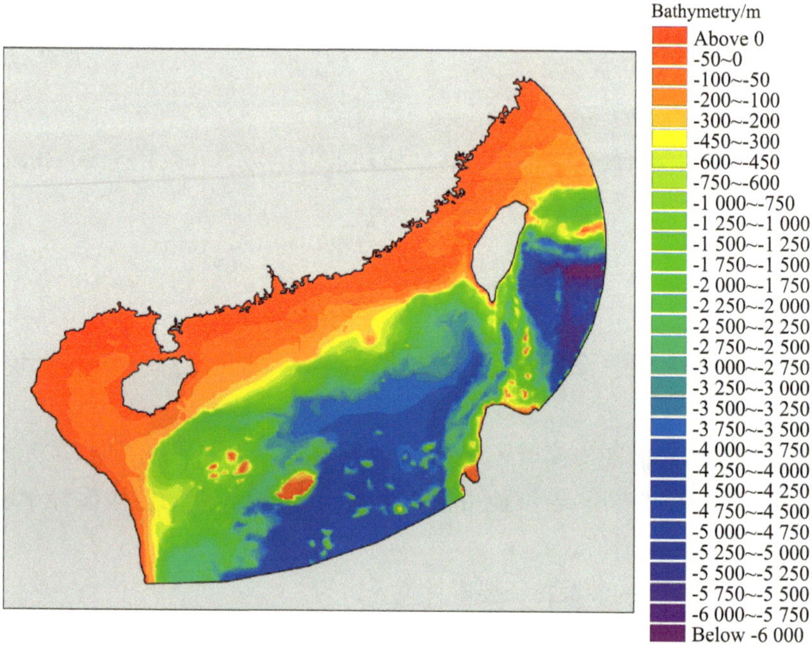


**图 3.2-1　WAM 模型波浪计算区域**

经验台风场是利用台风的一些主要参数，如最大风速半径、中心气压、最大风速等，通过经验公式计算得到台风风场，本研究在经验台风公式中加入相应的 7 级和 10 级大风半径，这样处理更适合反演台风场范围。

改进 Jelesnianski（杰氏）经验台风计算公式如下：

$$W=\frac{r}{R+r}(u\boldsymbol{i}+v\boldsymbol{j})+W_{\mathrm{MAX}}\left(\frac{r}{R}\right)^{1.5}\frac{1}{r}(A\boldsymbol{i}+B\boldsymbol{j})\quad r\leqslant R$$

$$W=\frac{r}{R+r}(u\boldsymbol{i}+v\boldsymbol{j})+W_{10}+\left(\frac{R_{10}-r}{R_{10}-R}\right)^{1.5}$$

$$(W_{\mathrm{MAX}}-W_{10})\frac{1}{r}(A\boldsymbol{i}+B\boldsymbol{j})\quad R<r\leqslant R_{10}$$

$$W=\frac{r}{R+r}(u\boldsymbol{i}+v\boldsymbol{j})+W_{7}+\left(\frac{R_{7}-r}{R_{7}-R_{10}}\right)^{1.25}$$

$$(W_{10}-W_{7})\frac{1}{r}(A\boldsymbol{i}+B\boldsymbol{j})\quad R_{10}<r\leqslant R_{7}$$

$$W = \frac{r}{R+r}(u\boldsymbol{i}+v\boldsymbol{j}) + W_7 - \left(\frac{r-R_7}{R_7-R_{10}}\right)^{0.75}$$

$$(W_{10}-W_7)\frac{1}{r}(A\boldsymbol{i}+B\boldsymbol{j}) \quad R_7 < r$$

$$A = -[(x-x_c)\sin\theta + (y-y_c)\cos\theta] \quad B = [(x-x_c)\cos\theta - (y-y_c)\sin\theta]$$

式中，$W$ 为计算点风速；$r$ 为台风中心到计算点的距离；$u$、$v$ 为台风移动速度在 $x$、$y$ 轴的分量；$W_{10}$、$W_7$ 分别是 10 级，7 级风速；$W_{MAX}$ 为台风最大风速；$R_{10}$、$R_7$ 是 10 级、7 级大风半径，由台风资料给出；$\theta$ 为流入角，在本研究中 $\theta=15°$；$x_c$、$y_c$ 为台风中心坐标；$x$、$y$ 为计算点的坐标。

利用以上计算公式可以比较好地模拟台风中心附近的旋转风，但是在离台风中心比较远的地方，由于气旋风场的减小，背景风场的影响增大，在这些区域用经验公式计算的风场准确性相对较差。需要采用 NCEP 再分析风场予以弥补。

NCEP 再分析风场资料能很好地反映大范围的风场结构特征，但由于其空间分辨率较低，在台风中心的风场准确度低，其风速值显著小于实际风速。针对 NCEP 再分析风场资料和经验台风计算中存在的不足，进行新台风风场构造，构造公式如下：

$$V_{new} = V_{old}(1-e) + e \times V_b$$

式中，$V_{new}$ 为构造后的风场；$V_{old}$ 是 Jelesnianski 经验台风公式计算的风场；$V_b$ 是背景风场，即 NCEP 再分析风场；$e$ 为权重系数，$e=\frac{C^4}{1+C^4}$；$C$ 是考虑台风影响范围的数，$C=\frac{r}{(n \times R_w)}$；$r$ 为计算点距离台风中心的距离；$R_w$ 是最大风速半径。系数 $n$ 通过使计算值和观测值的均方根误差最小来确定，本研究中 $n=9$。权重系数 $e$ 随计算点到台风中心的距离的不同而不同，这样通过 $e$ 的变化，既保证了在台风中心附近区域用经验台风公式计算风场，距离台风中心远的点用 NCEP 再分析风场，保证了两个风场的平滑过渡，得到的风场更为合理。

### 3.2.2 模型验证

选择对工程附近海域有显著影响且台风路径有一定代表性的 2010 年超强台风“灿都”（图 3.2-2）、2013 年超强台风“尤特”、2013 年超强台风“海燕”

(图 3.2-3)三场典型台风进行计算，通过与已有实测资料进行对比，以验证模型的精度。验证资料包括三沙市 2010 年与阳西临时测波站 2013 年的实测波浪。

**图 3.2-2　超强台风“灿都”(2010 年)路径示意图**

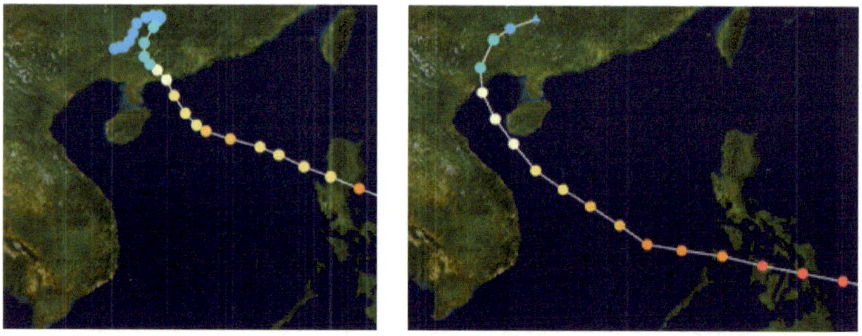

**图 3.2-3　2013 年超强台风“尤特”“海燕”台风路径示意图**

三场典型台风过程波浪验证结果见图 3.2-4。从图中可以看出，计算结果与实测过程总体吻合较好，其中“灿都”台风过程中三沙站波浪过程验证较好，极值波高与实测值相差小于 0.5 m，波浪增大与衰减过程在时相上也吻合较好；2013 年“尤特”台风过境时，在前期，阳西测波站点计算波高略大于实测波高，极值时刻及衰减过程波高验证较好；对 2013 年 11 月“海燕”台风验证结果也较为理想。模型验证结果表明建立的模型精度达到相关规范要求，分辨率满足工程水域的需要，可以用于计算台风期间工程水域的波浪特征。

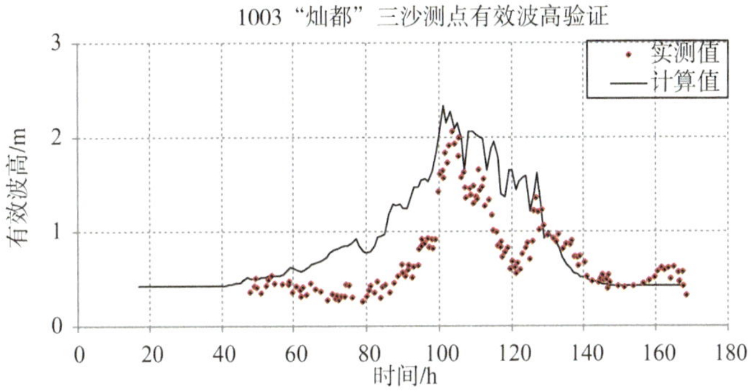


图 3. 2-4a “灿都”台风浪过程波高验证图

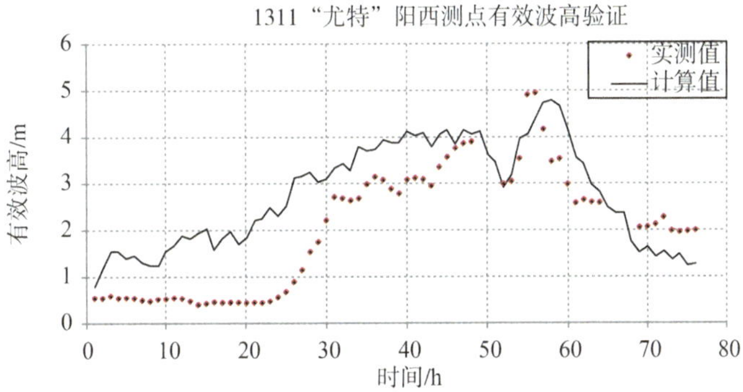


图 3. 2-4b “尤特”台风浪过程波高验证图

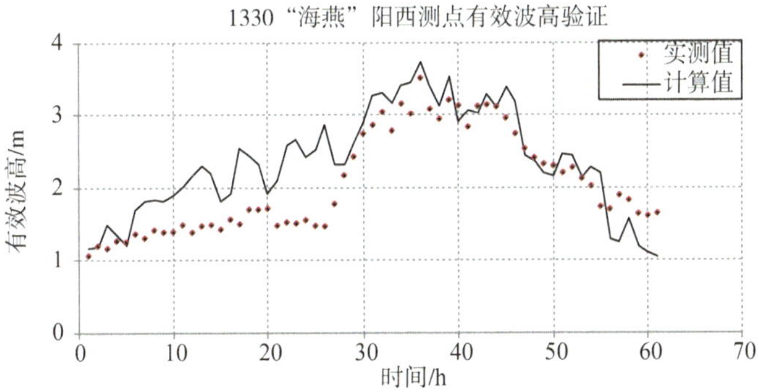


图 3. 2-4c “海燕”台风浪过程波高验证图

## 3.3 台风暴潮多模型集合预报

FVCOM 模型在采用 Boussinesq 近似和静压假定的三维原始方程基础上，通过扩展可包含波浪效应。模型中包含了表面风应力、表面热通量、淡水通量以及底部应力的计算，采用 Mellor-Yamada 2.5 阶紊流闭合模型求解涡黏系数[43]。

(1) 风暴潮模型基本方程

在垂向上采用 sigma 坐标，在水平向上采用无重合的非结构网格。动量方程如下：

$$\frac{\partial UD}{\partial t}+\frac{\partial U^2 D}{\partial x}+\frac{\partial UVD}{\partial y}+\frac{\partial U\omega}{\partial \zeta}-fVD+gD\frac{\partial \eta}{\partial x}+\frac{D}{\rho_0}\frac{\partial P}{\partial x}$$
$$=\frac{\partial}{\partial \zeta}(\tau_{px}+\tau_{wx}-\tau_{bx})+\frac{\partial}{\partial x}\left(2A_m H\frac{\partial U}{\partial x}\right)+\frac{\partial}{\partial y}A_m H\left(\frac{\partial U}{\partial y}+\frac{\partial V}{\partial x}\right)$$
$$\frac{\partial VD}{\partial t}+\frac{\partial UVD}{\partial x}+\frac{\partial V^2 D}{\partial y}+\frac{\partial V\omega}{\partial \zeta}+fUD+gD\frac{\partial \eta}{\partial y}+\frac{D}{\rho_0}\frac{\partial P}{\partial y}$$
$$=\frac{\partial}{\partial \zeta}(\tau_{py}+\tau_{wy}-\tau_{by})+\frac{\partial}{\partial y}\left(2A_n H\frac{\partial U}{\partial y}\right)+\frac{\partial}{\partial x}A_n H\left(\frac{\partial U}{\partial y}+\frac{\partial V}{\partial x}\right)$$
$$\frac{\partial P}{\partial \zeta}+\rho D g=0$$

连续方程为

$$\frac{\partial DU}{\partial x}+\frac{\partial DV}{\partial y}+\frac{\partial \omega}{\partial \zeta}+\frac{\partial \eta}{\partial t}=0$$

式中，$U$ 和 $V$ 为 $x$ 和 $y$ 方向的速度；

$f$ 为科氏常数；

$\omega$ 为垂直于 sigma 面的垂向速度；

垂向 sigma 坐标 $(z-\eta)/D$ 从底层 $\zeta=-1$ 变化到表层 $\zeta=0$；

$z$ 为垂直向上的坐标，其中 $z=0$ 为平均水面所在位置；

$\eta$ 为波周期平均的自由水面；

$D=H+\eta$ 为总水深；

$H$ 为平均水面到底床的距离；

$P$ 为压力；

$\rho$ 和 $\rho_0$ 为海水总密度和参照密度；

$g$ 为重力加速度；

$\tau_{px}$，$\tau_{wx}$ 和 $\tau_{bx}$，以及 $\tau_{py}$、$\tau_{wy}$ 和 $\tau_{by}$ 为分向风压力、风应力和底摩阻产生的应力项；

$A_m$ 和 $A_n$ 为水平旋转和热扩散系数，它们由 Smagorinsky 涡黏模型求解。

这些方程通过求解紊动动能和紊动混合长度的方程进行闭合：

$$\frac{\partial q^2 D}{\partial t}+\frac{\partial U q^2 D}{\partial x}+\frac{\partial V q^2 D}{\partial y}+\frac{\partial \omega q^2}{\partial \zeta}=\frac{\partial}{\partial \zeta}\left[\frac{K_q}{D}\frac{\partial q^2}{\partial \zeta}\right]+\frac{2K_m}{D}\left[\left(\frac{\partial U}{\partial \zeta}\right)^2+\left(\frac{\partial V}{\partial \zeta}\right)^2\right]$$

$$+2\left(\tau_{px}\frac{\partial U}{\partial \zeta}+\tau_{py}\frac{\partial V}{\partial \zeta}\right)-\frac{2Dq^3}{B_1 l}+\frac{2g}{\rho_0}K_h\frac{\partial \tilde{\rho}}{\partial \zeta}+\frac{\partial}{\partial x}\left(DA_h\frac{\partial q^2}{\partial x}\right)+\frac{\partial}{\partial y}\left(DA_h\frac{\partial q^2}{\partial y}\right)$$

$$\frac{\partial q^2 lD}{\partial t}+\frac{\partial U q^2 lD}{\partial x}+\frac{\partial V q^2 lD}{\partial y}+\frac{\partial \omega q^2 l}{\partial \zeta}=\frac{\partial}{\partial \zeta}\left(\frac{K_q}{D}\frac{\partial q^2 l}{\partial \zeta}\right)+$$

$$E_1 l\left\{\frac{K_m}{D}\left[\left(\frac{\partial U}{\partial \zeta}\right)^2+\left(\frac{\partial V}{\partial \zeta}\right)^2\right]+\left(\tau_{px}\frac{\partial U}{\partial \zeta}+\tau_{py}\frac{\partial V}{\partial \zeta}\right)+E_3\frac{g}{\rho_0}K_h\frac{\partial \tilde{\rho}}{\partial \zeta}\right\}$$

$$-\frac{Dq^3}{B_1}\widetilde{W}+\frac{\partial}{\partial x}\left(DA_h\frac{\partial q^2 l}{\partial x}\right)+\frac{\partial}{\partial y}\left(DA_h\frac{\partial q^2 l}{\partial y}\right)$$

式中，$\widetilde{W}=1+E_2 l^2/(\kappa L)^2$ 为壁面接近函数，$L^{-1}=(\eta-z)^{-1}+(H+z)^{-1}$，$\kappa=0.4$ 为卡曼常数；

$E_1$、$E_3$ 和 $B_1$ 为模型闭合常数；

$K_m$、$K_h$ 为垂向涡黏系数、垂向热涡系数；

$K_q$ 为紊动动能的垂向涡流扩散系数；

$A_h$ 为紊动动能水平涡黏系数，$q^2/2$ 为紊动能量；

$\partial\tilde{\rho}/\partial\zeta=\partial\rho/\partial\zeta-c_s^{-2}\partial P/\partial\zeta$，$c_s$ 为声速；

$l$ 为紊动混合长度。

（2）波浪模型基本方程

波浪模型以二维动谱密度表示随机波，动谱密度 $N(\sigma,\theta)$ 与能谱密度 $E(\sigma,\theta)$ 之间关系为 $N(\sigma,\theta)=E(\sigma,\theta)/\sigma$。

在笛卡尔坐标系下，动谱平衡方程可表示为

$$\frac{\partial}{\partial t}N+\frac{\partial}{\partial x}C_x N+\frac{\partial}{\partial y}C_y N+\frac{\partial}{\partial \sigma}C_\sigma N+\frac{\partial}{\partial \theta}C_\theta N=\frac{S}{\sigma}$$

方程左边第一项为 $N$ 随时间的变化率；第二和第三项表示动谱密度在地理坐标空间 $x$、$y$ 方向上的传播；第四项表示由于流场和水深所引起的动谱密

度在相对频率 $\sigma$ 空间的变化；第五项表示动谱密度在谱分布方向 $\theta$ 空间的传播，亦即水深及流场引起的折射；方程右边的 $S$ 代表以谱密度表示的源汇项，包括风能输入、白浪、破碎、海底摩擦、波-波非线性相互作用等物理过程。

在球坐标系下，动谱平衡方程可表示为

$$\frac{\partial}{\partial t}N+\frac{\partial}{\partial \lambda}c_{\lambda}N+(\cos\varphi)^{-1}\frac{\partial}{\partial \varphi}c_{\varphi}\cos\varphi N+\frac{\partial}{\partial \sigma}c_{\sigma}N+\frac{\partial}{\partial \theta}c_{\theta}N=\frac{S}{\sigma}$$

式中，$\lambda$ 代表经度；$\varphi$ 代表纬度。

(3) 波流耦合模型

波浪-潮流双向耦合模型为紧密性耦合模型，两者共用一套非结构化网格，可以实现对不规则岸线、潮汐通道等复杂地形区域水动力的高精度、高分辨率模拟，同时本耦合模型具备高扩展性的特点，可以使大洋、大陆架直到近岸河口、漫滩内陆区的物理过程和数值模型实现无缝连接。此外，本模型的变量和作用力分布于确定的节点位置，信息的传递不需经过插值，可减少信息传递消耗的时间，明显提高模型预报效率。

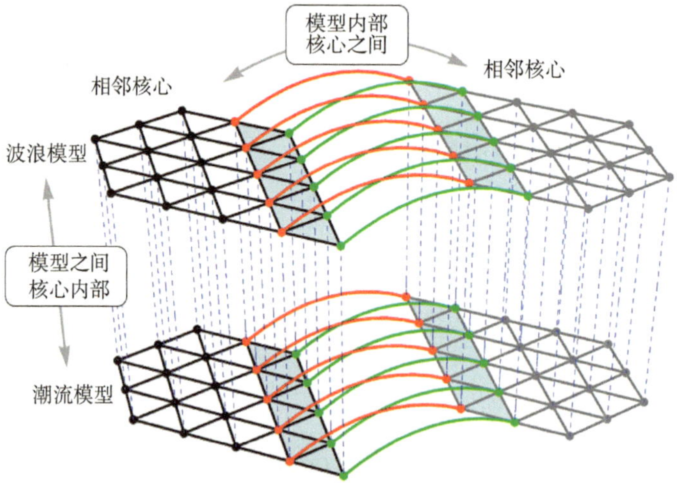


图 3.3-1　算法传递过程

(4) 网格剖分

针对华南近岸海域径-潮-波三者共同作用动力过程，构建了网河-河口-外海全水域模型。河口区域网格进行加密，最小网格尺寸为 3 m，珠江三角洲区域网格布置见图 3.3-2。

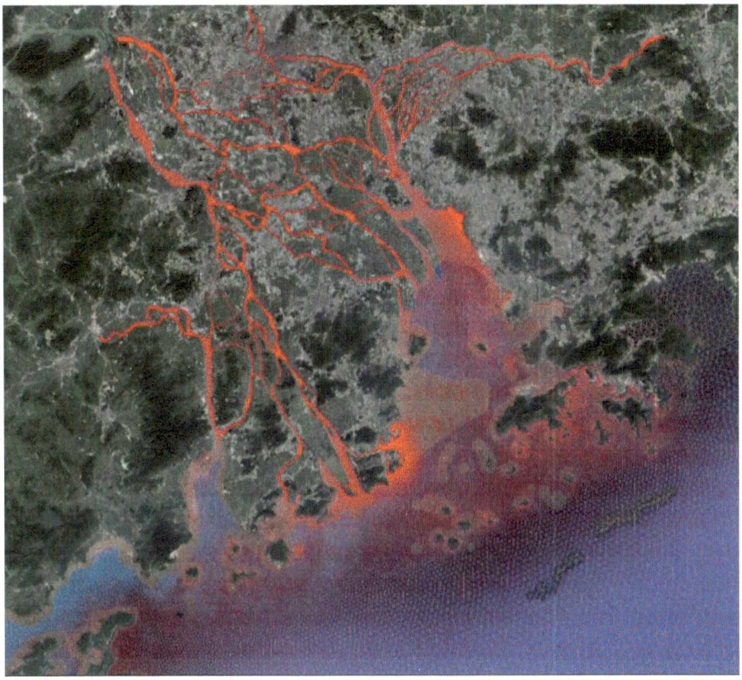

图 3.3-2 模型研究范围(珠江网河区局部放大)

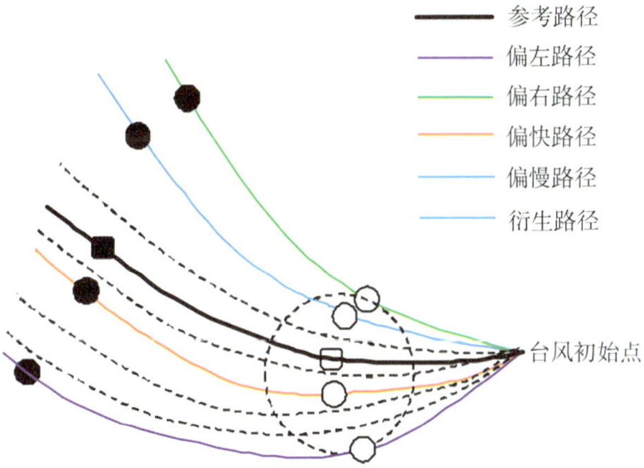


图 3.3-3 多模型集合预报方法样本示意图

集合预报技术应用于风暴潮数值预报模型中是为了解决台风预报误差对风暴潮计算的影响。风暴潮数值预报模型计算的准确性在很大程度上依赖于气象预报的准确性，台风暴潮计算的准确性则依赖于热带气旋的路径、速度、强度等参数的准确性，目前台风预报的准确性和精度难以满足风暴潮预报的需要，但风暴潮集合预报技术科学地应对了这个难题。集合预报技术依据现有的台风预报结果，按照不同时效台风路径的误差分布，分别计算出热带气旋的可能路径、速度、强度等参数，并进行多条路径、多种速度的风暴潮计算，最后融合计算结果，给出多种、多类型结果，也给出所关注海域的风暴潮概率预报。

台风暴潮预报的准确性在很大程度上取决于台风预报路径的精度，但目前国际上 24 h 台风路径预报的误差约为 120 km，相位误差在 6 h 左右；对于一些走向异常的台风可能误差更大。这一误差对于风暴潮数值预报来说是不能接受的。特别是根据单一的台风路径并不能保证获得可靠的风暴潮预报结果，这时考虑引入台风路径预报“概率圆”衍生出 4 条基本台风路径，根据基于大数据库的台风路径统计结果，取偏左、偏右、偏快、偏慢四条路径，计算条件允许时基于四条基本路径可以衍生更多条路径样本；将参考路径和 4 条基本路径及衍生路径作为边值强迫样本参数进行风暴潮数值计算，除得到每条路径的确定性结果外，还可以利用加权平均法得到集合预报结果，这样就避免了在风暴潮预报中出现漏报。集合预报技术是当今解决由台风路径预报误差引起的风暴潮预报误差问题最有效的方法。

耦合模型通过计算式对非结构三角形网格上的积分通量进行求解。三角形网格由 3 个节点、一个中心点和 3 条边组成，如图 3.3-4a 所示。其中变量 $U$、$V$、$E_\theta$、$c_\theta$ 和 $\sigma_\theta$ 放置在三角形中心点，另一些变量如 $\eta$、$H$、$D$、$\rho$、$w$、$C$、$K_m$、$K_h$、$A_m$ 和 $A_h$ 放置在三角形节点上。三角形节点处的变量由三角形中心点和边中点连成的多边形上的净通量求解确定，见图 3.3-4a 中虚线表示的多边形。三角形中心点处的变量可通过求解三角形三条边上的净通量得到，见图 3.3-4a 中粗实线表示的三角形。在角度空间上变化范围为从 $-\pi$ 到 $\pi$，在角度空间上分成 $mseg$ 份，每一份的增量为 $\delta = 2\pi/mseg$，在 $-\pi$ 和 $\pi$ 边界处设置循环边界条件。利用集群系统的多 CPU 特性，模型采用分布式内存、并行信息传递方法（MPI）进行并行化处理，通过 MPI 向相邻的进程传递分区边界处的信息。非结构网格采用 METIS 库进行分区划分，分区间数据传递过程见图 3.3-4c。

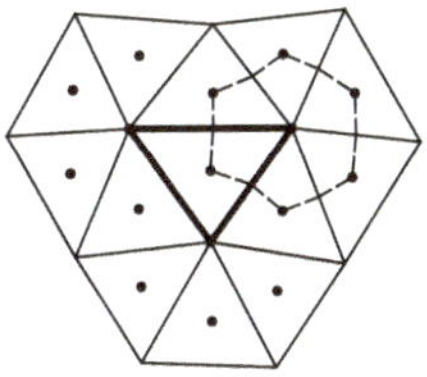

（a）平面非结构网格

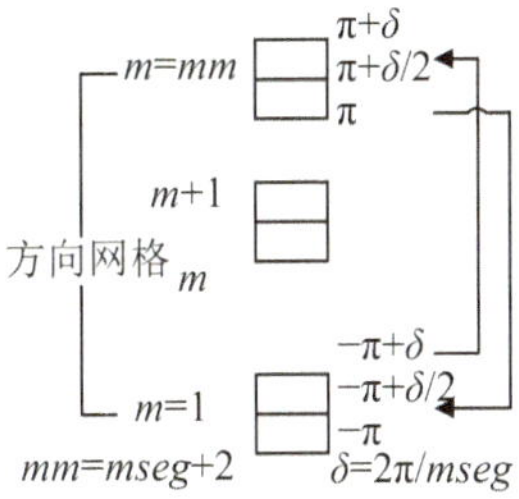


（b）角度空间上的网格及周期性边界条件

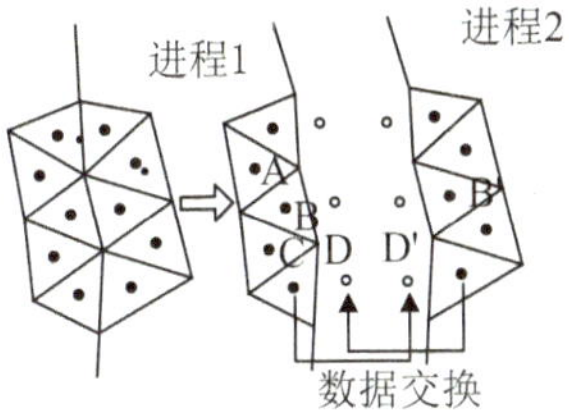


（c）并行消息传递

**图 3.3-4　网格布置示意图**

①侧边界条件

固边界处的水动力条件给定如下：

$$v_n = 0 \tag{3.3-1}$$

式中，$v_n$ 为垂直于边界方向的速度；$n$ 代表垂直于边界的坐标。

在开边界处，模型有三种边界条件可供选择：一种为在边界处给定潮位条件，另一种为辐射边界条件，第三种为给定潮位和流量边界条件。

②表面边界条件

表面边界即风场和气压场边界对流场的影响，模型中采用 Oey 等建立的风应力参数化方法，它拟合了低风速至中等风速和一些高风速情形下的数据，形式如下：

$$C_d = \begin{cases} 1.2 & |W| \leqslant 11\ \text{m/s} \\ 0.49 + 0.065\,|W| & 11\ \text{m/s} < |W| \leqslant 19\ \text{m/s} \\ 1.364 + 0.0234\,|W| - 0.000\,231\,58\,|W|^2 & 19\ \text{m/s} < |W| \leqslant 100\ \text{m/s} \end{cases} \tag{3.3-2}$$

式中，$C_d$ 为拖曳系数；$W$ 为 10 m 高风速。

③底部边界条件

在近岸数值模型中底部边界层处的固壁与水流之间的相互作用可以影响水动力边界条件，这里采用 Grant 和 Madsen 模型来计算拖曳系数。

$$\tau_{bx} = \rho C_d u_b \sqrt{u_b^2 + v_b^2} \tag{3.3-3}$$

$$\tau_{by} = \rho C_d v_b \sqrt{u_b^2 + v_b^2} \tag{3.3-4}$$

模型最小网格尺寸为 5 m，网格布置见图 3.3-5。

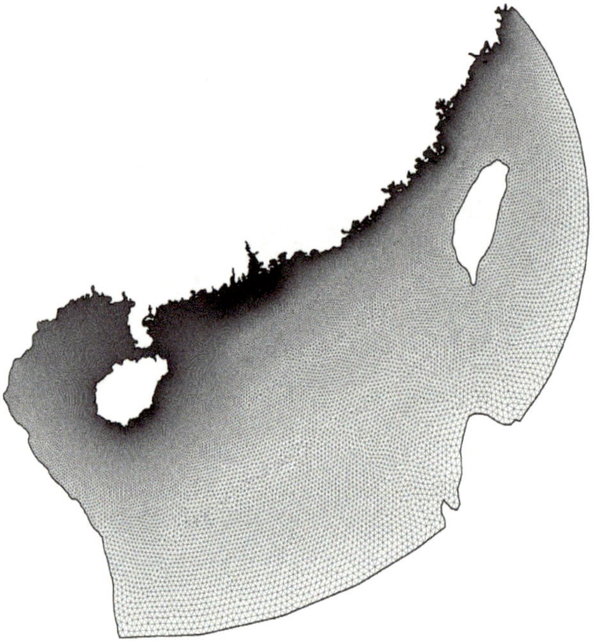

**图 3.3-5 模型计算范围及网格布置图**

模型率定和验证包括天文潮率定和风暴潮验证，可调节参数包括糙率、风阻系数、最大风速半径等。

天文潮率定主要采用 1993 年 9 月、2007 年 3 月、2008 年 9 月、2017 年 8 月实测潮汐资料，测点布置情况见图 3.3-6，具体率定情况见图 3.3-7 至图3.3-10，表 3.3-1 是误差统计情况汇总表，误差统计含高高潮位、低低潮位。

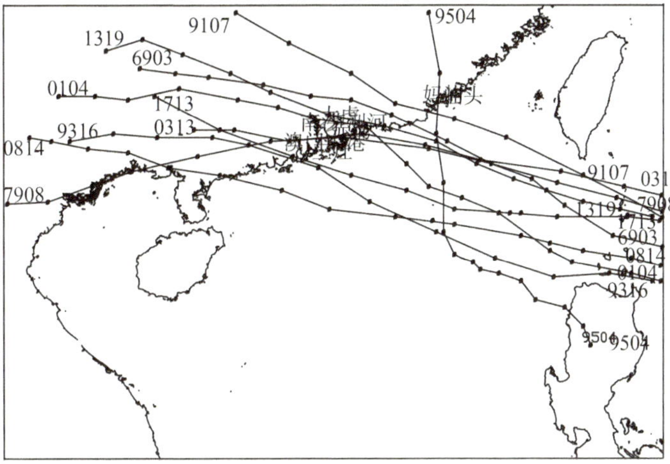


**图 3.3-6 台风路径及验证站点分布示意图**

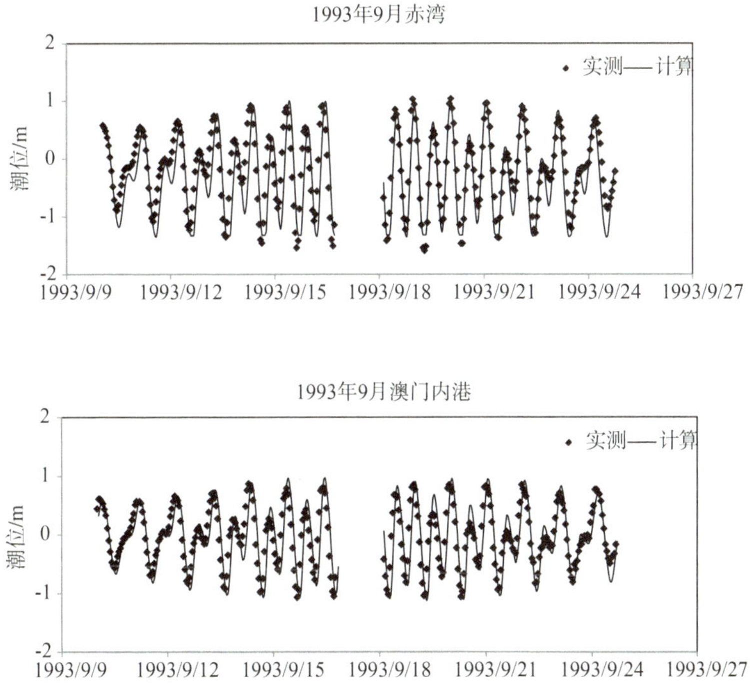


**图 3.3-7 1993 年 9 月天文潮位验证图**

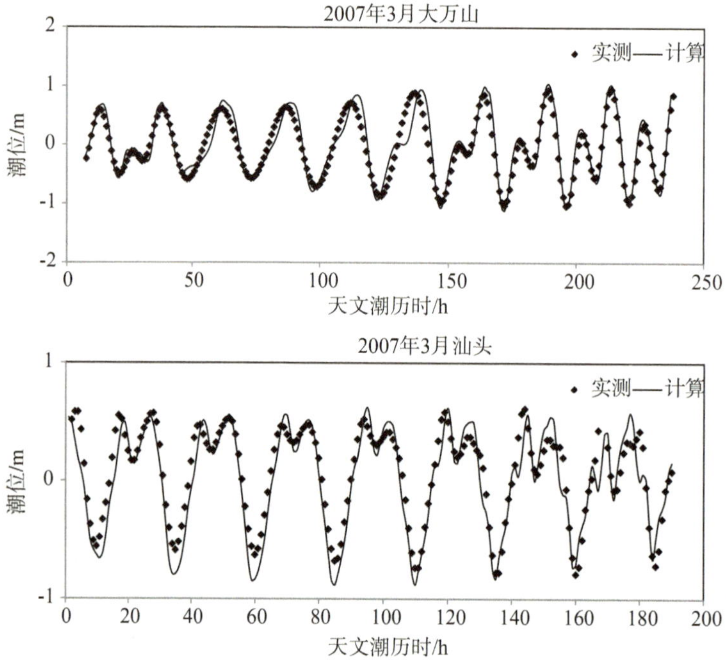


图 3.3-8　2007 年 3 月天文潮位验证图

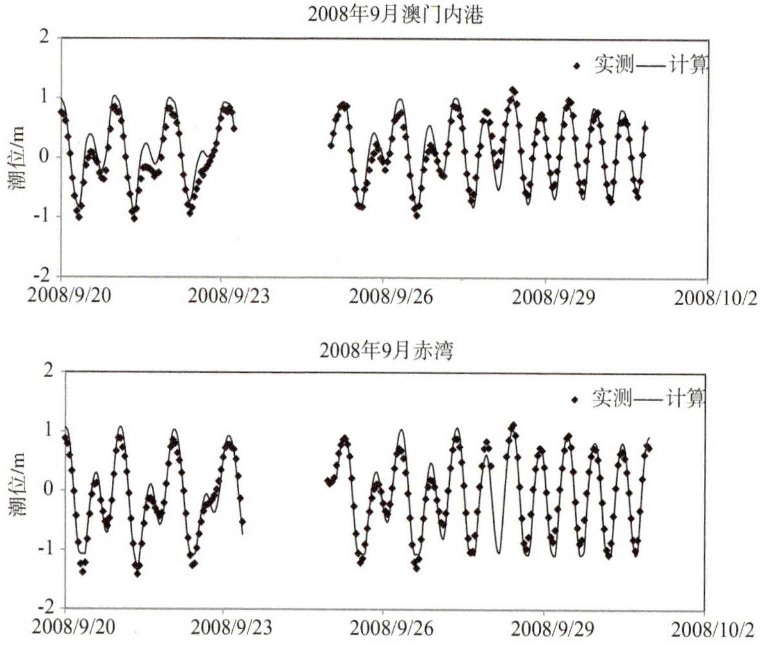

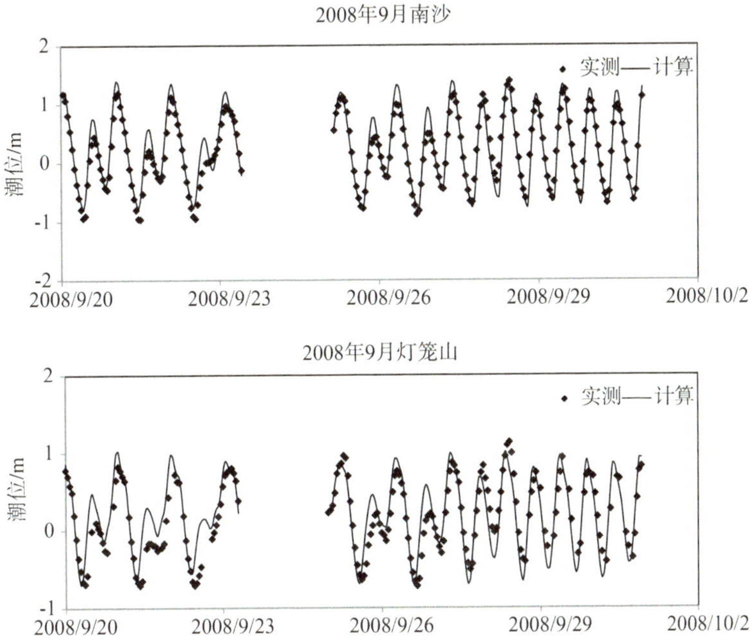


**图 3.3-9 2008 年 9 月天文潮位验证图**

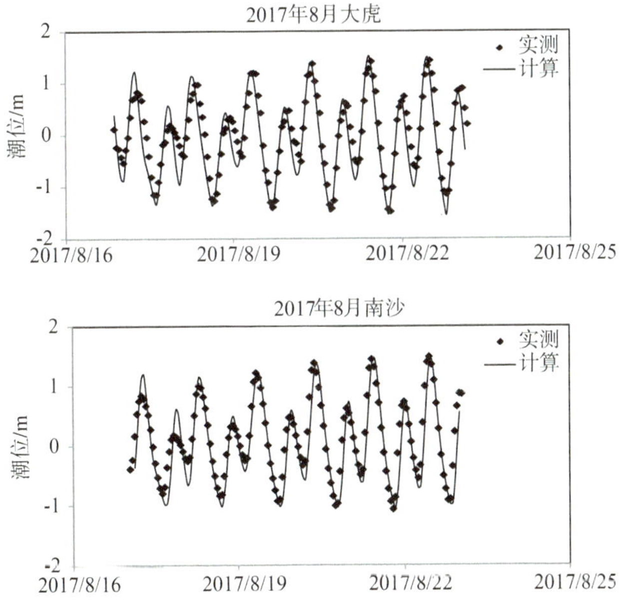

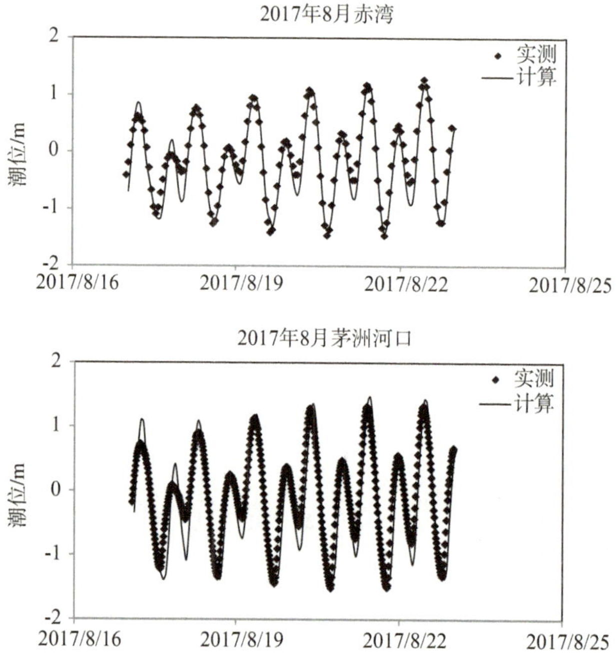


**图 3.3-10 2017 年 8 月天文潮位验证图**

**表 3.3-1 各水文组合潮位验证误差统计表(珠基)**

| 水文组合 | 验证站点 | 高高潮位(m) | | | 低低潮位(m) | | |
|---|---|---|---|---|---|---|---|
| | | 实测 | 计算 | 差值 | 实测 | 计算 | 差值 |
| 1993.9 | 赤湾 | 1.04 | 1 | −0.04 | −1.59 | −1.45 | 0.14 |
| | 澳门内港 | 0.87 | 0.94 | 0.07 | −1.07 | −1.12 | −0.05 |
| 2007.3 | 大万山站 | 0.95 | 1.04 | 0.09 | −1.03 | −1.1 | −0.07 |
| | 汕头站 | 0.62 | 0.6 | −0.02 | −0.79 | −0.78 | 0.01 |
| 2008.9 | 澳门内港 | 1.16 | 1.05 | −0.11 | −1.03 | −0.94 | 0.09 |
| | 赤湾 | 1.13 | 1.08 | −0.05 | −1.41 | −1.37 | 0.04 |
| | 南沙 | 1.39 | 1.39 | 0.00 | −0.96 | −0.89 | 0.07 |
| | 灯笼山 | 1.13 | 1.02 | −0.11 | −0.72 | −0.71 | 0.01 |
| 2017.8 | 大虎 | 1.43 | 1.51 | 0.08 | −1.48 | −1.54 | −0.06 |
| | 南沙 | 1.48 | 1.47 | −0.01 | −1.07 | −1.04 | 0.03 |
| | 赤湾 | 1.28 | 1.21 | −0.07 | −1.46 | −1.42 | 0.04 |
| | 茅洲河口 | 1.32 | 1.45 | 0.13 | −1.51 | −1.39 | 0.12 |

从表 3.3-1 以及图 3.3-7 至 3.3-10 可知，在各水文条件下，各潮位站模型与原型的潮位过程线吻合良好，模型的涨、落潮历时和相位与原型实测资料一致，符合规范规定的精度要求。

风暴潮验证选取对研究范围造成明显影响的 10 场台风进行验证，包括：6903 超强台风、7908 强热带风暴、9107 台风、9316 台风、9504 强热带风暴、0104 台风“尤特”、0313 超强台风“杜鹃”、0814 强台风“黑格比”、1319 超强台风“天兔”及 1713 强台风“天鸽”等。以 1713 强台风“天鸽”为例，输入风场数据见表 3.3-2。各台风路径及验证站点分布见图3.3-6。

**表 3.3-2 1713 强台风“天鸽”输入风场数据**

| 时刻 | 经度(°) | 纬度(°) | 中心气压(hPa) | 外围气压(hPa) | 中心风速(m/s) | 最大风速半径(km) |
|---|---|---|---|---|---|---|
| 2017/8/21 2:00 | 124.9 | 20.4 | 995 | 1 008 | 20 | 41.7 |
| 2017/8/21 5:00 | 124.3 | 20.4 | 995 | 1 008 | 20 | 41.7 |
| 2017/8/21 11:00 | 124.2 | 20.4 | 995 | 1 008 | 20 | 41.7 |
| 2017/8/21 14:00 | 124.1 | 20.4 | 995 | 1 008 | 20 | 41.7 |
| 2017/8/21 17:00 | 123.5 | 20.4 | 995 | 1 008 | 20 | 41.7 |
| 2017/8/21 18:00 | 123.2 | 20.3 | 995 | 1 008 | 20 | 40.0 |
| 2017/8/21 19:00 | 123 | 20.3 | 990 | 1 008 | 23 | 40.0 |
| 2017/8/21 20:00 | 122.9 | 20.3 | 990 | 1 008 | 23 | 40.0 |
| 2017/8/21 21:00 | 122.7 | 20.3 | 990 | 1 008 | 23 | 40.0 |
| 2017/8/21 22:00 | 122.6 | 20.3 | 990 | 1 008 | 23 | 40.0 |
| 2017/8/21 23:00 | 122.5 | 20.3 | 990 | 1 008 | 23 | 40.0 |
| 2017/8/22 0:00 | 122.3 | 20.3 | 990 | 1 008 | 23 | 40.0 |
| 2017/8/22 2:00 | 122 | 20.4 | 990 | 1 008 | 23 | 40.2 |
| 2017/8/22 3:00 | 121.8 | 20.4 | 990 | 1 008 | 23 | 40.2 |
| 2017/8/22 4:00 | 121.4 | 20.4 | 990 | 1 008 | 23 | 40.2 |
| 2017/8/22 5:00 | 121.1 | 20.4 | 990 | 1 008 | 23 | 40.2 |
| 2017/8/22 6:00 | 120.8 | 20.4 | 990 | 1 008 | 23 | 40.2 |
| 2017/8/22 7:00 | 120.5 | 20.4 | 990 | 1 008 | 23 | 39.0 |
| 2017/8/22 8:00 | 120.1 | 20.4 | 985 | 1 008 | 25 | 39.0 |
| 2017/8/22 9:00 | 119.7 | 20.4 | 985 | 1 008 | 25 | 39.0 |
| 2017/8/22 10:00 | 119.3 | 20.5 | 985 | 1 008 | 25 | 39.2 |

续表

| 时刻 | 经度(°) | 纬度(°) | 中心气压(hPa) | 外围气压(hPa) | 中心风速(m/s) | 最大风速半径(km) |
|---|---|---|---|---|---|---|
| 2017/8/22 11:00 | 119.2 | 20.5 | 985 | 1 008 | 25 | 39.2 |
| 2017/8/22 12:00 | 119 | 20.5 | 985 | 1 008 | 25 | 38.5 |
| 2017/8/22 13:00 | 118.9 | 20.5 | 982 | 1 008 | 28 | 38.1 |
| 2017/8/22 14:00 | 118.8 | 20.5 | 980 | 1 008 | 30 | 37.2 |
| 2017/8/22 15:00 | 118.4 | 20.5 | 975 | 1 008 | 33 | 37.2 |
| 2017/8/22 16:00 | 118.2 | 20.5 | 975 | 1 008 | 33 | 37.2 |
| 2017/8/22 17:00 | 117.9 | 20.5 | 975 | 1 008 | 33 | 37.2 |
| 2017/8/22 18:00 | 117.7 | 20.6 | 975 | 1 008 | 33 | 37.4 |
| 2017/8/22 19:00 | 117.4 | 20.6 | 975 | 1 008 | 33 | 37.4 |
| 2017/8/22 20:00 | 117.3 | 20.6 | 975 | 1 008 | 33 | 37.4 |
| 2017/8/22 21:00 | 117.2 | 20.7 | 975 | 1 008 | 33 | 37.7 |
| 2017/8/22 22:00 | 117 | 20.8 | 975 | 1 008 | 33 | 36.4 |
| 2017/8/22 23:00 | 116.7 | 20.8 | 965 | 1 008 | 35 | 36.4 |
| 2017/8/23 0:00 | 116.5 | 20.9 | 965 | 1 008 | 35 | 36.7 |
| 2017/8/23 1:00 | 116.2 | 20.9 | 965 | 1 008 | 35 | 36.7 |
| 2017/8/23 2:00 | 116 | 21.1 | 965 | 1 008 | 35 | 37.2 |
| 2017/8/23 3:00 | 115.7 | 21.2 | 965 | 1 008 | 35 | 37.5 |
| 2017/8/23 4:00 | 115.4 | 21.3 | 965 | 1 008 | 35 | 36.6 |
| 2017/8/23 5:00 | 115.2 | 21.3 | 955 | 1 008 | 40 | 36.6 |
| 2017/8/23 6:00 | 114.9 | 21.5 | 955 | 1 008 | 40 | 36.7 |
| 2017/8/23 7:00 | 114.7 | 21.5 | 950 | 1 008 | 42 | 36.7 |
| 2017/8/23 8:00 | 114.5 | 21.5 | 950 | 1 008 | 42 | 36.3 |
| 2017/8/23 9:00 | 114.3 | 21.7 | 945 | 1 008 | 45 | 36.9 |
| 2017/8/23 10:00 | 114.1 | 21.8 | 945 | 1 008 | 48 | 36.8 |
| 2017/8/23 11:00 | 113.8 | 21.8 | 940 | 1 008 | 48 | 36.8 |
| 2017/8/23 12:00 | 113.5 | 21.9 | 940 | 1 008 | 48 | 37.8 |
| 2017/8/23 13:00 | 113.2 | 22 | 950 | 1 008 | 45 | 38.6 |
| 2017/8/23 14:00 | 112.9 | 22 | 955 | 1 008 | 42 | 39.1 |
| 2017/8/23 15:00 | 112.7 | 22.2 | 960 | 1 008 | 40 | 41.0 |
| 2017/8/23 16:00 | 112.3 | 22.3 | 970 | 1 008 | 35 | 42.1 |
| 2017/8/23 17:00 | 112.1 | 22.4 | 975 | 1 008 | 33 | 43.3 |

续表

| 时刻 | 经度(°) | 纬度(°) | 中心气压(hPa) | 外围气压(hPa) | 中心风速(m/s) | 最大风速半径(km) |
|---|---|---|---|---|---|---|
| 2017/8/23 18:00 | 111.7 | 22.4 | 980 | 1 008 | 30 | 43.7 |
| 2017/8/23 19:00 | 111.3 | 22.5 | 982 | 1 008 | 28 | 44.7 |
| 2017/8/23 20:00 | 110.9 | 22.7 | 985 | 1 008 | 25 | 45.3 |
| 2017/8/23 21:00 | 110.6 | 22.7 | 985 | 1 008 | 25 | 35.7 |
| 2017/8/23 22:00 | 110.4 | 22.7 | 990 | 1 008 | 23 | 36.7 |
| 2017/8/23 23:00 | 110.2 | 22.8 | 990 | 1 008 | 23 | 36.5 |
| 2017/8/24 0:00 | 110 | 22.8 | 990 | 1 008 | 23 | 35.9 |
| 2017/8/24 1:00 | 109.6 | 22.9 | 990 | 1 008 | 23 | 36.5 |
| 2017/8/24 2:00 | 109.2 | 22.9 | 990 | 1 008 | 23 | 36.5 |
| 2017/8/24 3:00 | 108.9 | 22.9 | 990 | 1 008 | 23 | 37.5 |
| 2017/8/24 4:00 | 108.6 | 23 | 995 | 1 008 | 20 | 37.9 |
| 2017/8/24 5:00 | 108.3 | 23.1 | 992 | 1 008 | 20 | 37.7 |
| 2017/8/24 6:00 | 108.1 | 23.2 | 992 | 1 008 | 20 | 37.9 |
| 2017/8/24 7:00 | 107.8 | 23.2 | 992 | 1 008 | 20 | 38.3 |
| 2017/8/24 8:00 | 107.6 | 23.2 | 994 | 1 008 | 18 | 38.3 |
| 2017/8/24 9:00 | 107.2 | 23.2 | 994 | 1 008 | 18 | 38.5 |
| 2017/8/24 10:00 | 107 | 23.3 | 995 | 1 008 | 18 | 38.7 |
| 2017/8/24 11:00 | 106.7 | 23.4 | 995 | 1 008 | 18 | 38.9 |
| 2017/8/24 12:00 | 106.6 | 23.4 | 995 | 1 008 | 18 | 38.9 |
| 2017/8/24 13:00 | 106.5 | 23.4 | 995 | 1 008 | 18 | 38.6 |

10 场台风、20 个站点风暴潮验证结果见表 3.3-3 及图 3.3-11。在各台风条件下，各主要潮位站模型与原型的潮位过程线吻合良好，模拟高潮位与实测值较为接近，相对误差在 13% 以内，该风暴潮模型可用于风暴潮增水计算。

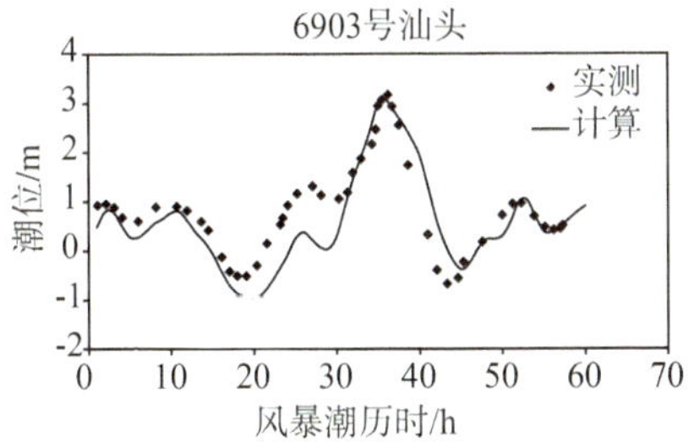


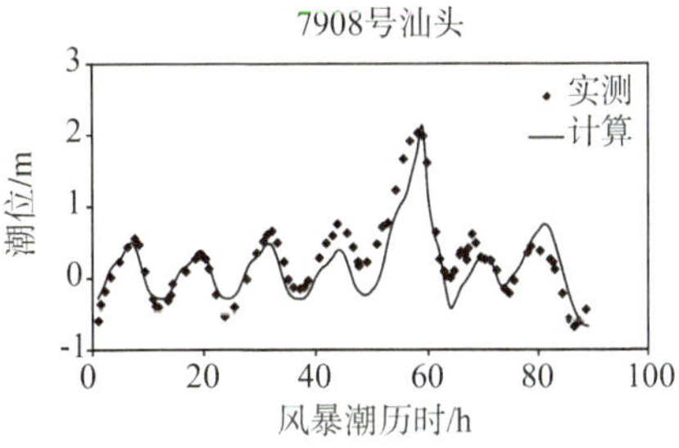

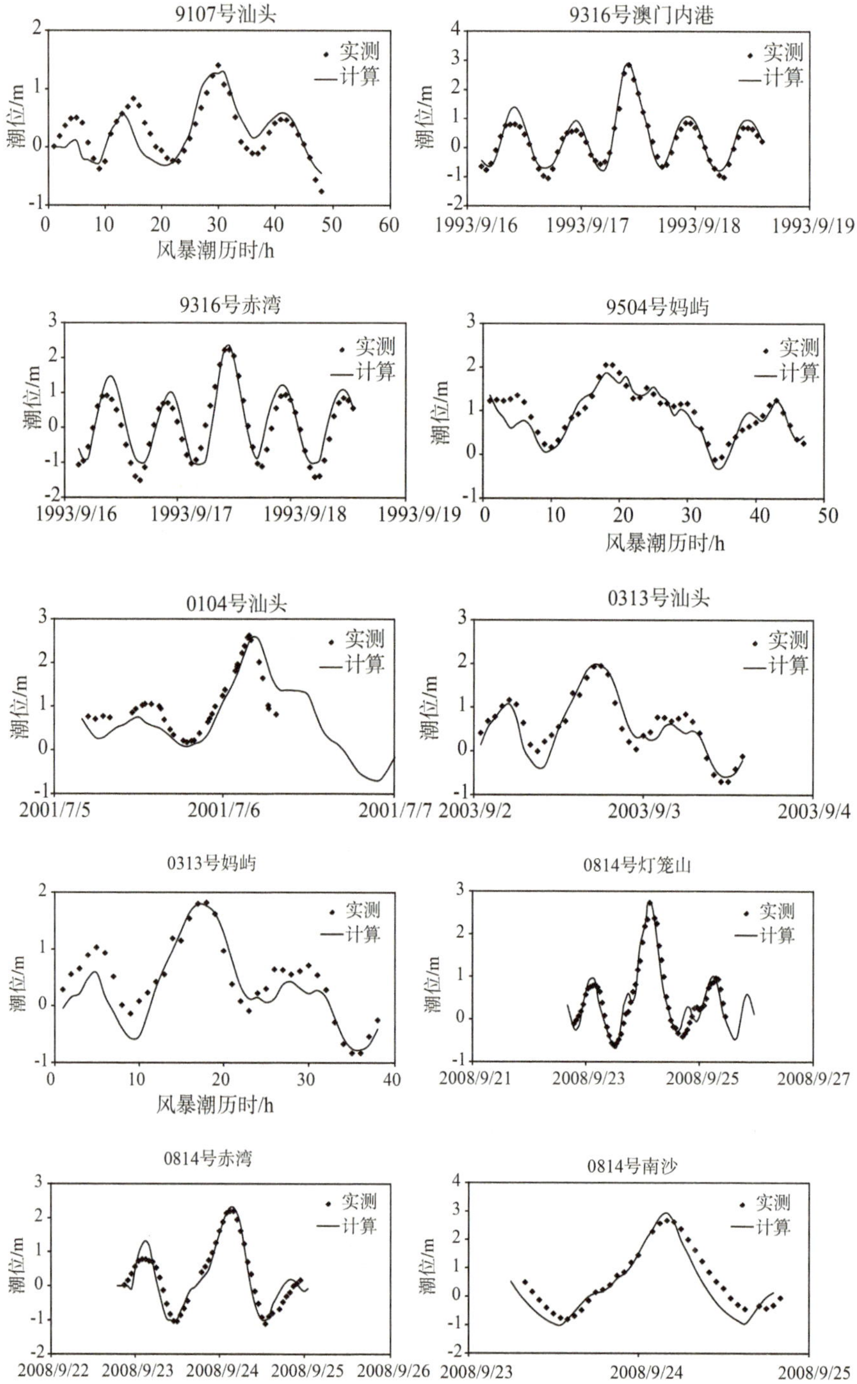

9107号汕头
实测
计算
潮位/m
风暴潮历时/h
9316号澳门内港
1993/9/16
1993/9/17
1993/9/18
1993/9/19
9316号赤湾
9504号妈屿
0104号汕头
2001/7/5
2001/7/6
2001/7/7
0313号汕头
2003/9/2
2003/9/3
2003/9/4
0313号妈屿
0814号灯笼山
2008/9/21
2008/9/23
2008/9/25
2008/9/27
0814号赤湾
2008/9/22
2008/9/24
2008/9/26
0814号南沙

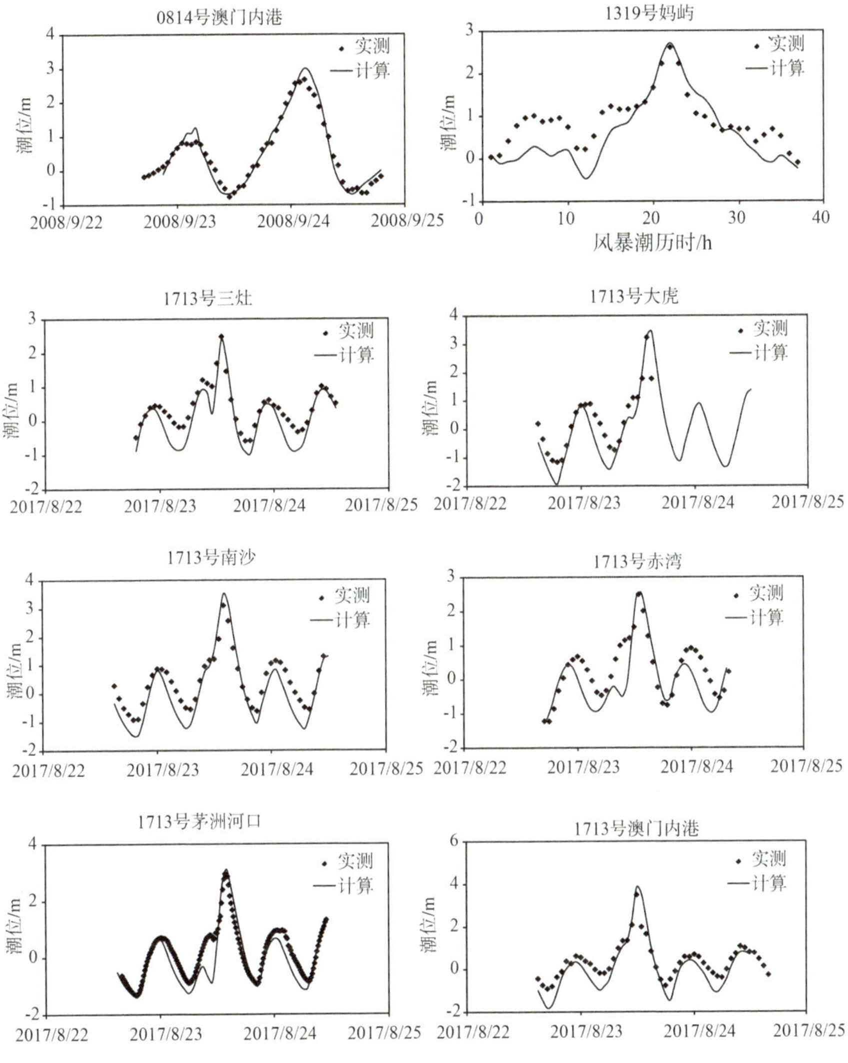


**图 3.3-11　风暴潮验证成果图**

**表 3.3-3　风暴潮验证组合极值误差统计表(珠基)**

| 台风编号 | 验证站点 | 实测值(m) | 计算值(m) | 绝对误差(m) | 相对误差(%) |
|---|---|---|---|---|---|
| 6903 | 汕头 | 3.17 | 3.07 | −0.1 | −3.16 |
| 7908 | 汕头 | 2.03 | 2.12 | 0.09 | 4.43 |
| 9107 | 汕头 | 1.35 | 1.34 | 0.01 | −0.74 |

续表

| 台风编号 | 验证站点 | 实测值(m) | 计算值(m) | 绝对误差(m) | 相对误差(%) |
| --- | --- | --- | --- | --- | --- |
| 9316 | 澳门内港 | 2.85 | 2.94 | 0.09 | 3.16 |
| | 赤湾 | 2.23 | 2.35 | 0.12 | 5.38 |
| 9504 | 妈屿 | 2.23 | 2.35 | 0.12 | 5.38 |
| 0104 | 汕头 | 2.62 | 2.57 | −0.05 | −1.91 |
| 0313 | 汕头 | 1.95 | 1.98 | 0.03 | 1.54 |
| | 妈屿 | 1.82 | 1.79 | −0.03 | −1.65 |
| 0814 | 灯笼山 | 2.73 | 2.78 | 0.05 | 1.83 |
| | 赤湾 | 2.20 | 2.31 | 0.11 | 5.00 |
| | 南沙 | 2.67 | 2.94 | 0.27 | 10.11 |
| | 澳门内港 | 2.67 | 3.00 | 0.33 | 12.36 |
| 1319 | 妈屿 | 2.52 | 2.57 | 0.05 | 1.98 |
| 1713 | 三灶 | 2.48 | 2.39 | −0.09 | −3.63 |
| | 大虎 | 3.23 | 3.45 | 0.22 | 6.81 |
| | 南沙 | 3.13 | 3.52 | 0.39 | 12.46 |
| | 赤湾 | 2.49 | 2.55 | 0.06 | 2.41 |
| | 茅洲河口 | 2.95 | 3.11 | 0.16 | 5.42 |
| | 澳门内港 | 3.49 | 3.84 | 0.35 | 10.03 |

## 3.4 华南河口海岸极值潮位分析

为了获取广东沿海风暴潮灾害的数据，从而掌握广东沿海风暴潮灾害危险性的空间分布特征，选取广东沿海 20 余个典型的、具有长时间序列潮位资料的潮位站，这些潮位站分布在沿海的各个地市(特区)，大部分潮位站潮位资料的时间序列在 20 年以上，部分潮位站资料的时间序列在 30 年以上，基本可以反映广东省沿海的风暴潮及其灾害情况。

综合考虑风暴增水指数和风暴潮超警戒指数两个指标，评估风暴潮灾害的危险性，计算方法参考《海洋灾害风险评估和区划技术导则》附录 A。以危险性指数[7,+∞]、[3.5,7)、[2.0,3.5)、[−∞,2.0)的取值范围将风暴潮灾害危险性区划为高危险区(Ⅰ级)、较高危险区(Ⅱ级)、较低危险区(Ⅲ级)、低危险区(Ⅳ级)四级。计算统计每个潮位站的风暴潮危险性系数，绘制广东沿海风暴潮灾害危险性分布图。用 4 种颜色分别代表Ⅳ级、Ⅲ级、

Ⅱ级、Ⅰ级风暴潮灾害的危险性级别，见图 3.4-1。从图 3.4-1 中可划分出风暴潮灾害的多发区及严重区，分别为以下几个岸段：广东粤东（汕头、揭阳近岸）、珠江口（香港、澳门、广州、深圳、珠海）、广东粤西（茂名）及雷州半岛东岸。

**图 3.4-1　广东沿海风暴潮灾害危险性等级划分图**

选择妈屿、南沙、南渡三个站点分别作为粤东、珠江口、粤西的代表站点，将时间序列延长至 2018 年，进行设计潮位推算，并与《广东省海堤工程设计导则（试行）》的成果进行对比，见表 3.4-1。

**表 3.4-1　广东近岸代表站极值潮位对比表**　　单位：m

| 区域 | 代表站点 | 复核成果 | 各级频率(%)设计值 | | | |
|---|---|---|---|---|---|---|
| | | | 0.5 | 1 | 2 | 5 |
| 粤东 | 妈屿 | 广东省海堤工程设计导则结果 | 3.5 | 3.11 | 2.71 | 2.21 |
| | | 本次推算 | 3.68 | 3.22 | 2.78 | 2.21 |
| | | 差值 | 0.18 | 0.11 | 0.07 | 0 |
| 珠江口 | 南沙 | 广东省海堤工程设计导则结果 | 2.83 | 2.69 | 2.56 | 2.38 |
| | | 本次推算 | 3.46 | 3.21 | 2.96 | 2.63 |
| | | 差值 | 0.63 | 0.52 | 0.4 | 0.25 |
| 粤西 | 南渡 | 广东省海堤工程设计导则结果 | 6.06 | 5.55 | 5.05 | 4.38 |
| | | 本次推算 | 6.44 | 5.83 | 5.22 | 4.45 |
| | | 差值 | 0.38 | 0.28 | 0.17 | 0.07 |

近年来受 0601“珍珠”、1319“天兔”等台风及海平面上升的影响，粤东潮位略有抬高，200 年一遇高潮位抬高 0.18 m。

受海平面上升、极端天气频发等多种因素的影响，2000 年以来，相继发生了 6 次较大台风，包括 0104 台风、0307 台风、0814 台风、0915 台风、1713 台风和 1822 台风，在珠江口造成大部分站点的洪潮水位不断突破实测历史最高潮位，最高潮水位设计值有增大的趋势，200 年一遇高潮位抬高幅度达 0.63 m，发生跳频。

受 1409“威马逊”、1415“海鸥”等台风影响，粤东潮位提升较大，200 年一遇高潮位抬高 0.38 m。

## 3.5　华南河口海岸重现期波浪分析

采用 1968—2020 年台风资料，利用台风浪数学模型进行台风极值波浪推算，并用实测资料和邻近其他测站资料予以验证。在此基础上，进行广东沿海波浪极值统计分析，推算了各区域的设计波浪要素，见表 3.5-1 至表 3.5-8。设计波浪要素成果已在广东省沿海区域工程中应用，并将计算结果与原《广东省海堤工程设计导则(试行)》中推荐的结果进行了比较。

总体而言，采用更长时间序列资料，推算的波浪特征值结果较导则推荐值稍大，周期亦更长，表明广东省沿海地区受波浪动力影响更强烈。

**表 3.5-1a　汕头海域设计波浪要素(《广东省海堤工程设计导则(试行)》推荐值)**

| 重现期 | 波要素 | NE—ENE | E—ESE | SE—SSE | S—SSW |
|---|---|---|---|---|---|
| 100 年 | $H_{13\%}$(m) | 7.48 | 9.48 | 9.66 | 9.54 |
| | $T_{mean}$(s) | 9.86 | 10.25 | 11.44 | 11.33 |
| 50 年 | $H_{13\%}$(m) | 6.83 | 8.62 | 8.85 | 8.67 |
| | $T_{mean}$(s) | 9.26 | 9.77 | 10.96 | 11.02 |
| 2 年 | $H_{13\%}$(m) | 4.89 | 5.46 | 5.77 | 5.42 |
| | $T_{mean}$(s) | 7.92 | 8.02 | 9.17 | 9.13 |

**表 3.5-1b　云澳海域设计波浪要素**

| 重现期 | 100 年 | 50 年 | 5 年 |
|---|---|---|---|
| $H_{13\%}$(m) | 10.41 | 9.87 | 6.85 |
| $T_s$(s) | 13.9 | 13.6 | 11.7 |

**表 3.5-2a 海门海域设计波浪要素**

| 重现期(年) | | | 50 | 10 | 2 |
|---|---|---|---|---|---|
| 波向 | S—SSE | $H_{13\%}$(m) | 7.4 | 6.1 | 3.71 |
| | | $T_{mean}$(s) | 9.8 | 8.8 | 7 |
| | SE—ESE | $H_{13\%}$(m) | 8.71 | 6.96 | 4.37 |
| | | $T_{mean}$(s) | 12.8 | 10.8 | 7.9 |
| | E—ENE | $H_{13\%}$(m) | 6.33 | 4.96 | 2.9 |
| | | $T_{mean}$(s) | 10.2 | 8.8 | 6.7 |

**表 3.5-2b 海门海域设计波浪要素(《广东省海堤工程设计导则(试行)》推荐值)**

| 重现期(年) | | | 2 | 5 | 10 | 50 | 100 |
|---|---|---|---|---|---|---|---|
| 波向 | E | $H_{13\%}$(m) | 3.5 | 4.8 | 5.6 | 7.3 | 8 |
| | | $T_{mean}$(s) | 7.6 | 9 | 9.7 | 11.1 | 1.6 |
| | SE | $H_{13\%}$(m) | 4.0 | 5.5 | 6.4 | 7.2 | 8 |
| | | $T_{mean}$(s) | 8.2 | 9.6 | 10.3 | 11.8 | 12.3 |
| | S | $H_{13\%}$(m) | 3.7 | 4.9 | 5.6 | 7.1 | 7.7 |
| | | $T_{mean}$(s) | 7.9 | 9 | 9.7 | 10.9 | 1.4 |
| | SW | $H_{13\%}$(m) | 3.1 | 3.8 | 4.3 | 5.3 | 5.7 |
| | | $T_{mean}$(s) | 7.1 | 8 | 8.5 | 9.4 | 9.8 |

**表 3.5-3 遮浪设计波浪要素(《广东省海堤工程设计导则(试行)》推荐值)**

| 重现期(年) | | | 2 | 5 | 10 | 50 | 100 |
|---|---|---|---|---|---|---|---|
| 波向 | E | $H_{13\%}$(m) | 3.2 | 4.3 | 4.9 | 6.4 | 7.2 |
| | | $T_{mean}$(s) | 7.2 | 8.3 | 8.9 | 10.2 | 10.7 |
| | SE | $H_{13\%}$(m) | 3 | 45 | 5.5 | 7.8 | 8.7 |
| | | $T_{mean}$(s) | 7.1 | 8.6 | 9.4 | 11.1 | 11.7 |
| | S | $H_{13\%}$(m) | 2.6 | 4.2 | 5.1 | 7.5 | 8.5 |
| | | $T_{mean}$(s) | 6.6 | 8.2 | 9.1 | 10.9 | 11.6 |
| | SW | $H_{13\%}$(m) | 2.7 | 3.8 | 4.5 | 6.1 | 6.7 |
| | | $T_{mean}$(s) | 6.7 | 7.9 | 8.6 | 9.9 | 10.4 |

**图 3.5-4a　大亚湾设计波浪要素**

| 重现期(年) | | | 100 | 50 | 20 | 10 | 5 | 2 |
|---|---|---|---|---|---|---|---|---|
| 波向 | SE | $H_{13\%}$(m) | 10.3 | 9.9 | 9.3 | 8.78 | 8.17 | 7 |
| | | $T_{mean}$(s) | 12.9 | 12.6 | 12.3 | 11.9 | 11.5 | 10.6 |
| | S | $H_{13\%}$(m) | 9.56 | 9.18 | 8.59 | 8.08 | 7.48 | 6.33 |
| | | $T_{mean}$(s) | 12.4 | 12.2 | 11.8 | 11.4 | 11 | 10.1 |
| | SW | $H_{13\%}$(m) | 7.78 | 7.38 | 6.79 | 6.28 | 5.68 | 4.6 |
| | | $T_{mean}$(s) | 11.2 | 10.9 | 10.5 | 10.1 | 9.6 | 8.6 |

**表 3.5-4b　大万山站设计波浪要素(《广东省海堤工程设计导则(试行)》推荐值)**

| 重现期(年) | | | 2 | 5 | 10 | 50 | 100 |
|---|---|---|---|---|---|---|---|
| 波向 | E | $H_{13\%}$(m) | 2.7 | 3.8 | 4.6 | 6.3 | 6.9 |
| | | $T_{mean}$(s) | 6.7 | 8 | 8.7 | 1.1 | 10.9 |
| | SE | $H_{13\%}$(m) | 2.7 | 3.7 | 43 | 5.8 | 6.5 |
| | | $T_{mean}$(s) | 65.7 | 7.8 | 8.5 | 9.8 | 10.3 |
| | S | $H_{13\%}$(m) | 2.5 | 3.8 | 4.7 | 6.5 | 7.2 |
| | | $T_{mean}$(s) | 6.5 | 7.9 | 8.7 | 10.3 | 10.9 |
| | SW | $H_{13\%}$(m) | 2.3 | 3.3 | 3.9 | 5.3 | 5 |
| | | $T_{mean}$(s) | 6.2 | 7.3 | 8 | 9.4 | 9.9 |

**表 3.5-5　江门海域设计波浪要素**

| 重现期 | | | 100 | 50 | 20 | 10 | 5 | 2 |
|---|---|---|---|---|---|---|---|---|
| 波向 | E | $H_{13\%}$(m) | 9.97 | 9.36 | 8.46 | 7.69 | 6.81 | 5.22 |
| | | $T_{mean}$(s) | 11.6 | 11.4 | 11.1 | 10.7 | 10.2 | 9.5 |
| | SE | $H_{13\%}$(m) | 10.25 | 9.7 | 8.89 | 8.2 | 7.39 | 5.92 |
| | | $T_{mean}$(s) | 12.5 | 12.3 | 12 | 11.6 | 11 | 10.3 |
| | S | $H_{13\%}$(m) | 8.95 | 8.42 | 7.65 | 6.98 | 6.21 | 4.84 |
| | | $T_{mean}$(s) | 11.1 | 11 | 10.7 | 10.3 | 9.8 | 9.1 |
| | SW | $H_{13\%}$(m) | 7.54 | 6.98 | 6.17 | 5.48 | 4.7 | 3.32 |
| | | $T_{mean}$(s) | 9.9 | 9.8 | 9.5 | 9.2 | 8.7 | 8.1 |

表 3.5-6 阳西海域设计波浪要素

| 重现期(年) | 波要素 | E—ESE | SE—SSE | S—SSW | SW—WSW |
|---|---|---|---|---|---|
| 50 | $H_{13\%}$(m) | 7.5 | 7.6 | 7.7 | 7.2 |
| | $T_{mean}$(s) | 11.0 | 11.0 | 11.1 | 10.7 |
| 5 | $H_{13\%}$(m) | 5.8 | 6.1 | 6.2 | 5.3 |
| | $T_{mean}$(s) | 9.6 | 9.9 | 10.0 | 9.2 |
| 2 | $H_{13\%}$(m) | 4.8 | 5.2 | 5.4 | 4.2 |
| | $T_{mean}$(s) | 8.8 | 9.1 | 9.3 | 8.2 |

表 3.5-7 博贺海域设计波浪要素

| 重现期(年) | | | 2 | 5 | 50 | 100 |
|---|---|---|---|---|---|---|
| 波向 | ESE | $H_{13\%}$(m) | 4.3 | 5.6 | 8.3 | 9.1 |
| | | $T_{mean}$(s) | 8.2 | 9.3 | 11.2 | 11.7 |
| | SE | $H_{13\%}$(m) | 4.4 | 5.7 | 8.4 | 9.2 |
| | | $T_{mean}$(s) | 8.3 | 9.4 | 11.3 | 11.8 |
| | S | $H_{13\%}$(m) | 3.6 | 4.9 | 7.4 | 8.2 |
| | | $T_{mean}$(s) | 7.5 | 8.7 | 10.6 | 11.1 |
| | SW | $H_{13\%}$(m) | 1.9 | 2.7 | 4.3 | 4.7 |
| | | $T_{mean}$(s) | 5.5 | 6.6 | 8.2 | 8.6 |

表 3.5-8 徐闻设计波浪要素(海堤设计导则推荐值)

| 重现期(年) | | | 2 | 5 | 20 | 50 | 100 |
|---|---|---|---|---|---|---|---|
| 波向 | E | $H_{13\%}$(m) | 4.2 | 5.1 | 6.3 | 7.1 | 7.6 |
| | | $T_{mean}$(s) | 8.4 | 9.3 | 10.3 | 10.9 | 11.3 |
| | SE | $H_{13\%}$(m) | 4.7 | 5.8 | 7.3 | 8.2 | 8.8 |
| | | $T_{mean}$(s) | 8.9 | 9.9 | 11.1 | 11.7 | 12.2 |
| | S | $H_{13\%}$(m) | 4 | 5.1 | 6.4 | 7.2 | 7.8 |
| | | $T_{mean}$(s) | 8.2 | 9.3 | 10.4 | 11 | 11.5 |

# 4

# 台风浪潮增水计算关键技术在茅洲河河口治理中的应用

茅洲河流域为深圳市六大流域之一，位于深圳西北部，属珠江口水系，干流发源于羊台山，在沙井民主村汇入珠江口，集水面积 343.52 $km^2$。地理位置见图 4.0-1。茅洲河上游段多低山丘陵，中游为低丘盆地与平原，下游为冲积平原，由于地势低洼以及受潮水位的顶托，河道整体呈淤积态势。

**图 4.0-1　茅洲河地理位置**

2018 年前茅洲河水利基础设施建设投入不足，防洪标准偏低，加上干支流河道河床淤塞非常严重，河道行洪断面被严重缩窄，致使茅洲河行洪能力严重不足，洪涝灾害频繁发生。2008 年“6・13”“6・25”特大洪涝灾害，茅洲河流域出现大面积受涝，水淹最深处达 1.5 m，直接经济损失达 4 亿元。茅洲河流域水安全受到威胁、水质受到了严重污染。

茅洲河污染治理是广东省深入贯彻落实习近平生态文明思想、党的十九届四中全会精神和总书记对广东重要讲话、重要指示批示精神的具体行动，坚持全流域治理、系统治理、源头治理的原则，以增强流域的安全感。

茅洲河河口既受径流影响又受潮流影响，洪潮作用复杂，受风暴潮影响严重。考虑上游洪水、天文潮、风暴潮共同作用，通过茅洲河口水动力数学模型与广东近岸风暴潮数学模型相互耦合，可以更加准确计算茅洲河口风暴潮的增水影响。开展风暴潮期间茅洲河口的增水分布规律和增水机理研究，作为茅洲河水环境综合整治项目的技术支撑，旨在采用科学、合理模型分析极端不利路径台风暴潮遭遇天文大潮时茅洲河河口的增水及其在河道内的上溯壅高，评估茅洲河河口在风暴浪潮作用下的水安全风险及防范措施。

## 4.1 茅洲河附近海域风暴潮增水特征

### 4.1.1 南沙水文站增水统计

南沙水文站是珠江河口长期潮位观测站，位于珠江伶仃洋河口湾西北侧、蕉门出口，水平位置与茅洲河河口遥相呼应。该站多年潮位观测资料可以反映出茅洲河口所在的伶仃洋湾顶水域风暴潮增水的基本规律。

南沙水文站实测各次台风暴潮发生的日期、实测高潮时、高潮位及对应的台风编号见表 4.1-1，天文潮推算及极值增水的结果见表 4.1-2。1963—2012 年的 58 场台风导致南沙站发生风暴增水，发生在大潮、中潮和小潮期的比例分别为 40%、41%和 19%。虽然小潮发生风暴潮高水位的机会低于大中潮，但多年平均小潮期极值增水 0.72 m，高于中潮(0.67 m)和大潮(0.56 m)增水。最高增水也同样，小潮最高增水 1.68 m，大于中潮(1.53 m)和大潮(1.51 m)增水。

表 4.1-1 南沙站台风期实测高潮位(m)

| 编号 | 日期 | | 实测 | | 对应台风编号 | | |
|---|---|---|---|---|---|---|---|
| | | | 高潮时 | 高潮位 | 大潮 | 中潮 | 小潮 |
| 1 | 1963.07.22 | 初二 | 11:37 | 2.74 | 6307 | | |
| 2 | 1964.05.28 | 十七 | 11:20 | 3.04 | 6402 | | |
| 3 | 1965.07.15 | 十七 | 11:30 | 2.93 | 6508 | | |
| 4 | 1967.08.21 | 十六 | 11:55 | 2.51 | 6711 | | |
| 5 | 1969.07.29 | 十六 | 11:00 | 2.79 | 6903 | | |
| 6 | 1971.06.18 | 廿六 | 8:20 | 2.61 | | | 7108 |
| 7 | 1972.07.11 | 初一 | 11:00 | 2.35 | 7204 | | |
| 8 | 1973.07.02 | 初三 | 11:50 | 2.64 | 7301 | | |
| 9 | 1974.07.22 | 初四 | 11:40 | 3.01 | 7411 | | |
| 10 | 1979.08.02 | 初十 | 20:00 | 2.37 | | | 7908 |
| 11 | 1980.07.22 | 十一 | 7:00 | 1.87 | | | 8007 |
| 12 | 1981.07.03 | 初二 | | 2.69 | 8105 | | |
| 13 | 1981.07.06 | 初六 | 13:00 | 2.43 | | 8106 | |

续表

| 编号 | 日期 | | 实测 | | 对应台风编号 | | |
|---|---|---|---|---|---|---|---|
| | | | 高潮时 | 高潮位 | 大潮 | 中潮 | 小潮 |
| 14 | 1983.09.09 | 初三 | 12:00 | 3.35 | 8309 | | |
| 15 | 1983.10.14 | 初八 | 3:00 | 2.09 | | 8314 | |
| 16 | 1984.06.25 | 廿六 | 10:00 | 1.85 | | | 8402 |
| 17 | 1985.09.06 | 廿一 | 2:00 | 2.44 | | 8515 | |
| 18 | 1986.07.12 | 初六 | 13:00 | 2.70 | | 8607 | |
| 19 | 1986.09.05 | 初二 | 12:00 | 2.39 | 8616 | | |
| 20 | 1987.06.18 | 廿三 | 17:00 | 1.93 | | | 8702 |
| 21 | 1988.07.19 | 初五 | 14:00 | 1.77 | | 8805 | |
| 22 | 1988.10.27 | 十七 | | 2.43 | 8824 | | |
| 23 | 1989.07.18 | 十六 | 10:00 | 3.07 | 8908 | | |
| 24 | 1991.07.24 | 十三 | 10:00 | 2.85 | | 9108 | |
| 25 | 1992.07.01 | 初二 | | 2.52 | 9204 | | |
| 26 | 1992.07.22 | 廿三 | 16:00 | 1.87 | | 9207 | |
| 27 | 1993.09.17 | 初二 | 12:00 | 3.42 | 9316 | | |
| 28 | 1994.06.25 | 十七 | | 2.66 | 9404 | | |
| 29 | 1995.10.03 | 初九 | 5:00 | 2.35 | | 9515 | |
| 30 | 1996.09.09 | 廿七 | 8:00 | 2.71 | | 9615 | |
| 31 | 1997.08.02 | 廿九 | 10:00 | 2.51 | | 9710 | |
| 32 | 1997.08.22 | 二十 | 2:00 | 2.17 | | 9713 | |
| 33 | 1998.08.10 | 十九 | 13:00 | 2.33 | 9803 | | |
| 34 | 1999.09.16 | 初七 | 18:00 | 1.66 | | 9910 | |
| 35 | 2000.09.08 | 十一 | 6:00 | 1.70 | | 16 | |
| 36 | 2001.07.01 | 十一 | 8:00 | 1.96 | | | 103 |
| 37 | 2001.07.06 | 十六 | 11:45 | 2.88 | 104 | | |
| 38 | 2001.07.25 | 初五 | | 2.58 | | 107 | |
| 39 | 2002.08.20 | 十二 | 8:00 | 2.47 | | 214 | |
| 40 | 2002.09.11 | 初五 | 16:00 | 2.23 | | 218 | |
| 41 | 2003.07.24 | 十五 | 8:00 | 2.71 | | | 307 |
| 42 | 2003.09.03 | 初七 | 2:35 | 2.45 | | 313 | |
| 43 | 2004.07.18 | 初二 | 11:00 | 2.28 | 409 | | |

续表

| 编号 | 日期 | | 实测 | | 对应台风编号 | | |
|---|---|---|---|---|---|---|---|
| | | | 高潮时 | 高潮位 | 大潮 | 中潮 | 小潮 |
| 44 | 2005.07.30 | 廿五 | 6:00 | 1.55 | | | 508 |
| 45 | 2006.08.04 | 十一 | 5:00 | 2.20 | | | 606 |
| 46 | 2006.08.11 | 十八 | 11:30 | 2.64 | 608 | | |
| 47 | 2007.08.10 | 廿八 | 8:00 | 2.07 | | 707 | |
| 48 | 2007.10.02 | 廿二 | 1:00 | 2.44 | | 715 | |
| 49 | 2008.09.24 | 廿五 | 4:30 | 3.44 | | | 814 |
| 50 | 2009.07.19 | 廿七 | 7:45 | 2.52 | | 906 | |
| 51 | 2009.09.15 | 廿七 | 6:20 | 3.14 | | 915 | |
| 52 | 2010.07.21 | 初十 | 6:00 | 1.68 | | | 1003 |
| 53 | 2011.09.29 | 初三 | 13:00 | 2.50 | 1117 | | |
| 54 | 2011.10.03 | 初七 | 3:45 | 2.54 | | 1119 | |
| 55 | 2012.06.19 | 初一 | 10:00 | 2.14 | 1205 | | |
| 56 | 2012.06.30 | 初二 | 6:45 | 2.39 | | 1206 | |
| 57 | 2012.07.24 | 初六 | 5:05 | 2.91 | | 1208 | |
| 58 | 2012.08.17 | 初一 | 10:05 | 2.40 | 1213 | | |
| 大、中、小潮所占比例 | | | | | 40% | 41% | 19% |

**表 4.1-2　南沙站台风期推算天文潮高潮位及极值增水(m)**

| 编号 | 日期 | | 推算天文潮 | | 极值增水 | | |
|---|---|---|---|---|---|---|---|
| | | | 高潮时 | 高潮位 | 大潮 | 中潮 | 小潮 |
| 1 | 1963.07.22 | 初二 | 11:30 | 2.17 | 0.57 | | |
| 2 | 1964.05.28 | 十七 | 11:53 | 2.03 | 1.01 | | |
| 3 | 1965.07.15 | 十七 | 11:44 | 2.13 | 0.8 | | |
| 4 | 1967.08.21 | 十六 | 11:30 | 2.10 | 0.41 | | |
| 5 | 1969.07.29 | 十六 | 10:34 | 2.36 | 0.43 | | |
| 6 | 1971.06.18 | 廿六 | 7:08 | 1.46 | | | 1.15 |
| 7 | 1972.07.11 | 初一 | 10:44 | 2.24 | 0.11 | | |
| 8 | 1973.07.02 | 初三 | 11:45 | 2.35 | 0.29 | | |
| 9 | 1974.07.22 | 初四 | 12:36 | 2.16 | 0.85 | | |
| 10 | 1979.08.02 | 初十 | 17:57 | 0.90 | | | 1.47 |

续表

| 编号 | 日期 | | 推算天文潮 | | 极值增水 | | |
|---|---|---|---|---|---|---|---|
| | | | 高潮时 | 高潮位 | 大潮 | 中潮 | 小潮 |
| 11 | 1980.07.22 | 十一 | 6:47 | 1.35 | | | 0.52 |
| 12 | 1981.07.03 | 初二 | 11:32 | 2.24 | 0.45 | | |
| 13 | 1981.07.06 | 初六 | 13:44 | 1.89 | | 0.54 | |
| 14 | 1983.09.09 | 初三 | 12:33 | 2.05 | 1.3 | | |
| 15 | 1983.10.14 | 初八 | 3:20 | 1.64 | | 0.45 | |
| 16 | 1984.06.25 | 廿六 | 8:19 | 1.57 | | | 0.28 |
| 17 | 1985.09.06 | 廿一 | 2:11 | 1.56 | | 0.88 | |
| 18 | 1986.07.12 | 初六 | 13:51 | 1.89 | | 0.81 | |
| 19 | 1986.09.05 | 初二 | 11:34 | 1.96 | 0.43 | | |
| 20 | 1987.06.18 | 廿三 | 16:03 | 1.66 | | | 0.27 |
| 21 | 1988.07.19 | 初五 | 13:57 | 1.63 | | 0.14 | |
| 22 | 1988.10.27 | 十七 | 23:56 | 2.10 | 0.33 | | |
| 23 | 1989.07.18 | 十六 | 10:17 | 2.13 | 0.94 | | |
| 24 | 1991.07.24 | 十三 | 9:14 | 1.92 | | 0.93 | |
| 25 | 1992.07.01 | 初二 | 11:06 | 2.35 | 0.17 | | |
| 26 | 1992.07.22 | 廿三 | 15:05 | 1.17 | | 0.7 | |
| 27 | 1993.09.17 | 初二 | 12:06 | 1.92 | 1.51 | | |
| 28 | 1994.06.25 | 十七 | 11:46 | 2.27 | 0.39 | | |
| 29 | 1995.10.03 | 初九 | 5:36 | 1.75 | | 0.6 | |
| 30 | 1996.09.09 | 廿七 | 8:50 | 1.61 | | 1.1 | |
| 31 | 1997.08.02 | 廿九 | 10:08 | 1.90 | | 0.61 | |
| 32 | 1997.08.22 | 二十 | 1:53 | 1.58 | | 0.59 | |
| 33 | 1998.08.10 | 十九 | 12:20 | 2.13 | 0.2 | | |
| 34 | 1999.09.16 | 初七 | 15:21 | 1.04 | | 0.62 | |
| 35 | 2000.09.08 | 十一 | 6:45 | 1.47 | | 0.23 | |
| 36 | 2001.07.01 | 十一 | 7:50 | 1.48 | | | 0.48 |
| 37 | 2001.07.06 | 十六 | 11:05 | 2.12 | 0.76 | | |
| 38 | 2001.07.25 | 初五 | 14:05 | 1.95 | | 0.63 | |
| 39 | 2002.08.20 | 十二 | 8:55 | 1.85 | | 0.62 | |
| 40 | 2002.09.11 | 初五 | 14:23 | 1.58 | | 0.65 | |

续表

| 编号 | 日期 | | 推算天文潮 | | 极值增水 | | |
|---|---|---|---|---|---|---|---|
| | | | 高潮时 | 高潮位 | 大潮 | 中潮 | 小潮 |
| 41 | 2003.07.24 | 十五 | 7:31 | 1.49 | | | 1.22 |
| 42 | 2003.09.03 | 初七 | 3:03 | 1.72 | | 0.73 | |
| 43 | 2004.07.18 | 初二 | 11:15 | 2.11 | 0.17 | | |
| 44 | 2005.07.30 | 廿五 | 5:45 | 1.43 | | | 0.12 |
| 45 | 2006.08.04 | 十一 | 5:45 | 1.59 | | | 0.61 |
| 46 | 2006.08.11 | 十八 | 12:03 | 2.30 | 0.34 | | |
| 47 | 2007.08.10 | 廿八 | 8:20 | 1.88 | | 0.19 | |
| 48 | 2007.10.02 | 廿二 | 1:31 | 2.10 | | 0.34 | |
| 49 | 2008.09.24 | 廿五 | 5:42 | 1.76 | | | 1.68 |
| 50 | 2009.07.19 | 廿七 | 8:06 | 1.84 | | 0.68 | |
| 51 | 2009.09.15 | 廿七 | 7:46 | 1.78 | | 1.36 | |
| 52 | 2010.07.21 | 初十 | 6:41 | 1.60 | | | 0.08 |
| 53 | 2011.09.29 | 初三 | 13:04 | 1.77 | 0.73 | | |
| 54 | 2011.10.03 | 初七 | 2:02 | 2.03 | | 0.51 | |
| 55 | 2012.06.19 | 初一 | 10:30 | 2.00 | 0.14 | | |
| 56 | 2012.06.30 | 初二 | 7:32 | 1.77 | | 0.62 | |
| 57 | 2012.07.24 | 初六 | 2:51 | 1.38 | | 1.53 | |
| 58 | 2012.08.17 | 初一 | 10:34 | 1.95 | 0.45 | | |
| 多年平均增水值 | | | | | 0.56 | 0.67 | 0.72 |

### 4.1.2　典型风暴潮增水过程分析

(1) 水文站点介绍

茅洲河口无水文观测点，附近的长期水文测站有舢舨洲、大虎、南沙及赤湾。水文站点基本信息见表 4.1-3。

舢舨洲站 1956—1984 年为珠江水利委员会控制站，1984 年后该站由广东省海事局接管。由于 1993 年被台风破坏后重修，该站低潮位时有浅滩出露的可能，造成低潮部分时段无有效测量数据，但该站高潮时仍有连续的测量成果。

大虎站位于虎门水道，为珠江水利委员会设置站点，于 1984 年建站。

南沙站位于蕉门水道，为珠江水利委员会设置站点。

赤湾站位于伶仃洋，为广东省水文局设置站点。各水位站位置示意图见图 4.1-1。

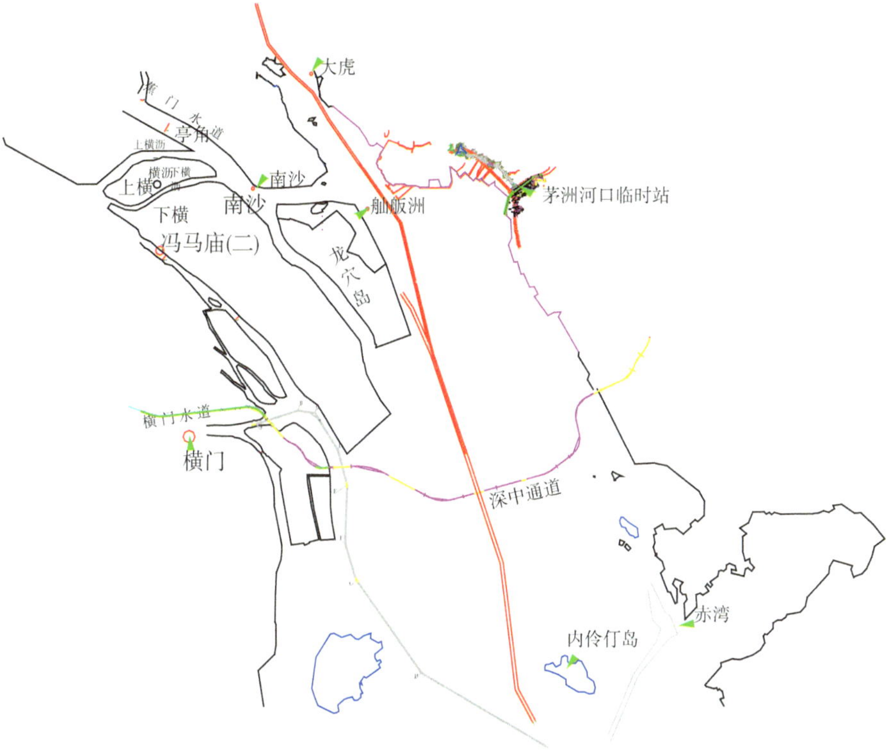


图 4.1-1 水文测站分布图

表 4.1-3 茅洲河口附近水文站点基本信息表

| 站点 | 坐标 | 与工程的距离 | 所属河道 | 观测日期 |
|---|---|---|---|---|
| 舢舨洲 | 38464184,2514457 | 4 km | 伶仃洋 | 1956 年至今 |
| 大虎 | 38458565,2524104 | 16 km | 虎门水道 | 1984 年至今 |
| 南沙 | 38454814,2516073 | 17 km | 蕉门水道 | 1962 年至今 |
| 赤湾 | 38488463,2486242 | 33 km | 伶仃洋 | 1964 年至今 |

(2) 典型风暴潮过程

根据历史实测潮位资料，近 50 年来，以 9316“贝姬”、0814“黑格比”、1713“天鸽”、1822“山竹”引起的风暴潮最为严重。以这四个台风为例，分析茅洲河口典型台风暴潮过程。表 4.1-4 统计了南沙、大虎、舢舨洲、赤湾站对应的最高潮位与最大过程增水值。

截至 2017 年，历史最高增水值出现在 1713“天鸽”期间，南沙、大虎站增水值均超过 2 m，其次为 0814“黑格比”，两站增水值均超过 1.70 m，再次为 9316“贝姬”。2018 年超强台风“山竹”打破了历史纪录，南沙站最大过程增水达到2.97 m，远大于以往台风引起的风暴潮增水。

从空间分布来看，茅洲河口与大虎站、南沙站的风暴增水值大小相当，而赤湾站的增水值相对较小，一般比南沙站增水值小 0.3～0.5 m。这与伶仃洋的喇叭形形态对风暴增水的汇聚作用有关，越靠近湾顶，海湾宽度越窄，对应的增水幅度越大。

**表 4.1-4　影响茅洲河口水域的典型台风暴潮高潮位与增水值(m,珠基)**

| 站位<br>台风 | 南沙 | | 大虎 | | 舢舨洲 | | 赤湾 | | 茅洲河口 | |
|---|---|---|---|---|---|---|---|---|---|---|
| | 最高潮位 | 最大增水 | 最高潮位 | 最大增水 | 最高潮位 | 最大增水 | 最高潮位 | 最大增水 | 最高潮位 | 最大增水 |
| 9316“贝姬” | 2.68 | 1.42 | 2.55 | 1.27 | 2.71 | 1.35 | 2.23 | 1.2 | 2.42 | 1.31 |
| 0814“黑格比” | 2.67 | 1.94 | 2.65 | 1.73 | 2.58 | 1.86 | 2.26 | 1.46 | 2.49 | 1.85 |
| 1713“天鸽” | 3.13 | 2.17 | 3.23 | 2.38 | 3.23 | 2.26 | 2.49 | 1.64 | 2.95 | 2.22 |
| 1822“山竹” | 3.19 | 2.97 | — | — | — | — | — | — | 2.81 | 2.78 |

①强热带风暴“贝姬”

强热带风暴“贝姬”起源于菲律宾以东洋面的低压区，于 1993 年 9 月 15 日升级为热带低压。随着风暴中心以稳定的 20 km/h 的速度向西穿过吕宋海峡，“贝姬”不断增强，于次日早晨达到热带风暴的强度。此后，台风路径转向西北，移动速度加快，以 30 km/h 的速度进入南海，于 9 月 17 日凌晨在东沙群岛东南 50 km 附近升级为强热带风暴。此后台风以 34 km/h 的速度逐渐向珠江河口靠近，并于 9 月 17 日早晨 10:00 在斗门至台山附近登陆。

由于台风登陆时适逢大潮期高潮涨潮，珠江河口区多个潮位站超过历史最高潮位：南沙站潮位 2.68 m 超当时实测历史最高潮位(8309 风暴潮位 2.63 m)0.05 m；深圳的赤湾站 2.23 m 超实测历史最高潮位(8908 风暴潮 2.07 m)0.16 m；广州市浮标厂站最高潮位 2.44 m 超实测历史最高潮位(8309 风暴潮 2.42 m)0.02 m；黄埔港站潮位 2.38 m 超实测历史最高潮位(8908 风暴潮位 2.29 m)0.09 m。

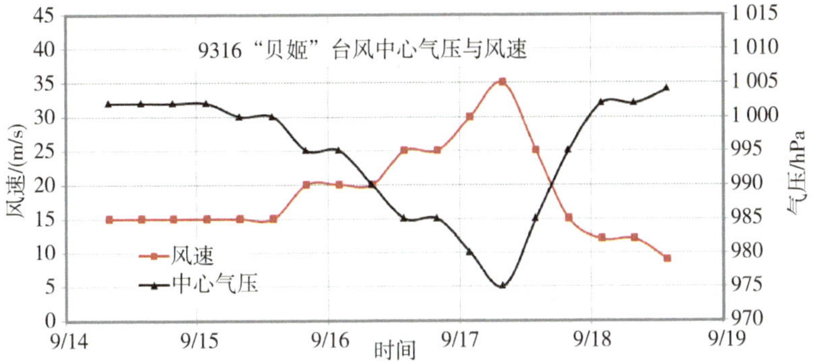


**图 4.1-2a　9316“贝姬”台风中心气压及风速**

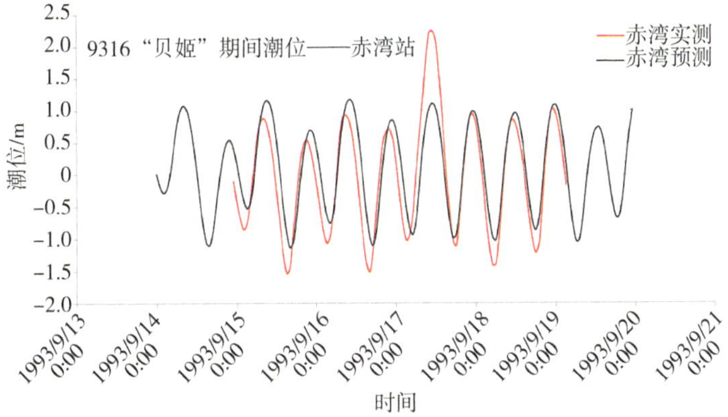


**图 4.1-2b　9316“贝姬”期间实测潮位与推算天文潮过程——赤湾站**

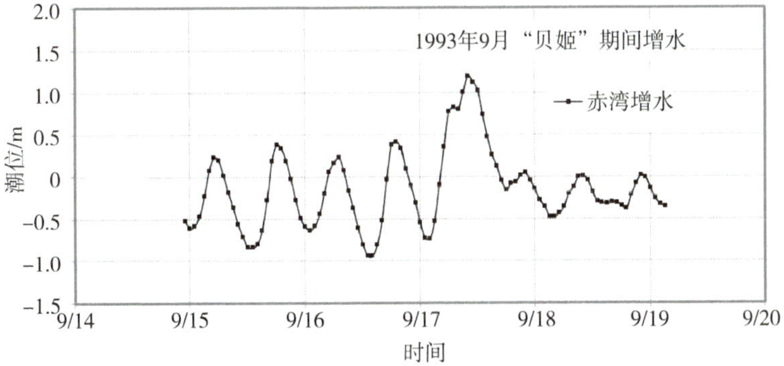


**图 4.1-2c　9316“贝姬”期间风暴潮增水过程——赤湾站**

图 4.1-2 分别给出了 9316“贝姬”期间，赤湾站实测潮位、推算天文潮过程以及由此得到的增水过程线。赤湾站最大增水值为 1.20 m，出现在 9 月 17 日 10:00，与台风登陆时间同步。

②强台风 0814“黑格比”

强台风 0814“黑格比”导致伶仃洋水域出现较高的增水，其中南沙站出现历史第三高的潮位 2.67 m，大虎站、赤湾站、舢舨洲站均出现历史第二高的潮位，分别为 2.65 m、2.26 m、2.58 m。

“黑格比”台风在 2008 年 9 月 24 日 6:45 在茂名市电白区陈村镇沿海地区登陆，登陆时台风中心气压 940 kPa，中心附近最大平均风速 50 m/s，风速极值达 65 m/s。台风移动方向稳定在 275°～315°，即西北偏西方向。台风登陆时逢农历八月廿五日，为小潮。图 4.1-3 为南沙站实测和推算天文潮过程线，从台风登陆前一晚(9 月 23 日傍晚)起，在台风的影响下，潮位逐渐抬高，至 24 日晨 4:30，南沙站达到最高潮位2.67 m，最大增水 1.94 m，出现在 24 日晨 3:00。

“黑格比”有四个明显特点。a. 强度强。“黑格比”登陆前后 38 小时内一直保持强台风量级，最大阵风 17 级，7 级大风范围半径达 500 km，10 级大风范围半径达 200 km，是 1996 年以来登陆广东省最强的台风。b. 移动快。“黑格比”是当年登陆广东省移动速度最快的热带气旋之一。c. 高潮位。“黑格比”登陆时正值当天高潮位，引发了严重的风暴潮增水。d. 危害大。“黑格比”带来的狂风大浪给广东省，特别是粤西沿海地区造成了严重的危害。

“黑格比”台风在珠江河口引起的增水过程持续时间较长，从初始增水至最大增水过程，持续达 9 个小时。水位不断累积提升，在沿海地区引起十分严重的水淹灾害。0814“黑格比”期间，赤湾站最大增水值为 1.46 m，南沙站最大增水值为 1.94 m，出现在 9 月 24 日 2:00～3:00 之间，早于台风登陆。

③强台风 1713“天鸽”

2017 年 8 月 20 日 14 时，“天鸽”在西北太平洋洋面上生成，之后强度不断加强，8 月 22 日 8 时加强为强热带风暴，15 时加强为台风，8 月 23 日 7 时加强为强台风，一天连跳两级，最强达 15 级(48 m/s)，12 时 50 分前后以强台风级(14 级，45 m/s)在中国广东省珠海市登陆，8 月 24 日 14 时减弱为热带低压，17 时中央气象台对其停止编号。

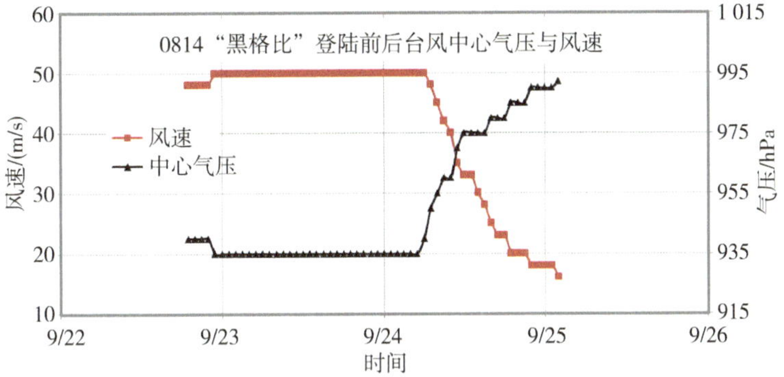


图 4.1-3a　0814“黑格比”台风中心气压及风速

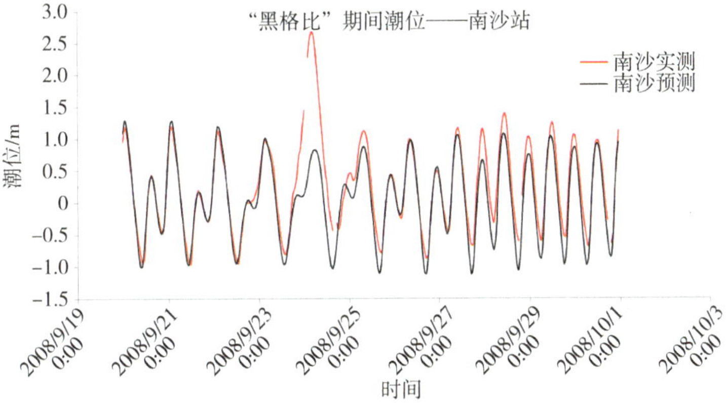


图 4.1-3b　0814“黑格比”台风期间南沙站潮位过程线

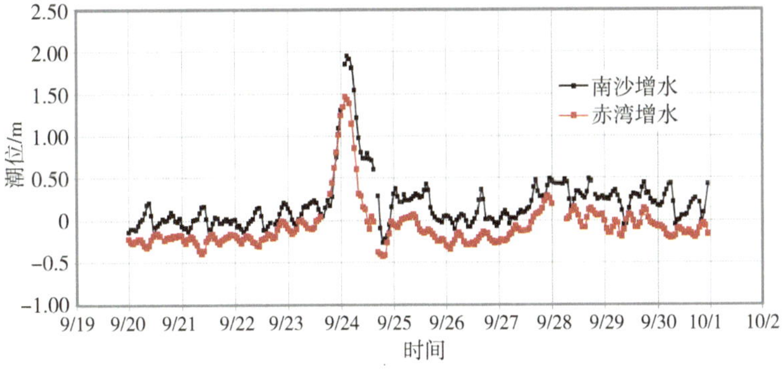


图 4.1-3c　0814“黑格比”台风期间南沙、赤湾两站风暴增水过程线

鉴于“天鸽”造成了巨大经济损失和人员伤亡，台风委员会第50届年度会议决定将“天鸽”除名，“天鸽”成为继“莫拉克”“凡亚比”“彩虹”之后，第四个遭到除名的替补名，可见其影响之巨大。

“天鸽”带来的风暴潮增水历史罕见。由于风暴潮刚好与天文大潮和高潮“碰头”，8月23日，6个站点出现了超历史最高、超百年一遇高潮位。图4.1-4给出了“天鸽”及其随后几天的热带风暴“帕卡”期间，大虎、南沙、赤湾站的实测潮位与推算天文潮的比较，以及三个站位的风暴潮增水过程。

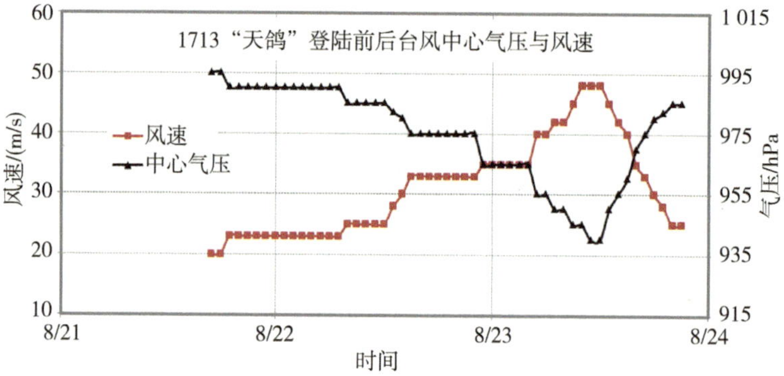


**图4.1-4a　1713“天鸽”台风中心气压及风速**

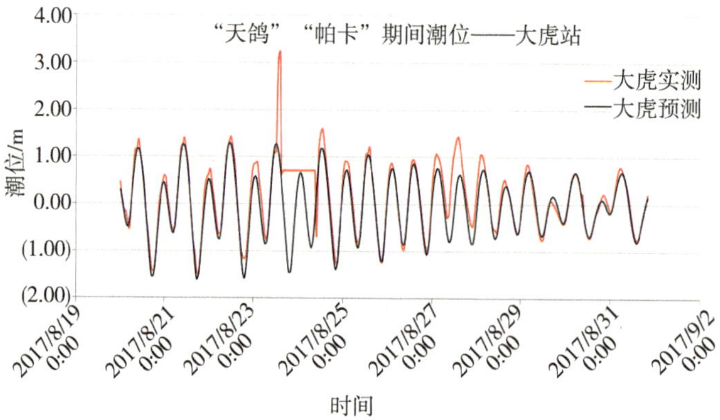


**图4.1-4b　“天鸽”“帕卡”期间大虎站潮位过程线**

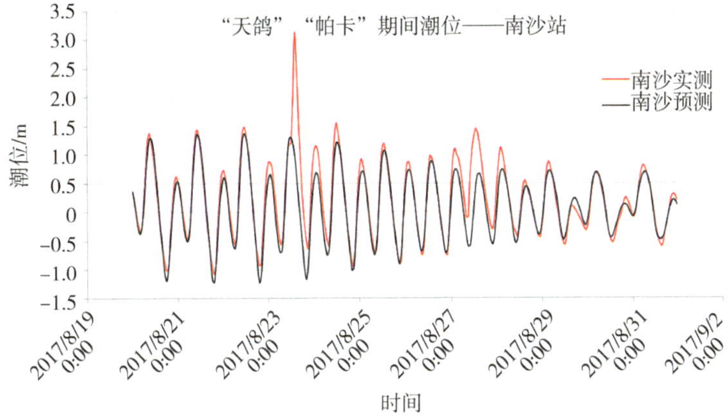


**图 4.1-4c "天鸽""帕卡"期间南沙站潮位过程线**

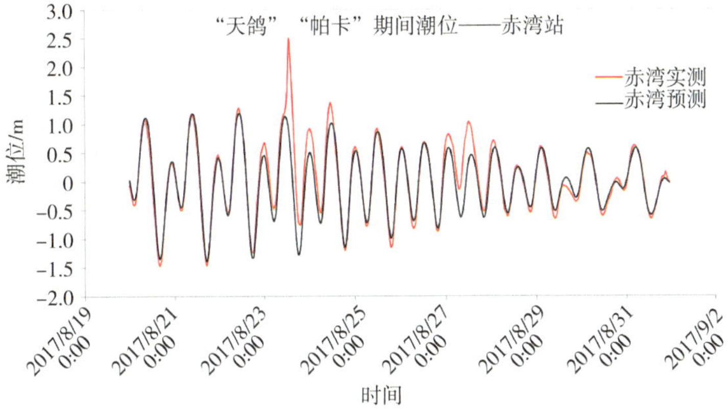


**图 4.1-4d "天鸽""帕卡"期间赤湾站潮位过程线**

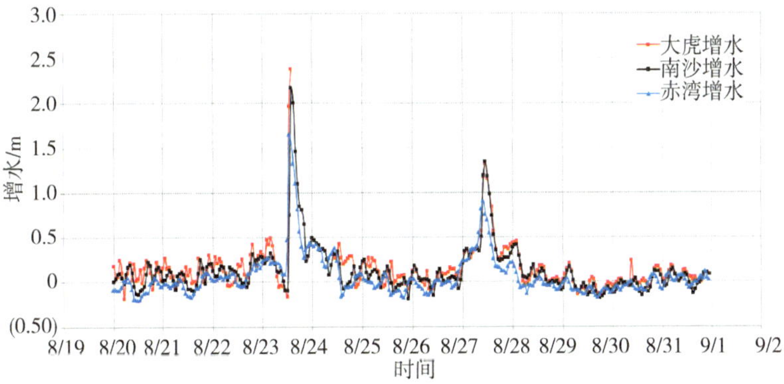


**图 4.1-4e "天鸽""帕卡"期间增水过程线**

“天鸽”期间，珠江河口伶仃洋多站出现超百年一遇的历史最高潮位，其中南沙站为 3.13 m，大虎站为 3.23 m，赤湾站为 2.49 m，分别超过历史最高潮位 0.41 m、0.58 m、0.26 m。

④ 超强台风“山竹”

超强台风“山竹”为 2018 年太平洋台风季第 22 个被命名的风暴。2018 年 9 月 7 日 20 时，台风“山竹”在西北太平洋洋面上生成，9 月 15 日，台风“山竹”从菲律宾北部登陆；15 日 18 时，广东省防汛防旱防风总指挥部决定将防风Ⅱ级应急响应提升至Ⅰ级；16 日 17 时台风“山竹”在广东台山海宴镇登陆，登陆时中心附近最大风力 14 级，中心最低气压 955 hPa；17 日晚 20 时，因很难确定其环流中心，中央气象台停止对其编号。

截至 2018 年 9 月 18 日 17 时，台风“山竹”已造成广东、广西、海南、湖南、贵州 5 省（自治区）近 300 万人受灾，5 人死亡，1 人失踪，160.1 万人紧急避险转移和安置；台风“山竹”还造成 5 省（自治区）的 1 200 余间房屋倒塌，800 余间房屋严重损坏，近 3 500 间房屋一般损坏；农作物受灾面积 174.400 0 $hm^2$，其中绝收面积 3.300 0 $hm^2$；直接经济损失 52 亿元。

图 4.1-5 给出了“山竹”登陆前后，位于伶仃洋湾顶附近龙穴岛南端的珠江河口 1# 测站的实测潮位与推算天文潮的比较，以及对应的风暴潮增水过程。可见，山竹虽遭遇小潮，但台风增水值高，最大增水值超过2.5 m，且增水历时长，影响极大。

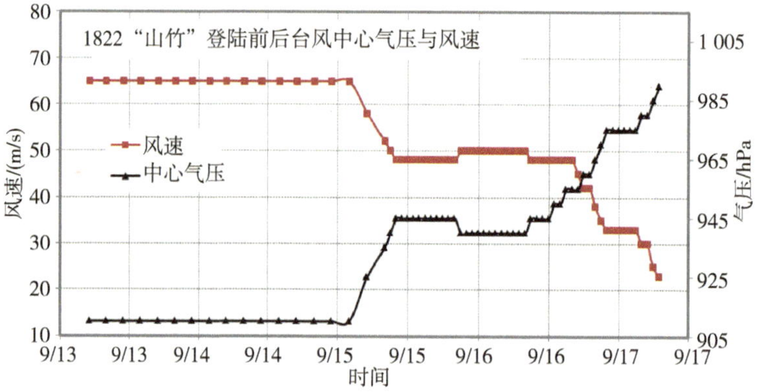


**图 4.1-5a　1822“山竹”台风中心气压及风速**

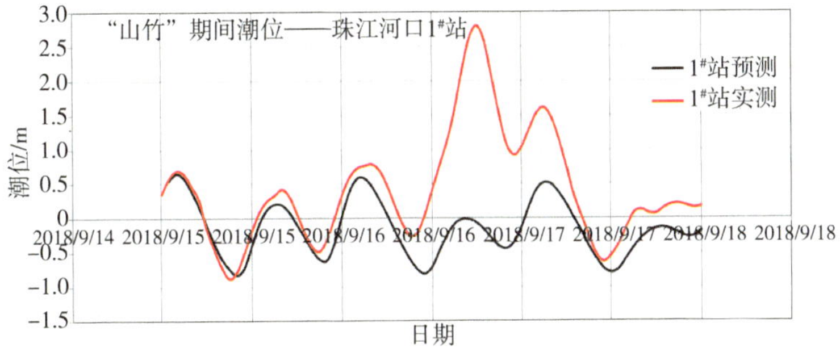


**图 4.1-5b　1822"山竹"期间珠江河口 1# 站潮位过程线**

**图 4.1-5c　1822"山竹"期间珠江河口 1# 站增水过程线**

据统计,"山竹"给珠江三角洲地区带来了 2.60～3.00 m 的风暴潮增水,广州海珠、黄埔、番禺、南沙、白云等区多个潮位站出现了突破历史纪录极值,如表 4.1-5 所示。其中,南沙站 17 时 50 分出现 3.19 m 的高潮位,超历史极值 0.06 m,超警戒值 1.29 m;黄埔站 19 时 05 分出现 3.07 m 的高潮位,超历史极值 0.21 m,超警戒值 1.17 m。

**表 4.1-5　"山竹"登陆前后珠江三角洲部分潮位站高潮位及重现期(珠基)**

| 地市 | 站名 | 最高潮位(cm) | 备注 | |
|---|---|---|---|---|
| 东莞 | 泗盛围 | 323 | 超百年一遇 | 超历史最高 |
| 东莞 | 大盛 | 298 | 超百年一遇 | 超历史最高 |
| 广州 | 中大 | 328 | 超百年一遇 | 超历史最高 |
| 广州 | 黄埔 | 307 | 超百年一遇 | 超历史最高 |
| 广州 | 南沙 | 319 | 超百年一遇 | 超历史最高 |
| 中山 | 横门 | 329 | 超百年一遇 | 超历史最高 |

续表

| 地市 | 站名 | 最高潮位（cm） | 备注 | |
|---|---|---|---|---|
| 珠海 | 竹银 | 270 | 超百年一遇 | 超历史最高 |
| 珠海 | | 337 | 超百年一遇 | 超历史最高 |
| 珠海 | 白蕉 | 275 | 超百年一遇 | 超历史最高 |
| 江门 | 长沙 | 298 | 超百年一遇 | 超历史最高 |
| 江门 | 石咀 | 270 | 超百年一遇 | 超历史最高 |

## 4.2 茅洲河河口风暴潮增水模型的建立

### 4.2.1 控制方程

珠江河口整体二维水动力数学模型控制方程为

$$\frac{\partial \eta}{\partial t}+\frac{\partial h u}{\partial x}+\frac{\partial h v}{\partial y}=0 \tag{4.2-1}$$

$$\frac{\mathrm{d}u}{\mathrm{d}t}=fv-\frac{\partial}{\partial x}\left(g\eta+\frac{P_a}{\rho_0}\right)+\frac{\tau_{\text{wind}}^{x}-\tau_{b_x}}{\rho_0 h}+A_H\left(\frac{\partial^2 u}{\partial x^2}+\frac{\partial^2 u}{\partial y^2}\right) \tag{4.2-2}$$

$$\frac{\mathrm{d}v}{\mathrm{d}t}=-fu-\frac{\partial}{\partial y}\left(g\eta+\frac{P_a}{\rho_0}\right)+\frac{\tau_{\text{wind}}^{y}-\tau_{b_y}}{\rho_0 h}+A_H\left(\frac{\partial^2 v}{\partial x^2}+\frac{\partial^2 v}{\partial y^2}\right) \tag{4.2-3}$$

式中，$u$、$v$ 分别为流速在 $x$、$y$ 方向的分量；$h$ 为全水深，$\eta$ 是平均海平面起算的水位，$f=2\omega\sin\varphi$ 为柯氏力系数，其中 $\omega$ 为自转角速度，$\varphi$ 为计算水域的地理纬度；$g$ 为重力加速度，$n$ 是曼宁系数，$A_H$ 为水平紊动扩散系数，$P_a$ 为自由水面大气压强；$\tau_{b_x}$、$\tau_{b_y}$ 为底摩阻应力项；$\rho_0$ 为水的密度；$\tau_{\text{wind}}^{x}$、$\tau_{\text{wind}}^{y}$ 为 $x$、$y$ 向风应力，表达式为

$$(\tau_{\text{wind}}^{x},\tau_{\text{wind}}^{y})=\rho_a C_{D_s}\,|W|\,(W_x,W_y) \tag{4.2-4}$$

式中，$\rho_a$ 为空气密度；$C_{D_s}$ 为风应力系数，取为 $2.6\times10^{-3}$；$W(x,y,t)$ 为 10 m 高空处风速，$|W|$、$(W_x,W_y)$ 为相应的模与分量。

在进行台风暴潮计算时，自由水面大气压强 $P_a$ 以及风速 $W$ 采用台风经验模型计算得到。其中台风经验模型气压场采用 Myers 圆对称模型，其分布形式为

$$p_r = p_0 + (p_\infty - p_0)e^{-r_0/r} \tag{4.2-5}$$

式中，$p_0$ 是台风的中心气压；$p_\infty$ 是台风的外围气压；$r$ 是计算点至台风中心的距离；$r_0$ 是最大风速半径。

$$r_0 = 28.52\tanh[0.0873(\varphi - 28)] + 12.22/\exp[(p_\infty - p_0)/33.86] + 0.2V_t + 37.22 \tag{4.2-6}$$

式中，$V_t$是移行风速。

根据梯度风和气压场的关系，由气压场的分布模型，可以得到梯度风具有如下表达形式：

$$V_g = -0.5fr + \sqrt{(0.5fr)^2 + \frac{r}{\rho_a}\frac{\partial p}{\partial r}} \tag{4.2-7}$$

采用宫崎正卫公式对台风的移行风进行描述，其表达形式如下：

$$V_t = \exp(-\pi r/500\,000)\begin{bmatrix} V_x \\ V_y \end{bmatrix} \tag{4.2-8}$$

将上述梯度风和移行风模型合成，可以得到台风的模型风场如下：

$$V_M = c_1 V_g \begin{bmatrix} -\sin(\theta + \beta) \\ \cos(\theta + \beta) \end{bmatrix} + c_2 V_t \tag{4.2-9}$$

式中，$\beta$ 是梯度风与海面风的夹角；$\theta$ 是计算点与台风中心的连线与 $x$ 轴的夹角；$c_1$ 和 $c_2$ 为订正系数。

在台风中心附近，经验模型可以较好地反映台风大风区的风场特征，但一般仅限于几百千米范围内；在台风外围，风场一般同时受到台风和其他天气系统的影响，这与经验模型风场差别较大。为了更准确地模拟台风风场，本研究通过一个权重系数，将 QSCAT/NECP 混合风场和台风经验模型风场重构，这样既保证了台风外围风场的可靠性，又提高了台风中心附近的空间分辨率。外围风场和模型风场的合成方法如下：

$$W = (1 - e)V_M + eV_Q \tag{4.2-10}$$

式中，$e$ 为权重系数，权重系数的表达形式为 $e = c^4/(1 + c^4)$，$c = r/10r_0$。

珠江河口二维水流及风暴潮数学模型范围涉及口门内各主要河道和口外海区，包括整个珠江三角洲网河区即西江、北江、东江片区等。模型上游边界分别取在西江上游的马口、北江上游的三水、东江上游的博罗、潭江上游的石咀、流溪河的老鸦岗和茅洲河口。模型的下边界取在珠江口外南海大万山岛以南海域，包括整个伶仃洋和黄茅海。

网格布置对模型计算效率及精度有直接影响，为此，本研究采用三角形网格(图 4.2-1)，网格的设计及数量充分考虑到模型的计算效率及精度，最小网格单位尺寸为 5 m。计算所用水下地形如图 4.2-2 所示。

模型数值算法在第 3 章中已有详细介绍，不再赘述。

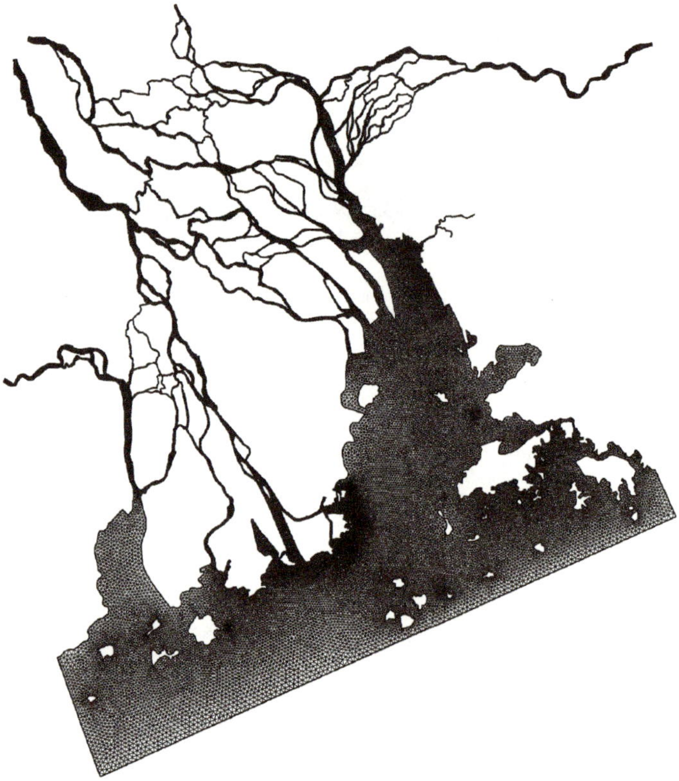

图 4.2-1　模型计算网格示意图

### 4.2.2　基础资料

(1) 地形资料

①2016 年深圳市海洋新兴产业基地围填海工程地形及水深总图，1∶2 000；

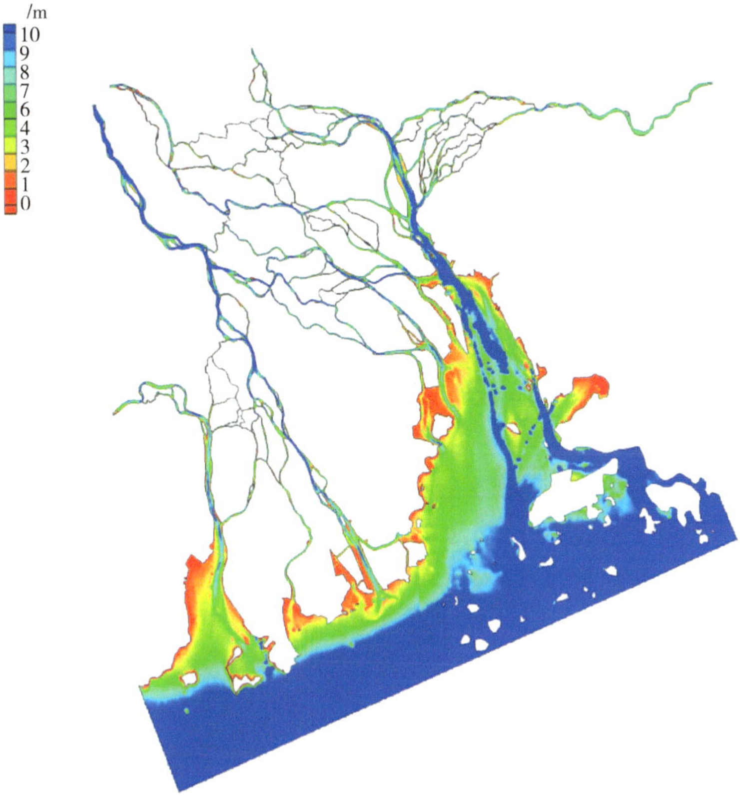


图 4.2-2 珠江河口水下地形图

②2017 年长安新区项目实测地形图；

③茅洲河流域宝安片区清淤及底泥处置工程地形图，1：500；

④2009 年珠江口门水下地形图，1：10 000；

⑤2012 年珠江流域重要河道(珠江口东)地形图，1：10 000；

⑥2012 年碣石湾至珠江口海图(C1315300)，1：250 000；

⑦2017 年福州至广州海图(包括台湾岛)(C1210015)，1：1 000 000；

⑧1999—2011 年珠江网河区实测地形资料；

⑨研究区域附近海域其他相关水下地形资料、海图及航道图等。

(2) 水文资料

①逐时潮位资料：大虎站 2016—2017 年全年；大虎、南沙、赤湾 2018 年 8 月 1 日—8 月 30 日(包含"天鸽"台风过程)；舢舨洲站 2013 年 9 月 15—30 日；

②年最高潮位资料：大虎站 1984—2017 年；舢舨洲站 1956—2017 年；南

沙站 1963—2017 年；赤湾站 1993—2017 年；

③珠江河口典型水文资料："2005. 6"洪水，"2007. 8"洪水，"2001. 2"枯水，0814"黑格比"风暴潮等典型组合。

## 4.3 模型验证

### 4.3.1 典型洪、中、枯水文组合验证

分别采用 2000 年实测地形对"2001. 2"典型枯水水文组合，采用 2005 年实测地形对"2005. 6"典型洪水水文组合、"2007. 8"典型中水水文组合及 0814 "黑格比"典型风暴潮过程进行模型验证。

整个研究区域的曼宁系数在 0. 015～0. 030 之间；从上游向口门逐渐减小，在口外最小；伶仃洋内平均为 0. 016；网河区内西江上游马口段为 0. 028，而北江上游三水段为 0. 030；网河区中段平均为 0. 025，茅洲河段平均为 0. 032。

对"2005. 6"典型洪水水文组合的验证包括网河区及口门水位、流量的验证，图 4. 3-1、4. 3-2 分别为"2005. 6"典型洪水水文组合水位、流量计算结果与实测值的对比，从率定和验证结果可以看出，模型计算结果与实测资料吻合较好。

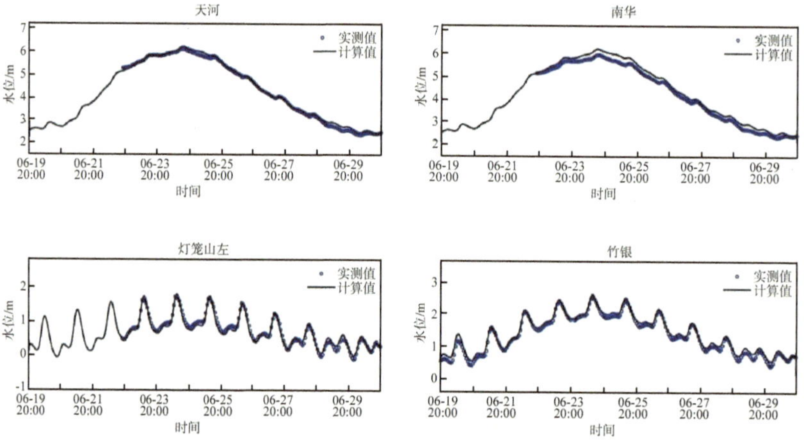

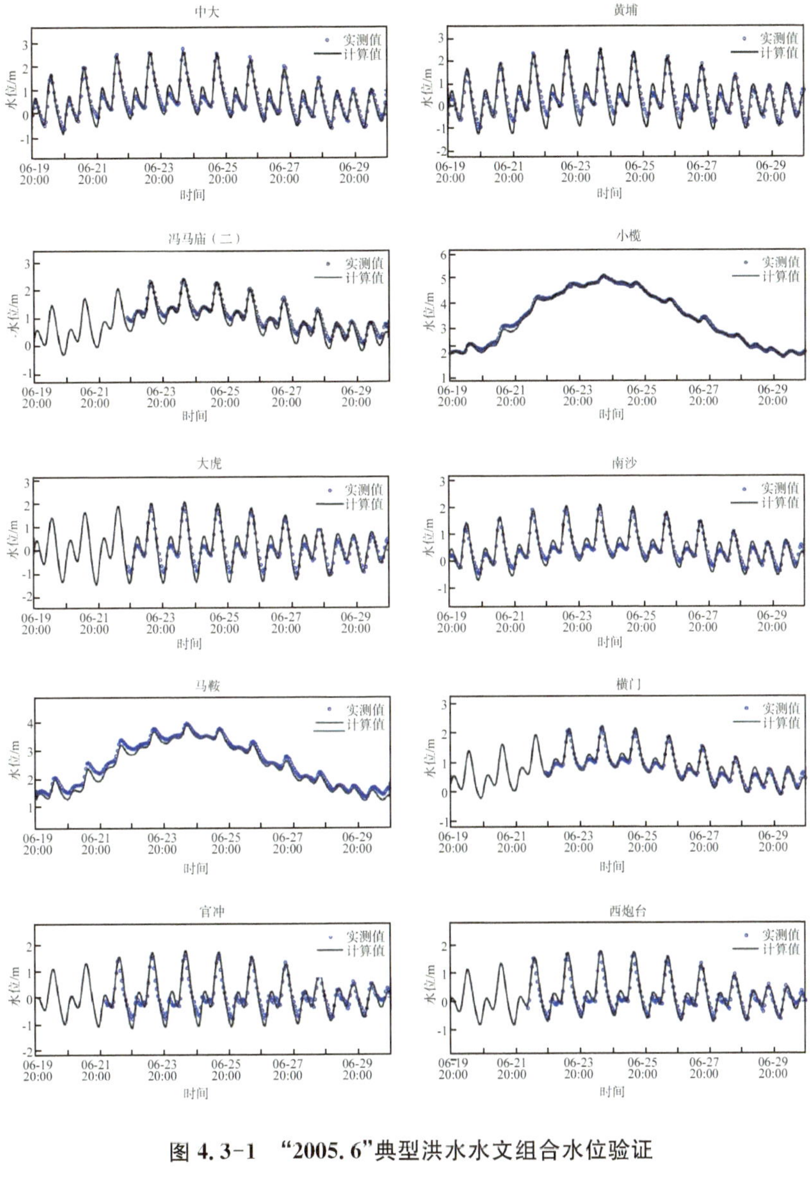


**图 4.3-1 “2005.6”典型洪水水文组合水位验证**

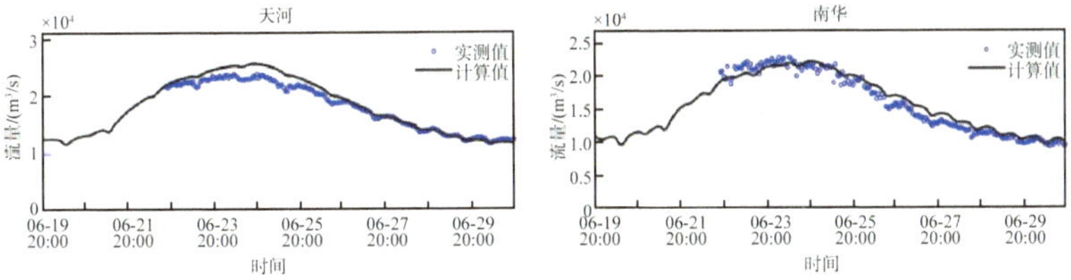

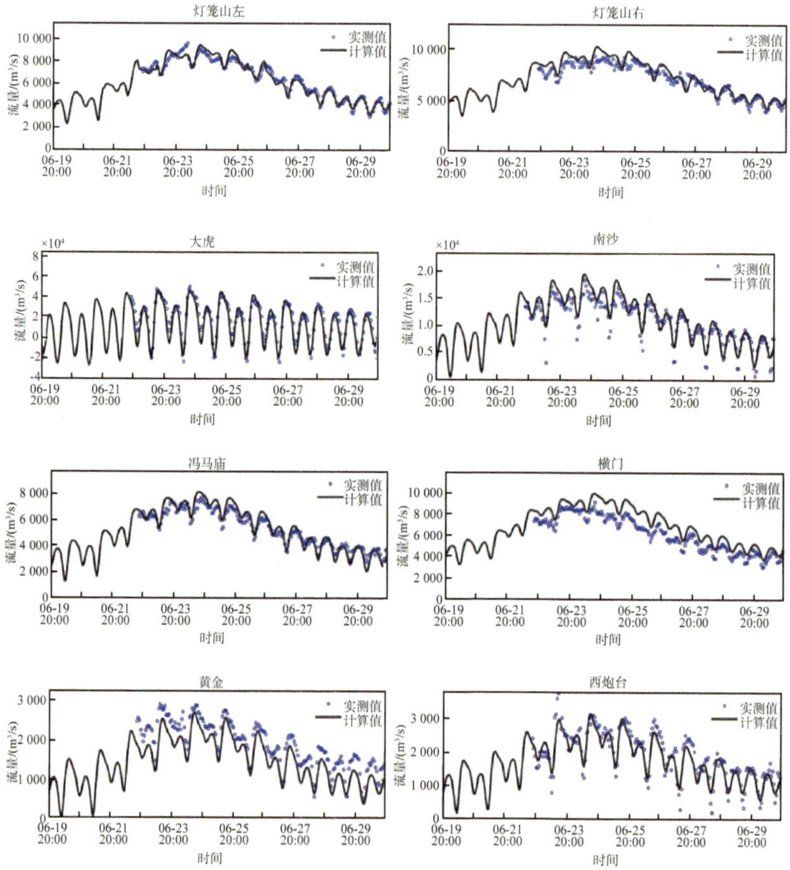


**图 4.3-2 “2005.6”曲型洪水水文组合流量验证**

对“2007.8”典型中水水文组合的验证包括伶仃洋水位、流速及流向的验证，图 4.3-3、4.3-4 分别为“2007.8”典型中水水文组合水位、流速及流向计算结果与实测值的对比，从率定和验证结果可以看出，模型计算结果与实测资料吻合较好。

对“2001.2”典型枯水水文组合的验证包括网河区及口门水位、流量的验证，图 4.3-5、4.3-6 分别为“2001.2”典型枯水水文组合水位、流量计算结果与实测值的对比，从率定和验证结果可以看出，模型计算结果与实测资料吻合较好。

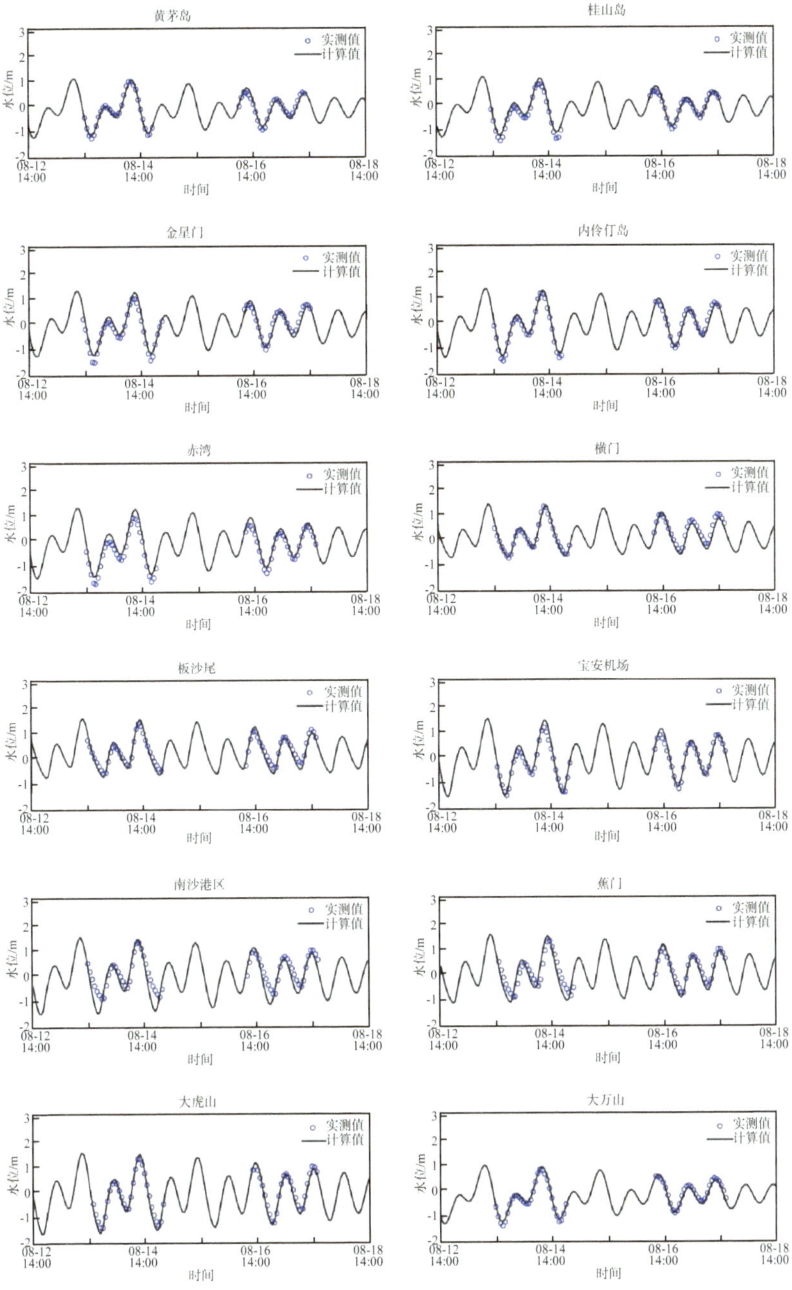


**图 4.3 3 “2007.8”典型中水水文组合水位验证**

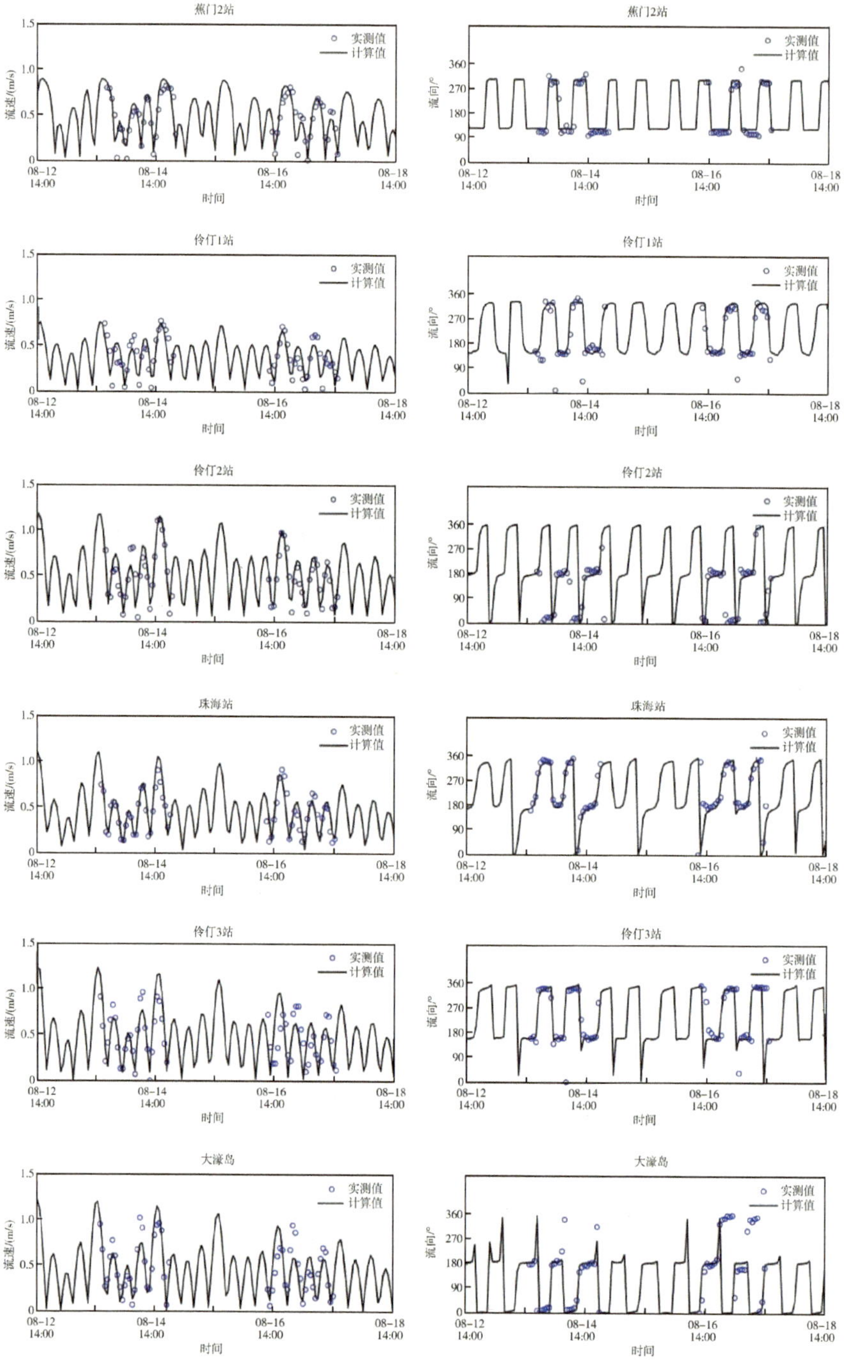
蕉门2站
实测值
计算值
流速/(m/s)
流向/°
时间
08-12 14:00
08-14 14:00
08-16 14:00
08-18 14:00
伶仃1站
伶仃2站
珠海站
伶仃3站
大濠岛

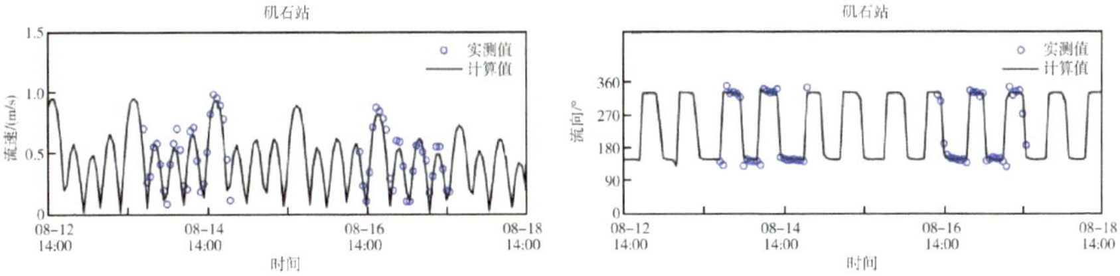


**图 4.3-4　“2007.8”典型中水水文组合流速及流向验证**

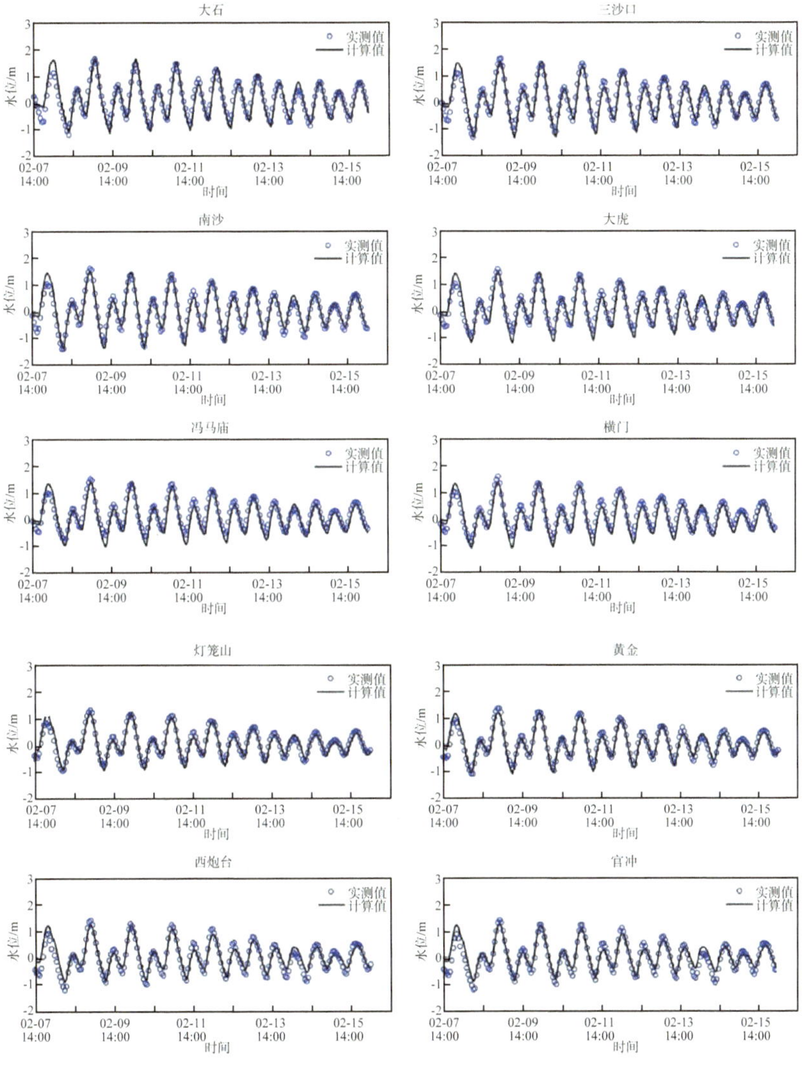


**图 4.3-5　“2001.2”典型枯水水文组合水位验证**

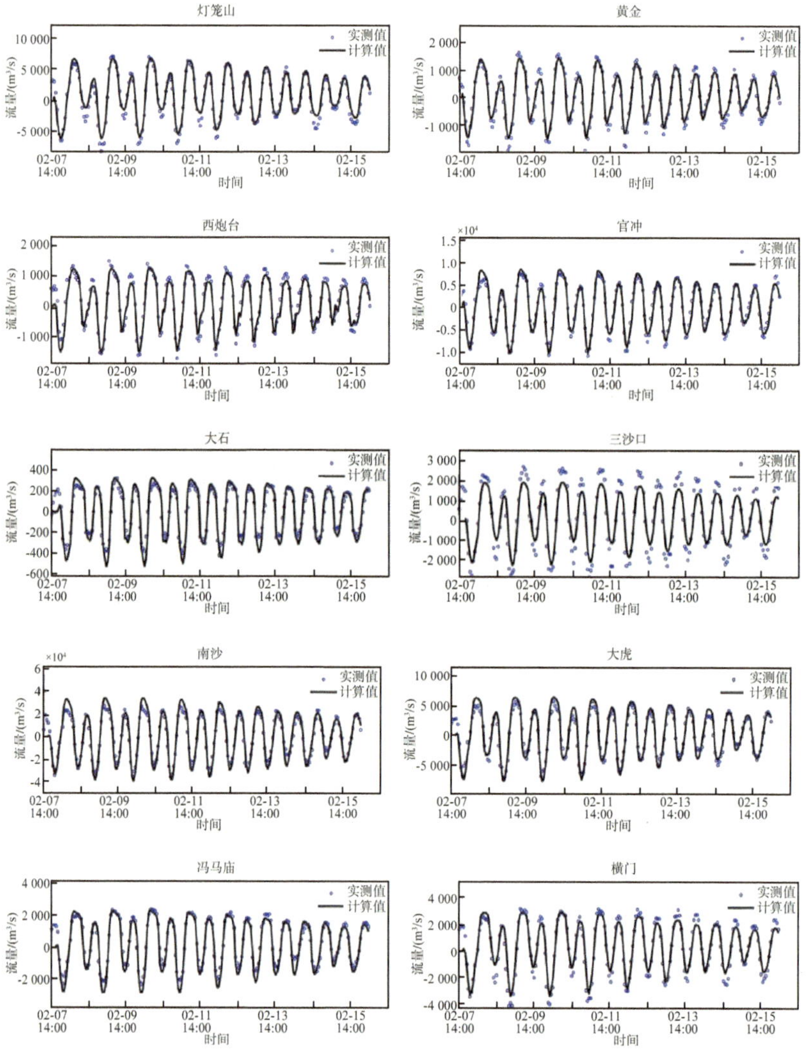


**图 4.3-6 "2001.2"典型枯水水文组合流量验证**

## 4.3.2 典型台风暴潮过程验证

对0814"黑格比"风暴潮过程的验证主要为网河区及口门的水位验证。图4.3-7为0814"黑格比"风场计算结果，图4.3-8为0814"黑格比"风暴潮过程水位计算结果与实测值的对比，从率定和验证结果可以看出，模型计算结果与实测资料吻合较好。

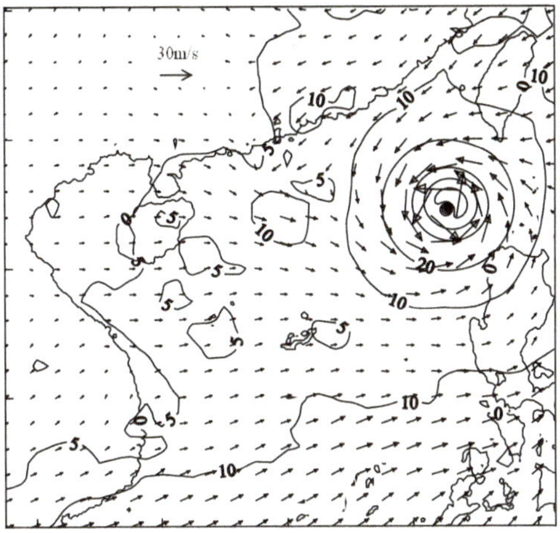


**图 4.3-7　0814"黑格比"台风风场计算示意图(2008 年 9 月 23 日 02 时)**

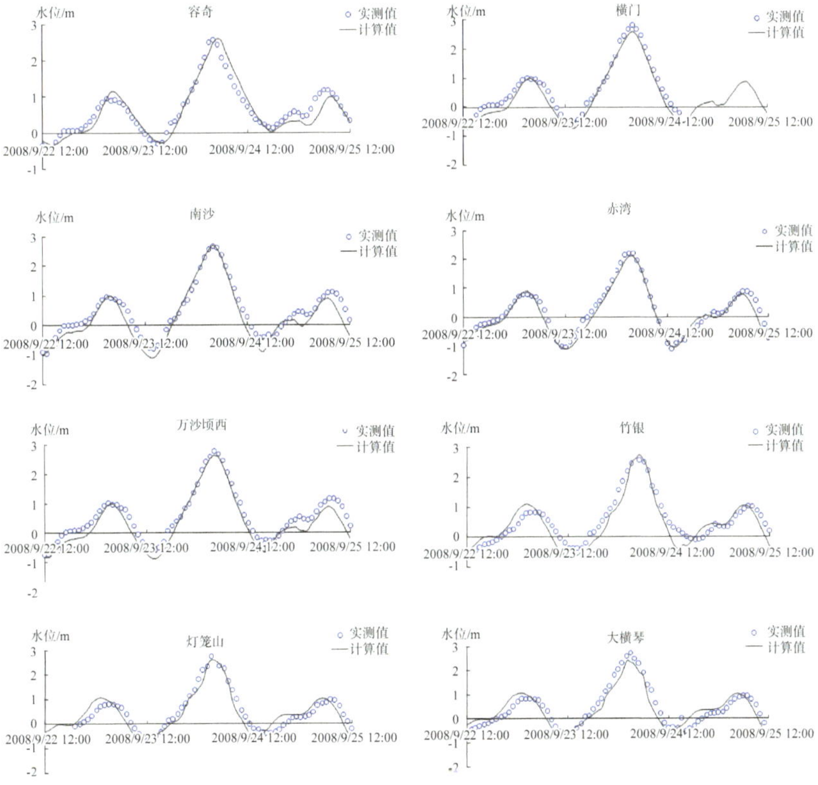

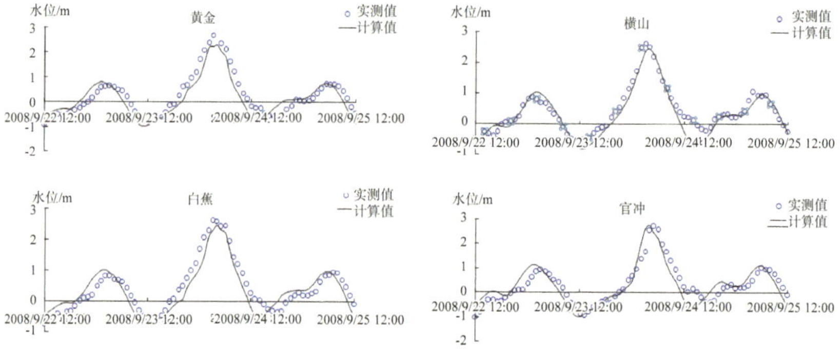


图 4.3-8　0814“黑格比”风暴潮过程水位验证

## 4.4　可能最大台风风场构造

### 4.4.1　台风中心气压

$\Delta P$ 为台风外围不受台风影响处的气压 $P_\infty$（或正常气压）和台风中心气压两者之差，$P_\infty$ 取我国沿海夏季海平面气压的平均值（1 008 hPa），$\Delta P$ 取1000 年一遇的数值。表 4.4-1 给出了在研究区域内出现并登陆的台风中心气压最低值组成的 $P_0$ 系列，资料系列取 1960—2017 年共计 58 年。对 $\Delta P$ 系列进行 P-Ⅲ 型频率分析（图 4.4-1），主要重现期结果列于表 4.4-2，其中 1 000年一遇中心气压为 911 hPa，100 年一遇中心气压为 927 hPa。

表 4.4-1　登陆台风中心气压 $P_0$ 及 $\Delta P$ 频率的统计

| 台风编号 | $P_0$(hPa) | $\Delta P$(hPa) | $P$ | 台风编号 | $P_0$(hPa) | $\Delta P$(hPa) | $P$ |
|---|---|---|---|---|---|---|---|
| 6903 | 935 | 73 | 1.69 | 1713 | 950 | 58 | 13.56 |
| 1319 | 935 | 73 | 3.39 | 9315 | 955 | 53 | 15.25 |
| 0814 | 940 | 68 | 5.08 | 1208 | 955 | 53 | 16.95 |
| 9615 | 940 | 68 | 6.78 | 7908 | 958 | 50 | 18.64 |
| 1522 | 940 | 68 | 8.47 | 6415 | 960 | 48 | 20.34 |
| 6213 | 944 | 64 | 10.17 | 8116 | 960 | 48 | 22.03 |
| 9107 | 950 | 58 | 11.86 | 8217 | 960 | 48 | 23.73 |

续表

| 台风编号 | $P_0$(hPa) | $\Delta P$(hPa) | $P$ | 台风编号 | $P_0$(hPa) | $\Delta P$(hPa) | $P$ |
|---|---|---|---|---|---|---|---|
| 9509 | 960 | 48 | 25.42 | 9710 | 970 | 38 | 62.71 |
| 0601 | 960 | 48 | 27.12 | 0103 | 970 | 38 | 64.41 |
| 1117 | 960 | 48 | 28.81 | 1003 | 970 | 38 | 66.10 |
| 1622 | 960 | 48 | 30.51 | 7313 | 974 | 34 | 67.80 |
| 8007 | 961 | 47 | 32.20 | 6103 | 974 | 34 | 69.49 |
| 8309 | 963 | 45 | 33.90 | 8805 | 975 | 33 | 71.19 |
| 6311 | 965 | 43 | 35.59 | 0313 | 975 | 33 | 72.88 |
| 6808 | 965 | 43 | 37.29 | 7011 | 976 | 32 | 74.58 |
| 7114 | 965 | 43 | 38.98 | 8607 | 978 | 30 | 76.27 |
| 7220 | 965 | 43 | 40.68 | 9910 | 978 | 30 | 77.97 |
| 7812 | 965 | 43 | 42.37 | 9207 | 980 | 28 | 79.66 |
| 8515 | 965 | 43 | 44.07 | 9419 | 980 | 28 | 81.36 |
| 8410 | 965 | 43 | 45.76 | 0214 | 980 | 28 | 83.05 |
| 0906 | 965 | 43 | 47.46 | 0013 | 982 | 26 | 84.75 |
| 6508 | 968 | 40 | 49.15 | 8702 | 983 | 25 | 86.44 |
| 8926 | 968 | 40 | 50.85 | 0508 | 984 | 24 | 88.14 |
| 6001 | 970 | 38 | 52.54 | 6605 | 986 | 22 | 89.83 |
| 6706 | 970 | 38 | 54.24 | 9803 | 986 | 22 | 91.53 |
| 7411 | 970 | 38 | 55.93 | 1407 | 986 | 22 | 93.22 |
| 7513 | 970 | 38 | 57.63 | 0409 | 990 | 18 | 94.92 |
| 7610 | 970 | 38 | 59.32 | 0707 | 990 | 18 | 96.61 |
| 9009 | 970 | 38 | 61.02 | 7712 | 995 | 13 | 98.31 |

**表 4.4-2　登陆台风中心气压频率计算成果**

| $P$(%) | 0.01 | 0.1 | 0.5 | 1 | 2 | 5 | 10 | 20 | 50 |
|---|---|---|---|---|---|---|---|---|---|
| $P_0$(hPa) | 896 | 911 | 922 | 927 | 933 | 941 | 947 | 955 | 968 |
| $\Delta P$(hPa) | 112 | 97 | 86 | 81 | 75 | 67 | 61 | 53 | 40 |

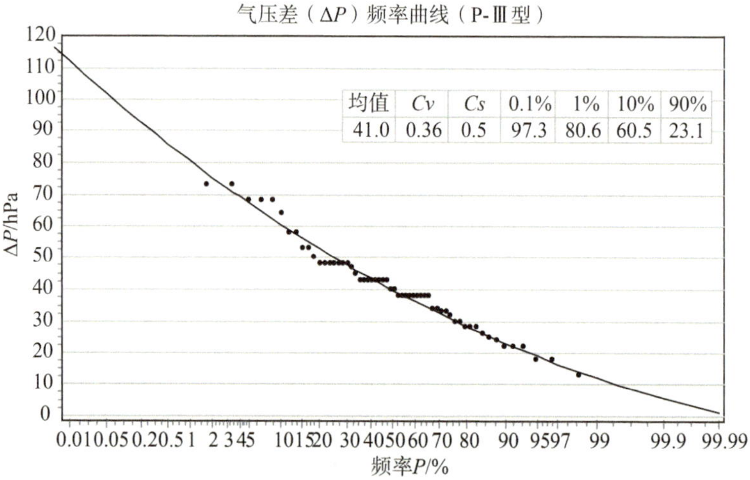


**图 4.4-1　气压差(ΔP)频率曲线(P－Ⅲ型)**

## 4.4.2　台风的移动速度

台风中心的移动速度是重要的台风参数之一。台风暴潮数值模型的研究成果表明，对于开阔水域登陆台风或紧靠岸边又平行于海岸移动的台风，台风移动速度越快，台风暴潮增水越大，但是对于曲折海岸情况如茅洲河口，上承径流影响，外受海水顶托，台风增水情况要复杂得多，一般采用统计结果确定台风移动速度。统计前十位台风登陆前一日中心平均移动速度，可以获得最大移速为 37 km/h，最小移速为 10 km/h，平均为 25 km/h。在进行可能最大台风计算时，台风中心移动速度取其均值 25 km/h。

## 4.4.3　最大风速半径

台风最大风速半径是指台风中心到出现最大风速处的半径距离，是衡量台风尺度的重要参数之一，也是风暴潮模型计算时所采用的台风气压场和风场的重要参数之一。

按照美国格雷厄姆(Graham)和纽恩(Nunn)提出的经验公式：

$$R = 28.52\text{th}[0.0873(\varphi - 28)] + 12.22\exp\left(\frac{P_0 - 1013.2}{33.86}\right) + 0.2V_F + 37.22$$

式中，$V_F$ 为台风中心移动速度，取 $V_F = 25$ km/h；

$\varphi$ 为地理纬度，取 22.73°N；

$P_0$ 为台风中心气压，取 911 hPa。

计算得最大风速半径 $R$ 为 29 km。

### 4.4.4　可能最大台风移动路径

设计台风路径时，需确定台风登陆地点和台风移动方向两个要素。为构造假想台风，搜寻近 70 年影响南海的台风，从台风强度和致灾严重程度来看，1713 台风、1208 台风及 0814 台风造成舢舨洲站超过 180 cm 的增水。在设计登陆点时，考虑 1713 台风的珠海登陆点、1208 台风的台山登陆点及 0814 台风的电白登陆点，在 1960—2017 年间，共有 13 场台风登陆阳江，例如 7610 台风、8404 台风、0218 台风及 1311 台风等，鉴于遭受台风侵袭的频繁程度，取 1311 台风在阳江的登陆位置作为设计台风登陆点。珠江口西侧的澳门是经常受台风侵扰的区域，其中登陆澳门的 6411 台风“艾达”强度大，最低气压 925 hPa，登陆时中心气压 972 hPa，中心附近最大风速 33 m/s，取澳门作为登陆点之一。

统计结果显示，导致茅洲河口出现大幅增水的台风均为西偏北方向、珠江口以西登陆。在台风路径设计时，选取 270°～350°之间、间隔 10°共计 8 个台风行进方向、五个登陆点进行风暴潮增水数值实验，以获取可能最大台风的路径。数值试验方案见图 4.4-2，图中红色圆点为五个设计台风登陆点。

用风暴潮增水数学模型，对不同台风设计路径进行模拟计算，表 4.4-3 列出各设计方案下茅洲河口增水值。由表可知，不同登陆方案，形成最大增水的台风行进方向不同。如台风登陆地点与 0814 台风相同，台风行进方向为 280°时引起茅洲河口增水最大，为 2.07 m，该移动方向与 0814 登陆前台风的行进方向一致；如台风在阳江登陆，行进方向为 280°时茅洲河口最大增水 2.20 m；如台风在台山登陆，行进方向为 350°时茅洲河口最大增水达 3.12 m；如台风在珠海登陆，行进方向为 350°时茅洲河口最大增水达 3.55 m；台风在澳门登陆、行进方向为 340°时，将造成茅洲河口最大台风增水 3.64 m，取其为可能最大台风设计路径，如图 4.4-2 中的蓝色点划线所示。

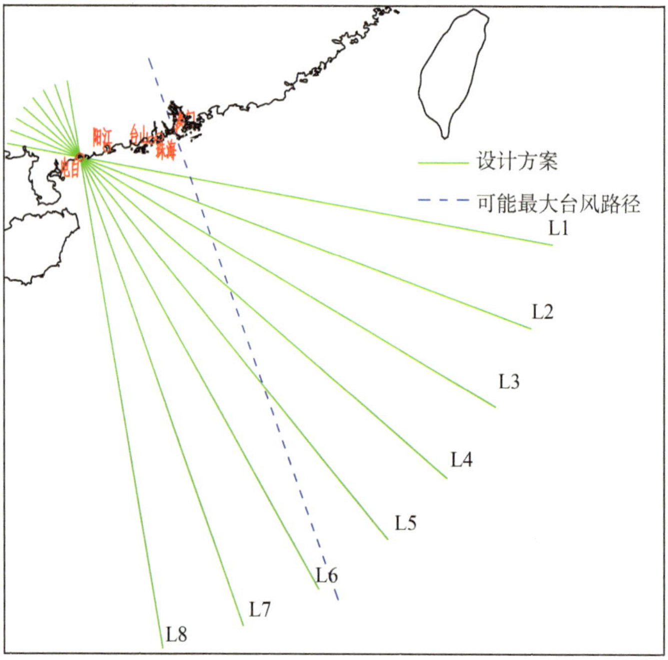


**图 4.4-2 可能最大台风路径设计方案(以电白登陆点为例)**

**表 4.4-3 不同计算方案下茅洲河口台风增水值数值试验结果(m)**

| 行进方向 | 路径编号 | 电白(0814登陆点) | 阳江(1311登陆点) | 台山(1208登陆点) | 珠海(1713登陆点) | 澳门(6411登陆点) |
|---|---|---|---|---|---|---|
| 280° | L1 | 2.07 | 2.20 | 2.17 | 2.19 | 2.30 |
| 290° | L2 | 1.78 | 2.14 | 2.78 | 2.83 | 2.74 |
| 300° | L3 | 1.36 | 1.93 | 2.87 | 3.09 | 2.90 |
| 310° | L4 | 1.01 | 1.70 | 2.97 | 3.30 | 3.26 |
| 320° | L5 | 0.75 | 1.50 | 2.99 | 3.41 | 3.43 |
| 330° | L6 | 0.58 | 1.35 | 3.04 | 3.46 | 3.57 |
| 340° | L7 | 0.48 | 1.27 | 3.09 | 3.52 | 3.64 |
| 350° | L8 | 0.46 | 1.28 | 3.12 | 3.55 | 3.47 |

## 4.5 茅洲河附近海域历史不利风暴潮计算分析

根据相关资料分析，近年来造成茅洲河附近海域最高潮位的前三位台风分别为：1713“天鸽”、0814“黑格比”、9316“贝姬”，本节重点计算分析这三场台风对该海域的影响。

根据已建立的风暴潮模型计算分析 1713“天鸽”、0814“黑格比”、9316“贝姬”对茅洲河口的影响，计算成果统计见表 4.5-1、图 4.5-1 至图 4.5-6。

**表 4.5-1 各台风下茅洲河口潮位和增水统计（珠基）**

| 台风 | 最高潮位（m） | 增水（m） | 对应时刻 |
|---|---|---|---|
| 1713“天鸽” | 2.95 | 2.22 | 2017.8.23 14:00 |
| 0814“黑格比” | 2.49 | 1.85 | 2008.9.24 5:00 |
| 9316“贝姬” | 2.42 | 1.31 | 1993.9.17 13:00 |

由计算结果可知，1713“天鸽”对茅洲河附近海域影响最大，最高潮位达 2.95 m，风暴潮增水 2.22 m；其次为 0814“黑格比”，最高潮位为 2.49 m，风暴潮增水 1.85 m；然后是 9316“贝姬”，最高潮位为 2.42 m，风暴潮增水1.31 m。

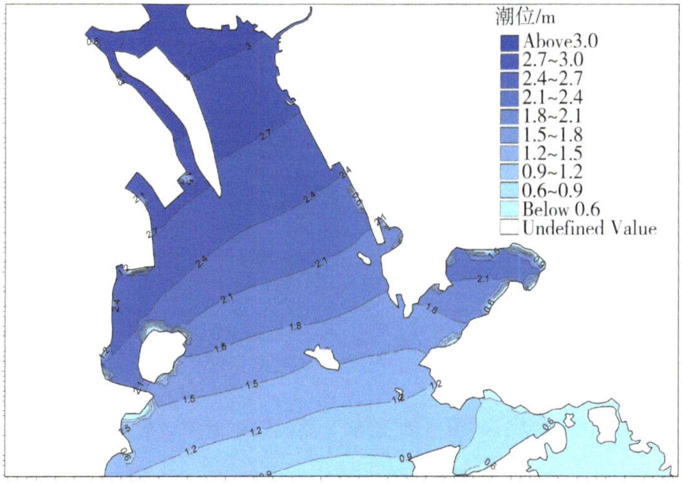


**图 4.5-1 1713“天鸽”影响下茅洲河附近海域高潮位分布**

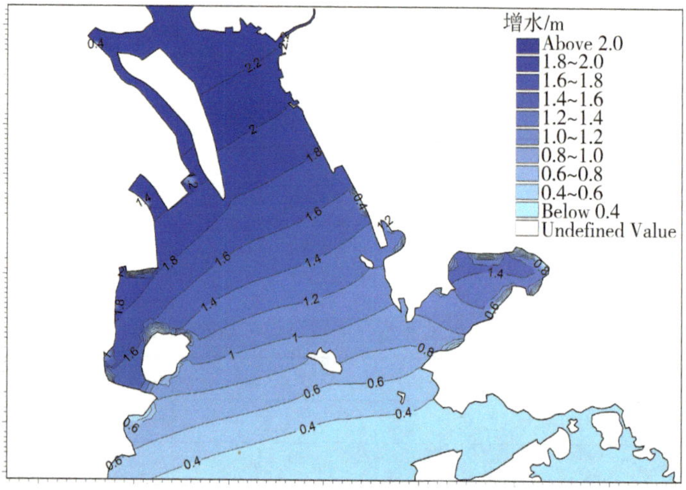


图 4.5-2　1713“天鸽”影响下茅洲河附近海域最大增水分布

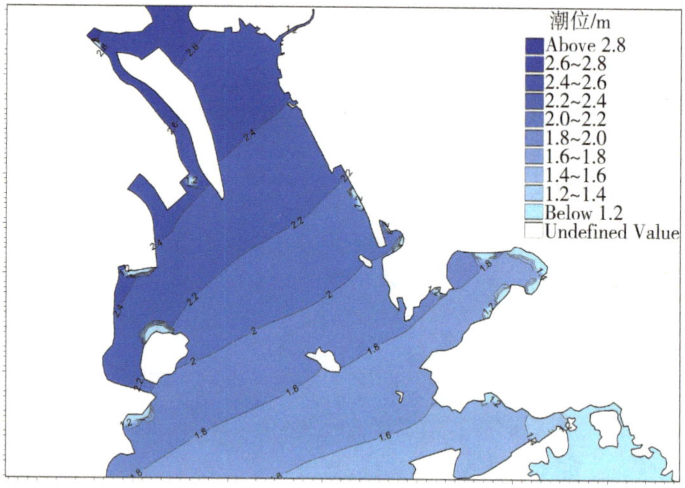


图 4.5-3　0814“黑格比”影响下茅洲河附近海域高潮位分布

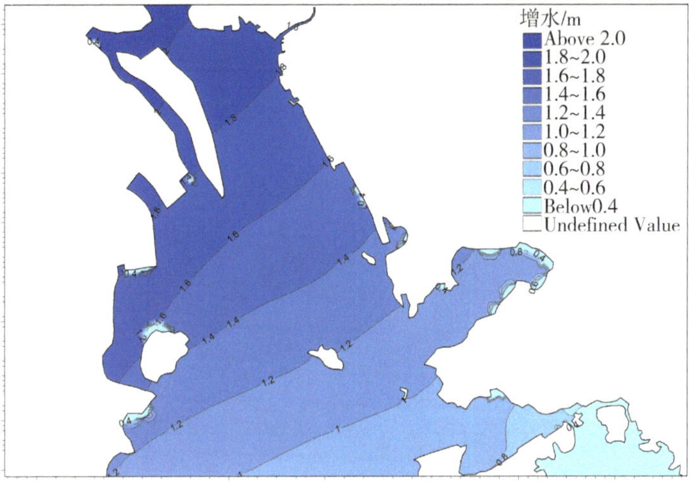


图 4.5-4 0814“黑格比”影响下茅洲河附近海域最大增水分布

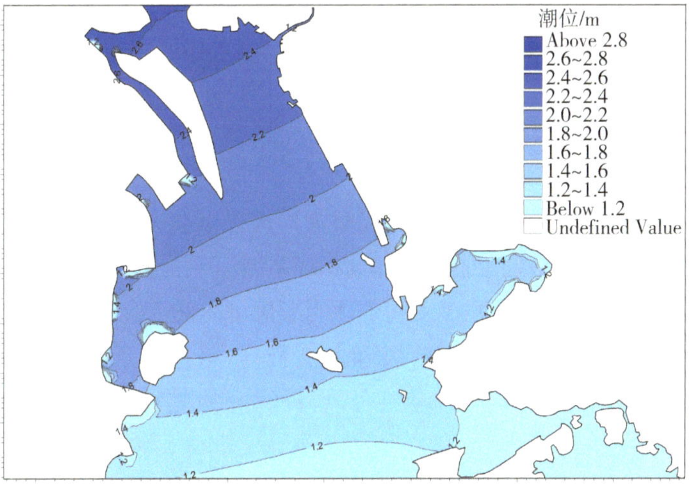


图 4.5-5 9316“贝姬”影响下茅洲河附近海域高潮位分布

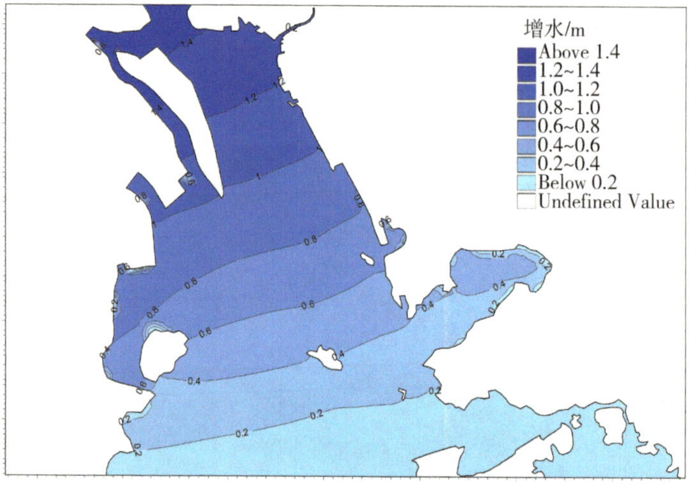


**图 4.5-6　9316"贝姬"影响下茅洲河附近海域最大增水分布**

## 4.6　可能最大台风暴潮构建与计算

### 4.6.1　构建方法

每场台风的特性，如强度、最大风速、大风半径、移动速度、路径，以及遭遇的天文潮等都千差万别，属随机事件。

在沿海重大工程项目建设时，应充分考虑风暴潮袭击的频繁程度和可能最大台风增水。深圳市是国家区域中心城市，茅洲河作为深圳第一大河流，为保障地区经济安全高效发展，防潮工程中适当考虑可能最大台风增水是必要的。

根据茅洲河附近海域历史台风和水文资料，采用统计法和移植法，构建出对茅洲河口防洪潮最不利的假想台风，计算分析其可能出现的最大增水，可供设计参考。

统计法根据在特定海岸地区发生最大持续风速所选择的气象参数值的组合，以这些气象参数值构造可能最大台风。可能最大台风的主要参数包括：台风中心气压、最大风速半径、台风移动速度以及台风登陆时与海岸的交角。这些参数和台风可能移动的路径不是虚构的，而是依据统计方法计算后得到的，是可能发生的各种不利情况的组合。该方法主要参考尹庆江等在《镇海可能最大台风增水的计算》中提出的方法[44]。

移植法根据影响南海的历史大台风信息，从时间和空间上进行移植和组合，选择最危险路径、最危险台风强度，通过多组次模拟计算，获得可能最大台风。

南沙站是长期观测站，具有完备的观测资料，且位置与茅洲河口相近，潮汐特征相似。该站多年增水特征，反映出茅洲河口所在的伶仃洋湾顶水域风暴潮增水的基本规律，对本研究具有参考价值。南沙站历史最高潮位 3.11 m 由 1713 台风在大潮期间产生，第二高潮位由 9316 台风在大潮期间产生，但第三高潮位由 0814 台风在小潮期间产生。从工程设计安全角度出发，首先考虑台风遭遇大潮。纵观南沙站 50 余年的观测资料，南沙站发生台风暴潮时遭遇大潮有 25 次，占所统计风暴增水的台风总数的 40%左右。但其中仅 10 次大潮的风暴潮实测潮位超过 2 m，并形成当年极值高潮位。把 10 次台风列于表 4.6-1，在台风遭遇大潮的组合中，尤以 1713、9316 和 8309 三个台风突出，它们分别导致南沙站出现前三位的极值高潮位与极值增水。另外，8908 台风影响下虽然南沙增水不大，但高潮位还是比较高，该台风值得关注。以 1713、9316、8309 和 8908 等历史台风为参考，构建假想台风路径，有实际依据和可操作性。1713、9316、8309 和 8908 台风路径如图 4.6-1 所示。

**表 4.6-1 南沙站 10 次台风遭遇大潮情况下所形成年极值潮位**

| 序号 | 台风编号 | 大潮遭遇台风日期 | | 实测 | | 推算 | | 最大增水(m) |
|---|---|---|---|---|---|---|---|---|
| | | | | 高潮时 | 高潮位(m) | 潮时 | 潮位(m) | |
| 1 | 1713 | 2017.8.23 | 初二 | 14:00 | 3.85 | 13:00 | 0.94 | 2.17 |
| 2 | 9316 | 1993.09.17 | 初二 | 12:00 | 3.42 | 12:06 | 1.18 | 1.51 |
| 3 | 8309 | 1983.09.09 | 初三 | 12:00 | 3.35 | 12:33 | 1.31 | 1.3 |
| 4 | 8908 | 1989.07.18 | 十六 | 10:00 | 3.07 | 10:17 | 1.39 | 0.94 |
| 5 | 6402 | 1964.05.28 | 十七 | 11:20 | 3.04 | 11:53 | 1.29 | 1.01 |
| 6 | 7411 | 1974.07.22 | 初四 | 11:40 | 3.01 | 12:36 | 1.42 | 0.85 |
| 7 | 6508 | 1965.07.15 | 十七 | 11:30 | 2.93 | 11:44 | 1.39 | 0.8 |
| 8 | 104 | 2001.07.06 | 十六 | 11:45 | 2.88 | 11:05 | 1.38 | 0.76 |
| 9 | 6903 | 1969.07.29 | 十六 | 11:00 | 2.79 | 10:34 | 1.62 | 0.43 |
| 10 | 6307 | 1963.07.22 | 初二 | 11:37 | 2.74 | 11:30 | 1.43 | 0.57 |

就台风的特性本身而言，发生于南海、袭击和影响广东沿岸的台风，有两个台风最具标志性特征，即 6903 和 0814，其路径如图 4.6-2 所示。6903 台风是中华人民共和国成立以来广东沿海出现的最强台风，最低中心气压 896

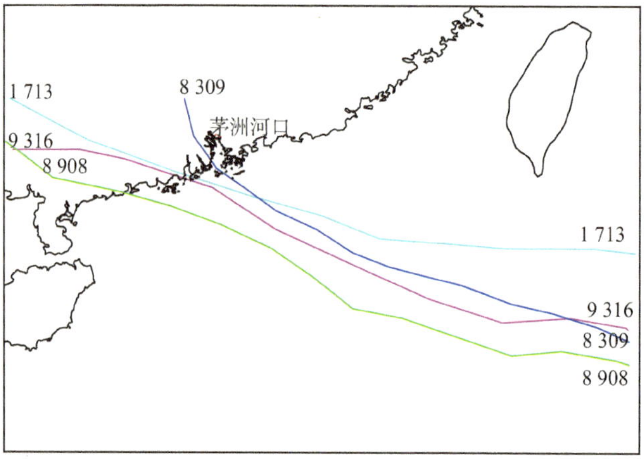


**图 4.6-1　台风 1713、9316、8309 和 8908 路径示意图**

hPa，在粤东惠来登陆时，中心气压低至 935 hPa，属几十年最低值，其影响和成灾相当于东海的 5612 台风（登陆时 928 hPa）；0814 台风的最大特征在于海上长期维持最低气压（935～940 hPa）约达 36 小时，在茂名登陆时才升至 940 hPa，虽遇小潮，却导致珠江口和粤西多个站点创历史最高潮位。

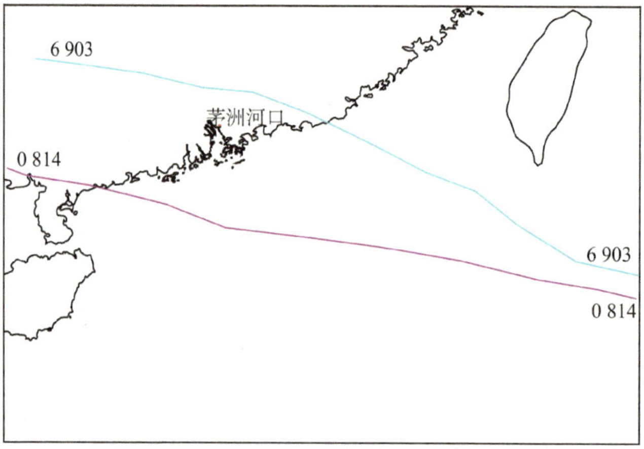


**图 4.6-2　台风 6903 和 0814 路径示意图**

## 4.6.2　假想台风组合及其增水计算

将上述两个最具特征的台风 6903、0814 与四条路径 1713、9316、8309 和 8908 适当组合移植，给出 6 个假想台风导致茅洲河口增水的结果，列于表

4.6-2。

**表 4.6-2 假想台风组合下茅洲河口增水计算结果**

| 方案 | 台风编号 | 台风或风暴潮特征 | 增水(m) | 登陆地点 | 登陆气压 | 最低气压 |
|---|---|---|---|---|---|---|
| | | | | | (hPa) | |
| 1 | 6903 | 60 年来南海广东最强台风 | 0.36 | 粤东惠来 | 935 | 896 |
| | 9316 | 台风遭遇大潮 | 1.31 | 粤西台山 | 975 | 975 |
| | 6903 | 6903 沿 9316 路径行进 | 3.25 | | | |
| 2 | 8309 | 正面袭击珠江口,遭遇大潮 | 1.21 | 珠海 | 963 | 928 |
| | 6903 | 6903 沿 8309 路径行进 | 2.53 | | | |
| 3 | 8908 | 台风遭遇大潮 | 0.86 | 粤西阳江 | 970 | 920 |
| | 6903 | 6903 沿 8908 路径行进 | 3.03 | | | |
| 4 | 1713 | 导致珠江口最高水位 | 2.02 | 珠海 | 950 | 940 |
| | 6903 | 6903 沿 1713 路径行进 | 3.49 | | | |
| 5 | 0814 | 36 小时海上中心低压 935 hPa | 1.85 | 粤西茂名 | 940 | 935 |
| | 0814 | 0814 沿 9316 路径行进 | 2.89 | | | |
| 6 | 0814 | 0814 沿 1713 行进 | 3.12 | | | |

注:表中下划线数值为实测增水

可以看出,6903 台风假如沿 9316 和 8908 路径行进,由此假想 6903 台风导致茅洲河口的增水为 3.25 m 和 3.03 m,都比较大。一方面 6903 台风本身最强,另一方面其行进的路径 9316 和 8908 都有利于茅洲河口增水,尤以路径 9316 为甚。不过因遭遇的天文潮稍有区别,茅洲河口高潮位也有不同。当 6903 沿 1713 路径行进时,由于登陆点更接近珠江口,茅洲河增水是几个假想台风中最大的,增水将达创纪录的 3.49 m。

假设在海上长时间维持最低气压 935～940 hPa 近 36 小时的 0814 台风沿 9316 和 1713 路径行进,与 0814 比较,9316 路径的登陆点在台山,相对接近珠江口,茅洲河口的增水为 2.89 m,也比 0814 实际增水 1.85 m 大。当按 1713 台风路径行进时,茅洲河口增水达 3.12 m。

图 4.6-3 为假想 6903 台风沿 1713 路径行进时(表 4.6-2 中方案 4)的增水过程线。图 4.6-4 和图 4.6-5 分别为假想 6903 台风沿 1713 路径行进登陆 3 小时后广东近岸水域和珠江口内增水分布图,图中红点为台风中心位置。

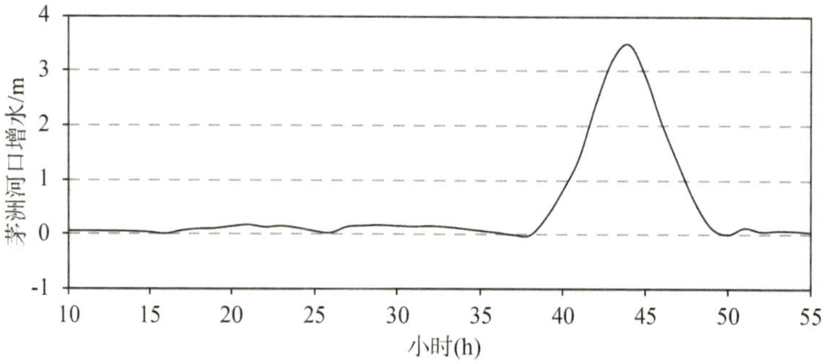


图 4.6-3　假想台风 6903 沿 1713 路径行进增水过程线

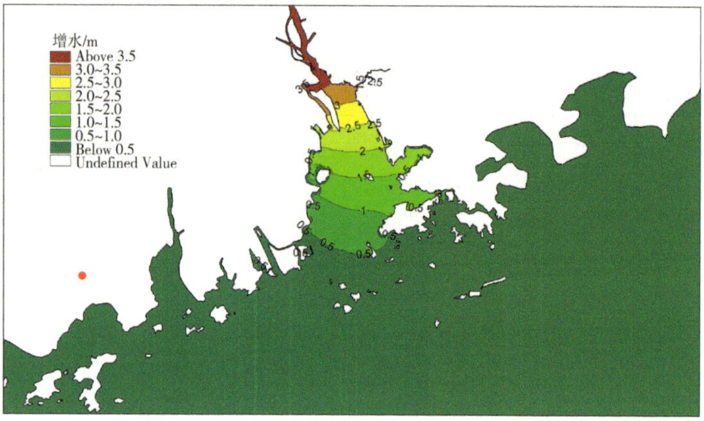


图 4.6-4　假想台风 6903 沿 1713 路径行进增水分布图(广东近岸水域)

## 4.7　茅洲河口极值潮位分析

设计水位计算主要依据现行的《水利工程水利计算规范》(SL 104—2015)与《港口与航道水文规范》(JTS 145—2015)的规定。

根据《水利工程水利计算规范》，对于感潮河段，越往下游，洪水径流的影响越小，而天文潮与风暴潮的影响越大，河口段潮位基本上取决于天文潮与风暴潮，洪水与潮水的组合十分复杂，设计水位还难以完全从理论上分析确定，目前通常的做法如下。

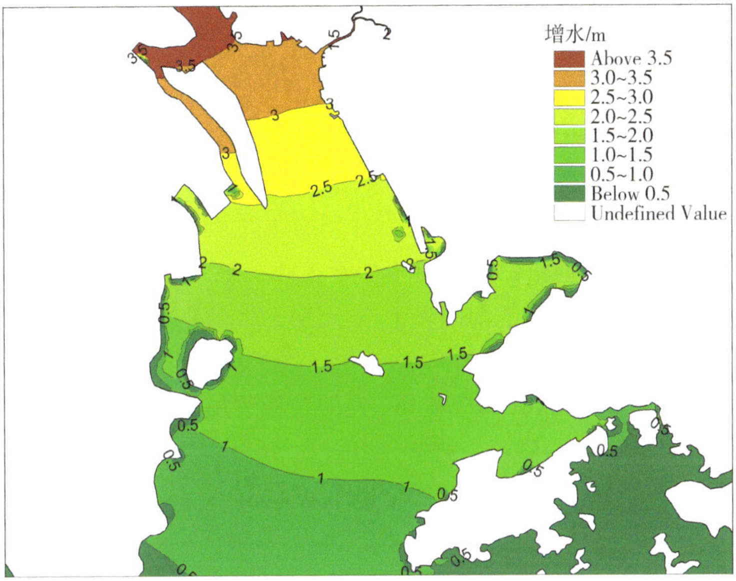


**图 4.6-5　假想台风 6903 沿 1713 路径行进增水分布图(珠江口内)**

(1) 当工程区域有长系列的实测潮位资料和调查潮位资料时,由于潮位资料已包含洪水、天文大潮、风暴潮等多种因素的作用,可以采用频率分析方法计算确定设计潮位。

(2) 当工程区域缺乏长系列的实测潮位资料和调查潮位资料时,需利用区域洪水、天文潮、风暴潮的资料分析三种因素的遭遇规律,特别是分析稀遇高潮位的原因,将天文大潮、风暴潮和洪水按照较不利组合进行分析计算。采用此种方法计算的设计潮位需要进行合理性分析,经综合论证后合理选定。

由于茅洲河口地处珠江河口伶仃洋海域,附近有诸多水文站点,如舢舨洲站有较长序列的潮位资料,因此,可以采用频率分析方法,推求设计潮位。

频率分析方法也是珠江河口区设计水位推求的通用方法。1995 年 5 月广东省水利电力厅颁布的《广东省年最高潮位频率计算成果》、1999 年 5 月水利部珠江水利委员会完成的《珠江流域主要水文站设计洪水、设计潮位及水位-流量关系复核报告》(以下简称《1999 年复核报告》)、2009 年珠江委完成的《珠江流域综合规划修编水文成果复核报告》(以下简称《2009 年复核报告》)等,均采用这一方法,计算得到珠江三角洲范围内多个实测站点的设计潮位。

《港口与航道水文规范》对频率分析的具体方法有如下规定。

(1) 海岸港和位于感潮河段常年潮流段的河口港，极端水位宜采用极值Ⅰ型分布计算确定；也可根据与实测资料拟合最佳的原则，选配皮尔逊Ⅲ型曲线进行计算。本次分析中，沿用上述珠江河口区设计水位最常用的频率分布曲线，选择皮尔逊Ⅲ型分布曲线作为理论曲线的线型。具体分析方法参见规范附录 C。

(2) 对于潮位实测资料年限不足 20 年的港口，可按照海港极端水位近似计算方法(附录 H)进行计算，即有不少于连续 5 年的最高潮位的港口，极端高水位可用极值同步差比法与附近不少于连续 20 年的港口或验潮站进行同步分析，计算相当重现期的极值高潮位。

对于茅洲河口而言，其邻近 4 km 处的长期观测站——舢舨洲站有超过 20 年的连续年最高潮位资料。故首先根据规范方法，计算舢舨洲站的设计水位；再利用同步差比法推求茅洲河口的设计水位。

### 4.7.1 参照站设计水位分析

搜集到舢舨洲站 1956—2017 年共 62 年连续水位年极值资料，年最高水位见图 4.7-1。期间，舢舨洲站水位最大值为 3.23 m(1713 台风)；1993 年 9316 台风位列第二，水位值为 2.71 m；8309 台风水位值 2.65 m 位列第三，0814 台风水位值 2.58 m 位列第四。

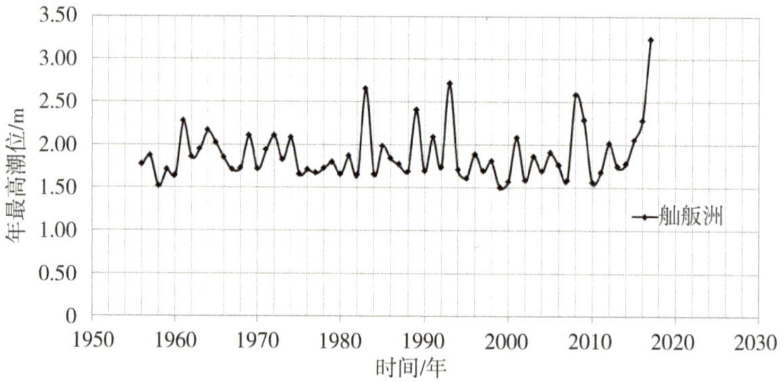


**图 4.7-1 舢舨洲站水位 1956—2017 年极大值统计图**

从舢舨洲站水位 1956—2017 年极大值统计图可以看出，1956—1980 年，舢舨洲站水位未高于 2.5 m，1980—2017 年，舢舨洲 2.5 m 以上的高水位出现了 4 次。59 年系列平均最高水位为 1.88 m，1956—1979 年平均最高水位为1.83 m,1980—2014 年平均最高水位为 1.86 m,后 35 年系列集中了较多的高水位,这与 20 世纪 90 年代以来全球风暴潮灾害频率和强度提升的背景一致。

珠江三角洲河口区受风暴潮影响较大,河口站会出现暴潮水位,需要确定河口站历史最高潮位的重现期。根据水规总院审查通过的《1999 年复核报告》,口门站南沙、万顷沙西、横门、三灶、黄金、灯笼山等站的重现期定为 100 年,其依据是 1998 年《西、北江三角洲 39 个潮位站设计水位计算分析报告》的分析结果,即广州浮标厂(二)9316 台风所引起的异常增水是该站自 1908 年建站以来的除 1915 年外的最高水位。根据广州浮标厂(二)的资料系列,认定 1993 年的最高潮位是 20 世纪以来排第一位潮位,重现期定为 100 年。2009 年《珠江三角洲主要测站设计潮位复核报告》,在 1998 年分析报告的基础上,对系列数据进行延长,认定 2008 年 0814 台风期间在珠江河口区黄埔、灯笼山、黄冲、横山、西炮台、白蕉、黄金、三灶、横门、万顷沙西、三沙口、大盛和泗盛围等 13 站普遍出现实测系列以来第一潮位,作特大值处理,重现期为 110 年。

本次对珠江河口历史台风暴潮引起的最高潮位的重现期进行了考证,认为上文所提报告对河口站重现期的考证是合理的,主要原因如下。

(1) 广州浮标厂(二)的年最高潮位系列基本能代表整个珠江河口受台风暴潮影响的趋势。从图 4.7-2 中可以看出,广州浮标厂(二)自 1974 年以来,8 次遭遇导致实测系列最高潮位的台风暴潮;同时广州浮标厂(二)也受洪水影响,1915 年洪水、“94 · 6”洪水、“98 · 6”洪水和“05 · 6”洪水导致该站发生实测系列最高洪水位。1915 年洪水导致的最高水位较其他实测洪潮水位大很多,但该水位是由肇庆景福围决堤导致西江洪水入侵北江,致使广州地区洪水泛滥而形成的。综合上述分析,剔除因洪水引起的最高水位数据,从广州浮标厂(二)1908 年建站以来的年最高潮位系列可看出,受台风影响的年高潮位发展的趋势为逐步升高,19 世纪 50 年代以前,该站未因台风形成特大风暴潮位,因此可推断其他河口站 20 世纪初到各站建站以来,应未形成因台风造成的特大风暴潮位。

(2) 根据《珠江流域防汛资料汇编》(1984 年)和《广东省洪水调查资料附录(广州市附近及珠江口门一带水位调查资料)》(1991 年)对珠江河口磨刀门水道河段、鸡啼门水道河段、崖门水道河段和虎跳门水道河段等历史台风暴潮水位调查成果,珠江河口历史台风暴潮调查期均在 20 世纪以后,调查历史最高潮位均较实测系列最高潮位要低,因此考证期可以认定是 20 世纪以来。

(3) 根据《珠江志》、《广东省水旱风灾害》和《广东省自然灾害史料》等资料，广东省历史风暴潮灾害有记载的时间始于公元798年，珠江河口历史重大台风暴潮灾害主要集中发生在19世纪中后期的1848年、1862年、1874年(广州地区)。从历史文献记载来看，仅1862年珠江口一次风暴潮灾害死亡人数8万余人，但由于中华人民共和国成立以来的海堤建设、台风灾害的预报预警和防灾措施大幅降低了人员的伤亡数量，仅靠文字描述及灾害对比也难以对历史台风暴潮与实测系列的0814台风最大风暴潮的潮位大小进行排序，因此对重现期考证难以延长。

(4) 珠江三角洲人类活动频繁，根据珠江三角洲历史演进资料，珠江河口站多形成于清代初至19世纪末，特别是万顷沙和灯笼沙才形成100多年，因此在现代珠江河口都未形成的情况下不宜延长调查期。

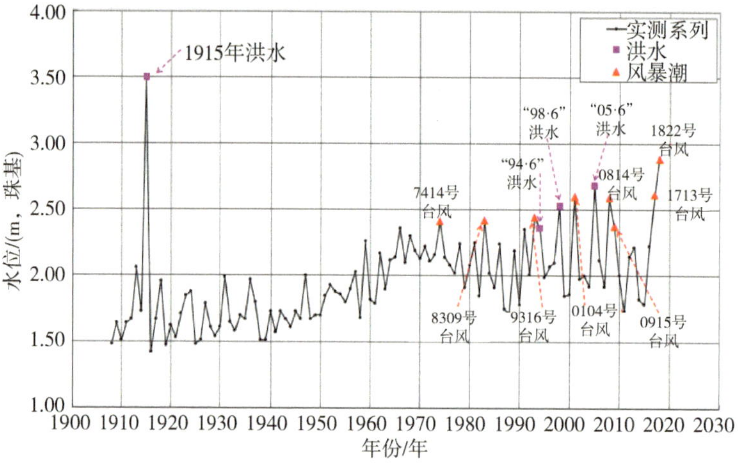


**图4.7-2 广州浮标厂(二)实测历年最高洪潮水位分析图**

(5) 2000年后，相继发生了0104台风"尤特"、0307台风"伊布都"和0814台风"黑格比"等风暴潮，在珠江河口区造成部分站的暴潮水位一而再地超过实测历史最高潮位。本次珠江河口历史暴潮位特大值处理方法在考虑《1999年复核报告》分析成果的基础上，考虑了1999年后发生的风暴潮的影响。

由于0814台风期间在珠江河口区黄埔、灯笼山、黄冲、横山、西炮台、白蕉、黄金、三灶、横门、万顷沙西、三沙口、大盛和泗盛围等13站普遍出现实测系列以来第一潮位，作特大值处理，重现期为110年；此外由于灯笼山、横门、万顷沙西三站9316台风期间出现实测系列第二的最高潮位，且与2008年第一潮位较为接近，相差不超过 0.2 m，也作为特大值处理。对于南沙站，由于9316 台风期间出现实测系列第一的潮位，0814 台风期间出现实测系列第二潮位，两者相差 0.01 m，因此将该站第一、第二位最高潮位均作特大值处理。对于其他台风产生的最高潮位，由于大幅低于 0814 台风的最高潮位，且实测系列大部分超过 50 年，因此不作特大值处理。其他位于三角洲上部的潮位站受风暴潮影响较小，均不作特大值处理。

综合以上分析，在《1999 年复核报告》重现期 100 年的基础上，本次复核延长了 1999—2008 年共 10 年数据，即 0814 台风最高潮位是自 20 世纪以来排行第一的最高潮位，重现期定位为 110 年。

2008 年后，2009—2016 年，珠江河口区年极值潮位未出现高于 2008 年的高潮位。2017 年"天鸽"台风在珠江河口区造成部分站的风暴潮水位超过实测历史最高潮位。本次珠江河口历史风暴潮位特大值处理方法在考虑《2009 年复核报告》分析成果的基础上，考虑 2010 年后发生的风暴潮的影响。

台风"天鸽"期间，风暴潮刚好与天文大潮和高潮"碰头"。2017 年 8 月 23 日，珠江河口区多个站点，包括赤湾、南沙、泗盛围、大虎、黄埔、横门、三灶等站均出现了超历史最高、超百年一遇高潮位。尤其是在茅洲河口周边，大虎、南沙、赤湾、舢舨洲四个潮位站，分别超过 0814 台风期间测得的历史最高潮位 0.26 m、0.58 m、0.41 m、0.63 m，有明显增幅。因此，对于舢舨洲站，将 1713"天鸽"台风期间的最高潮位作特大值处理，重现期为 119 年，其余年份最高潮位值均不作特大值处理。

综合以上分析，在《2009 年复核报告》重现期 110 年的基础上，本次复核延长了 2009—2017 年共 9 年数据，即 1713"天鸽"台风最高潮位是自 20 世纪以来排行第一的最高潮位，重现期定位为 119 年。

采用 P-Ⅲ型频率曲线拟合方法，取均值=1.88，$C_v$=0.17，$C_s/C_v$=10，得到舢舨洲站不同重现期的极值水位如表 4.7-1 所示。

**表 4.7-1　舢舨洲不同频率设计水位**

| 重现期(a) | 1 000 | 500 | 200 | 100 | 50 | 20 | 10 |
|---|---|---|---|---|---|---|---|
| 水位(珠基,m) | 3.64 | 3.44 | 3.18 | 2.98 | 2.78 | 2.51 | 2.30 |
| 水位(85 高程,m) | 4.384 | 4.184 | 3.924 | 3.724 | 3.524 | 3.254 | 3.044 |
| 水位(56 黄海,m) | 4.226 | 4.026 | 3.766 | 3.566 | 3.366 | 3.096 | 2.886 |

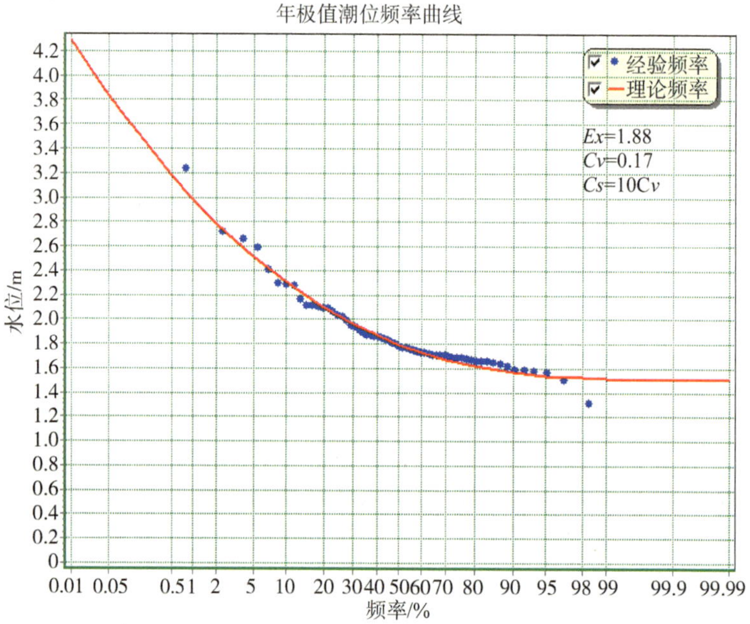


**图 4.7-3 舢舨洲站年最高潮位 P-Ⅲ频率曲线**

## 4.7.2 茅洲河口极值潮位

根据《港口与航道水文规范》，进行差比计算时，两个验潮站之间应符合下列条件：

(1) 地理位置相似；

(2) 潮汐性质相似；

(3) 受河流径流包括汛期径流的影响相似；

(4) 对于河口及近岸测站，还需考虑风暴潮增减水相似。

下面从这四个方面分析对比舢舨洲站与茅洲河口站的特点，论证使用同步差比法的合理性。

舢舨洲水文站与茅洲河口相距约 4 km，位置十分接近。二者均位于伶仃洋湾顶位置，基本处于同一水平位置上。因此，两站地理位置相似。

根据《海港水文规范》潮汐性质可按下式计算标准判别：

$$F=\frac{H_{O_1}+H_{K_1}}{H_{M_2}}$$

当 $F \leqslant 0.5$ 时为正规半日潮；

当 $0.5 < F \leqslant 2.0$ 时为不正规半日混合潮；

当 $2.0 < F \leqslant 4.0$ 时为不正规全日混合潮；

当 $F > 4.0$ 时为正规全日潮。

式中，$H_{O_1}$ 、$H_{K_1}$ 、$H_{M_2}$ 分别为主太阴日分潮、太阴太阳赤纬日分潮、主太阴半日分潮的平均振幅(cm)。

利用茅洲河口 2007 年 8 月实测潮位资料分析，可得该站 $F=1.03$，表明茅洲河口区域为不正规半日混合潮。

同样地，利用实测资料分析，得到南沙站、大虎站、舢舨洲站、赤湾站的潮汐性质参数 $F$ 值分别等于 1.07、1.01、1.02、1.22，表明各站均为不正规半日混合潮，其中舢舨洲、大虎的潮汐特性与茅洲河口十分接近。

从大范围动力分析，茅洲河口和舢舨洲站均位于珠江河口东口门区，属于上游虎门下泄径流及部分蕉门水道主水道(凫洲水道)下泄径流的末端，洪枯季来流量有明显差异。由于地理位置接近，其水动力特征相差不大。茅洲河口站还受茅洲河径流的影响，但与珠江河口径流量相比，其量值非常小。因此，两站的水动力特征符合受径流影响相似的条件。

图 4.7-4 为 2018 年 8 月，台风"天鸽"与"帕卡"影响珠江河口期间，茅洲河口、南沙站、赤湾站实际增水过程。可见，茅洲河口、南沙站的最大增水值基本相当，均大于靠近湾口的赤湾站。这反映了伶仃洋河口增水的一般规律，也证明了两站的风暴潮增水值满足运用同步差比法的条件。

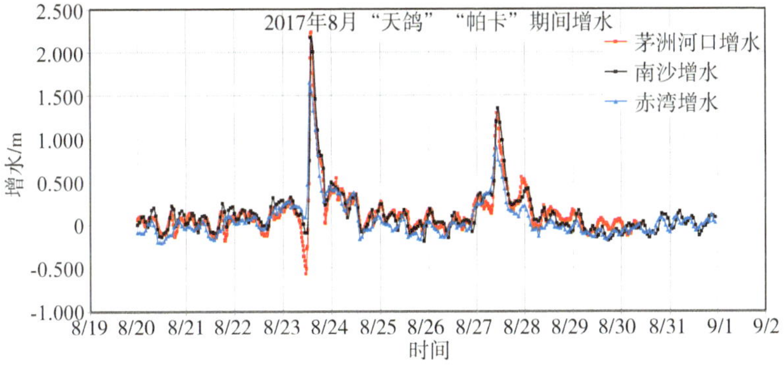


**图 4.7-4 台风"天鸽""帕卡"期间茅洲河口与南沙、赤湾增水过程线比较图**

采用同步差比法时，极端高水位可按下式计算：

$$h_{JY}=A_{NY}+\frac{R_Y}{R_X}(h_{JX}-A_{NX})$$

式中，$h_{JY}$、$h_{JX}$为目标潮位站与现有潮位站的极端高水位(m)；

$A_{NY}$、$A_{NX}$为目标潮位站与现有潮位站的平均海平面(m)；

$R_Y$、$R_X$ 为目标潮位站与现有潮位站的同期各年年最高潮位的平均值与平均海平面的差值(m)。

在计算过程中，首先利用数学模型计算 2013—2017 年每年的最高潮位值，作为目标潮位站的已知极端高潮位(规范要求不少于连续 5 年)，如表 4.7-2 所示。

**表 4.7-2　2012—2017 年极值高潮位**

| 年份 | 2013 | 2014 | 2015 | 2016 | 2017 |
|---|---|---|---|---|---|
| 舢舨洲(m) | 1.74 | 1.77 | 2.05 | 2.28 | 3.23 |
| 茅洲河口(m) | 1.76 | 1.85 | 1.99 | 2.17 | 2.95 |

取两者的平均海平面相等，推算得到茅洲河口潮位站对应频率的设计水位见表 4.7-3。

**表 4.7-3　不同频率设计水位——茅洲河口**

| 重现期(a) | 500 | 200 | 100 | 50 | 20 | 10 |
|---|---|---|---|---|---|---|
| 水位(珠基，m) | 3.34 | 3.08 | 2.89 | 2.70 | 2.43 | 2.23 |
| 水位(85 高程，m) | 4.08 | 3.82 | 3.63 | 3.44 | 3.17 | 2.97 |

# 5

# 台风浪潮作用下岸滩冲淤防护关键技术与应用

华南砂质海岸分布广泛，大多处于侵蚀状态。据统计，约 80%的砂质海岸处于侵蚀状态。岸滩侵蚀除了自然因素外，不恰当的建设也会对天然岸线造成破坏，其引起的岸滩侵蚀问题更为严重，需对台风浪潮作用下岸滩冲淤问题及相关防护技术进行深入研究。极端天气条件下岸滩冲淤防护以海南万宁日月湾为例，开展示范研究。

日月湾地处海南岛东南角，岸线大致走向为 NE-SW 向，属砂质海岸，具有华南海岸发育的基本特征，同时具有其独特性。

## 5.1　日月湾岸滩侵蚀过程调查分析

海南万宁日月湾综合旅游度假区人工岛日岛工程选址于海南省万宁市日月湾中部区域，工程拟采用填海造地的方式，新建日、月岛。日岛工程于 2012 年 10 月开工建设，2013 年 12 月完工。监测结果显示：日岛波影区内施工便道两侧一定范围内淤积，日岛工程西南侧海岸出现侵蚀后退。日岛波影区以及西南侧冲淤情况，与《海南万宁日月湾综合旅游度假区日岛工程岸滩演变分析》研究成果中的冲刷与淤积部位基本一致，但日岛波影区淤积速率较预测结果要快。2013 年 12 月日岛施工便道西侧最大淤积宽度 79 m(图 5.1-1)，相当于报告预测结果中 2 年的淤积宽度(图 5.1-2)，西南侧海岸侵蚀则威胁到后方青皮林保护区的安全。为分析日岛工程对岸滩冲淤的影响，为防侵蚀修复方案比选与优化提供技术支撑，开展日月湾岸滩演变后评估及修复策略分析。

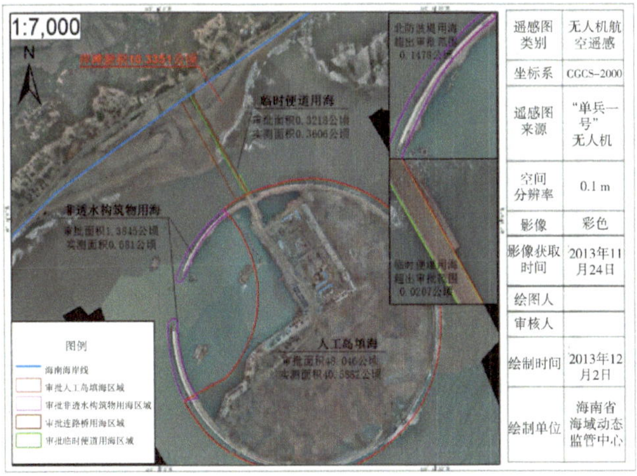


**图 5.1-1　海南万宁日月湾综合旅游度假区日岛工程竣工验收监测结果**

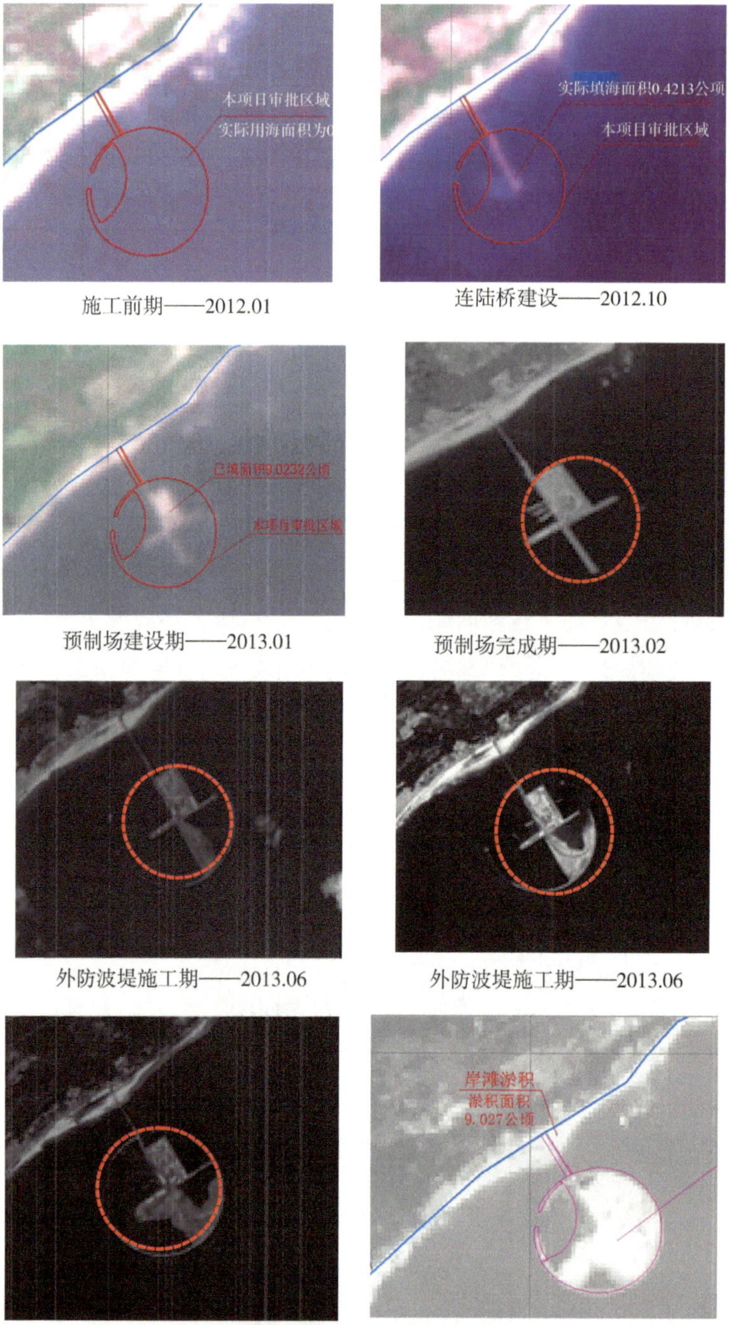


施工前期——2012.01　　连陆桥建设——2012.10

预制场建设期——2013.01　　预制场完成期——2013.02

外防波堤施工期——2013.06　　外防波堤施工期——2013.06

外防波堤形成期——2013.07　　南北防波堤施工期——2013.10

**图 5.1-2　海南万宁日月湾日岛形态演化过程**

## 5.2 台风浪反演分析

为分析施工期内日岛波影区范围及周边海域的泥沙活动特性，评估泥沙来源、岸滩泥沙活动性及输运强度，拟采用波浪潮流泥沙数学模型作为工具进行模拟计算、研究和分析。分析与研究中应用的波浪潮流泥沙数学模型采用曲线坐标系下的正交网格进行计算。

波浪潮流泥沙数学模型由波浪模块、潮流模块及泥沙模块组成，波浪模块采用缓坡方程波浪模型、潮流模块采用平面二维潮流模型、泥沙模块采用集合了悬沙和床沙的总沙模型。模型构建和验证已在第 3 章有详细介绍，本章主要介绍计算成果。

### 5.2.1 台风

华南砂质海岸泥沙运动的主要驱动力是海岸动力，工程段岸滩主要驱动力是波浪动力。近岸波浪动力主要受风场及局部地形格局的影响。为分析日岛施工期岸滩演变过程，必须对施工期海岸动力过程有更为准确的认识，但施工期工程附近海域亦无波浪观测资料。为此，通过收集整理日岛工程施工期台风资料，分析日岛施工期台风出现频次及强度，应用台风浪数值模拟技术模拟台风引起的工程局部海浪过程，对施工期海岸动力，尤其是台风浪强度进行评估，为正确反演日岛施工期岸滩演变过程提供海岸动力要素。

海南省是我国受到热带气旋影响最严重的区域之一。根据 1949—2013 年热带气旋统计资料，影响海南海域的热带气旋，主要集中在每年的 6 月—10 月，其数量占全年总数的 90%以上。从登陆地点来看，在东部沿海（包括文昌、琼海和万宁）登陆的热带气旋最多，占总数的 72%，其次是南部沿海（包括陵水、三亚和乐东），占总数的 26%。

**表 5.2-1 2013 年影响工程海域的热带风暴**

| 编号与名称 | 最大强度 | 登陆 |
|---|---|---|
| 05“贝碧嘉” | 强热带风暴 | 海南 |
| 06“温比亚” | 强热带风暴 | 广东 |

续表

| | | |
|---|---|---|
| 09“飞燕” | 强热带风暴 | 海南 |
| 10“山竹” | 强热带风暴 | — |
| 11“尤特” | 超强台风 | 广东 |
| 19“天兔” | 超强台风 | 广东 |
| 21“蝴蝶” | 强台风 | 越南 |
| 25“百合” | 强台风 | 越南 |
| 29“罗莎” | 强台风 | — |
| 30“海燕” | 超强台风 | 越南 |

气象资料显示，日岛施工期间(2012年10月—2013年12月)，共有11场热带风暴(台风)过程对工程附近海域产生明显影响。这11场台风包括了2012年10月强台风“山神”和2013年10场台风。表5.2-1列出了2013年影响工程区域的10场台风的概况，相应的三亚崖城风速测量见图5.2-1。

从影响海南的热带气旋路径上看，主要有两种：一是转折北上型，该型台风有“山神”、“海燕”；二是西进型，西进型台风较多，包括施工期内“贝碧嘉”、“温比亚”、“飞燕”、“山竹”等四场热带风暴及“尤特”、“天兔”、“蝴蝶”、“百合”四次台风。

为评估2013年日岛工程施工期对日月湾岸滩产生明显影响的台风强度，收集整理了1949年以来台风资料，进行强度分级定性统计(表5.2-2)。

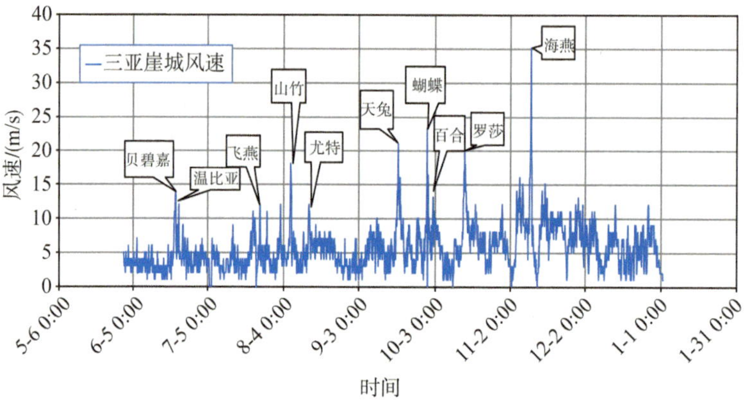


**图5.2-1　2013年台风季三亚崖城实测风速分布图**

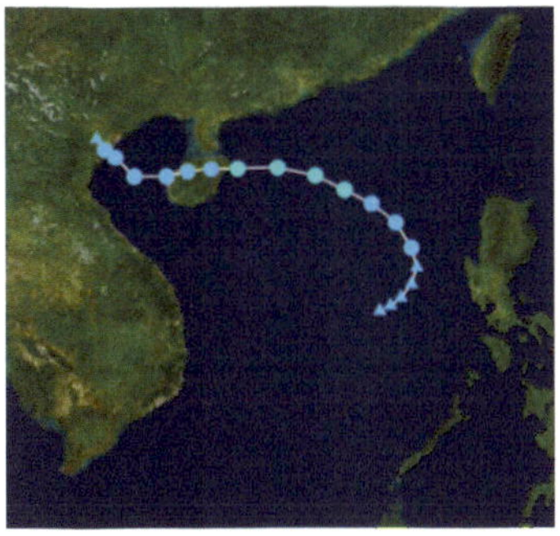

6月19—24日强热带风暴“贝碧嘉”

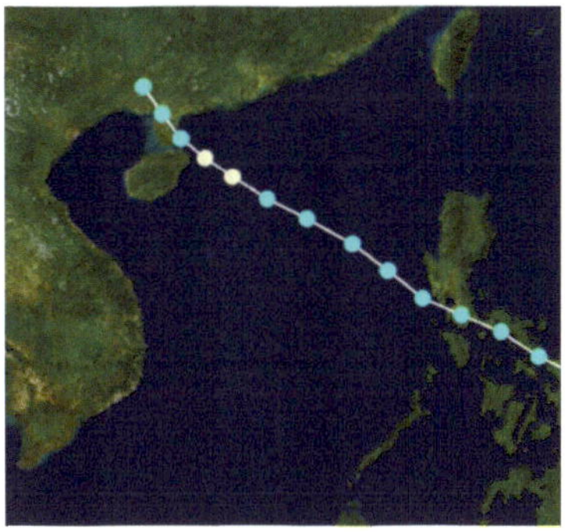

6月26日—7月2日强热带风暴“温比亚”

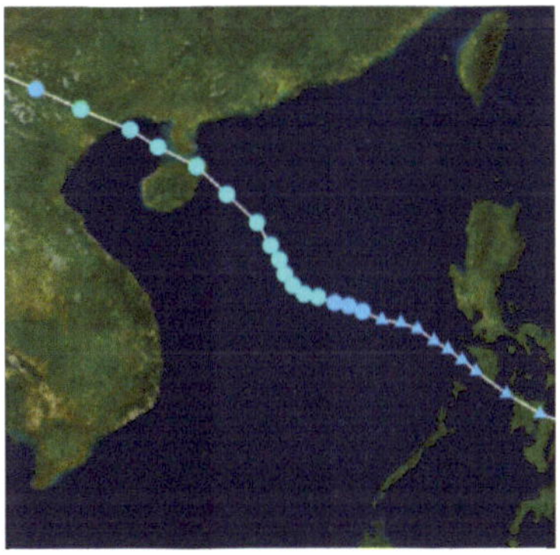

7月26日—8月3日强热带风暴“飞燕”

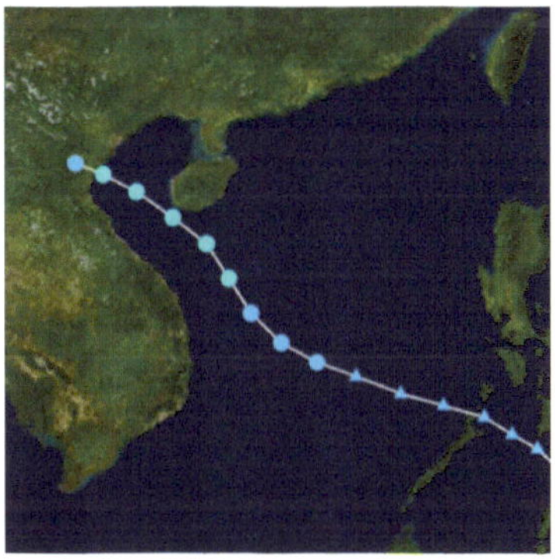

7月31日—8月8日强热带风暴“山竹”

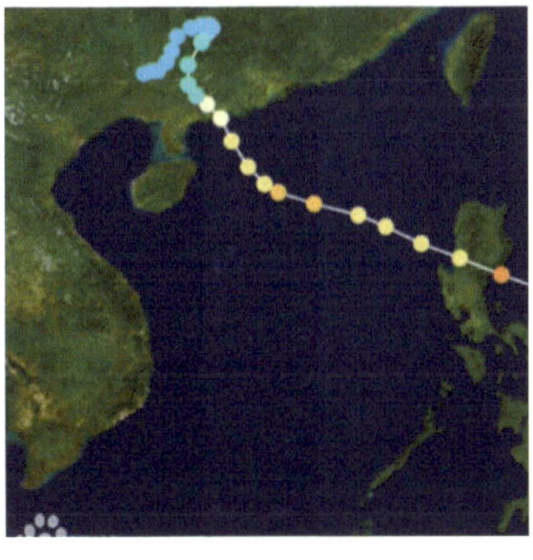

8月8—19日超强台风“尤特”

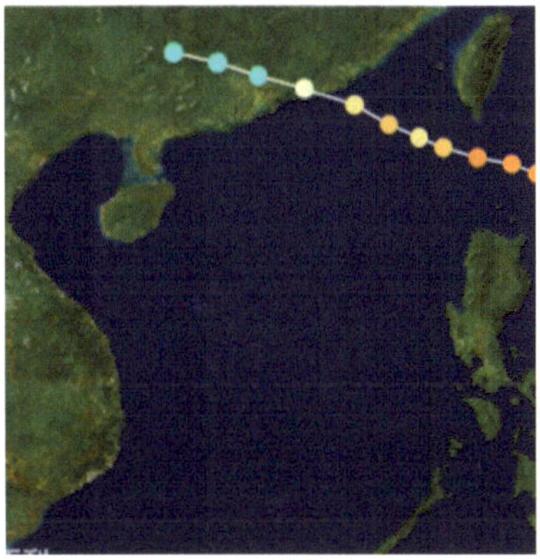

9月15—23日超强台风“天兔”

9月24日—10月1日强台风“蝴蝶”

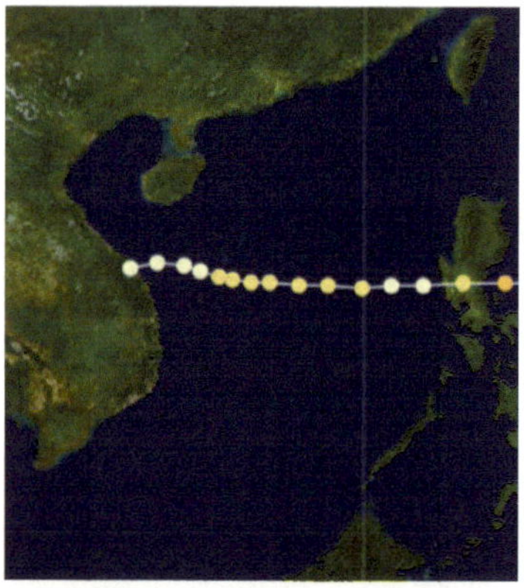

10月7—15日强台风“百合”

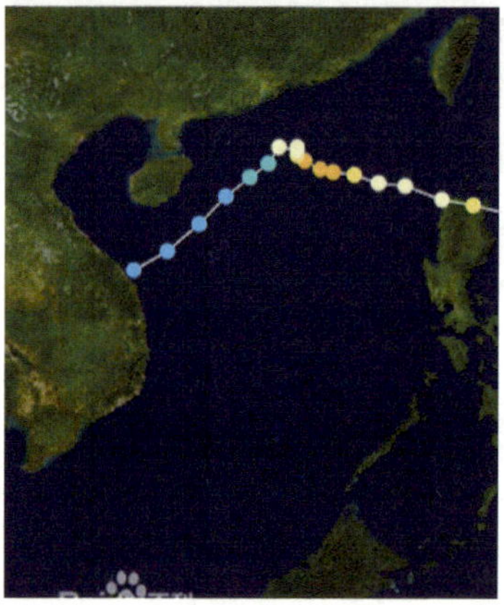

10月25日—11月4日强台风“罗莎”

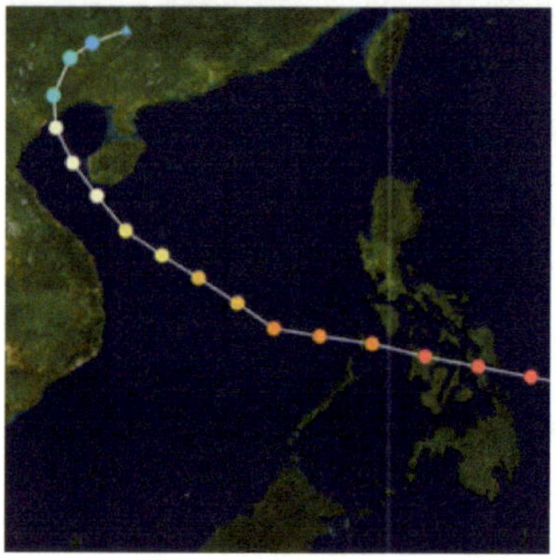

11月2—12日超强台风“海燕”

**图 5.2-2　2013 年对工程附近海域有显著影响的台风路径图**

**表 5.2-2　1949 年以来台风强度**

| 排序 | 台风名 | 登陆气压(估) | 最大阵风(实测,m/s) | 备注 |
| --- | --- | --- | --- | --- |
| 第一档:达到或接近超强台风强度 | | | | |
| 1 | 2013 年“海燕” | 935 hPa | 74.7 | 越南登陆 |
| 2 | 1996 年“莎莉” | 935～940 hPa | >57 | |
| 3 | 1969 年“维奥娜” | 935 hPa | >52.1 | 汕头登陆 |
| 4 | 1954 年“艾黛” | 935～940 hPa | >40 | |
| 5 | 1979 年“荷贝” | 940 hPa | >61(海洋站) | |

续表

| 排序 | 台风名 | 登陆气压(估) | 最大阵风(实测,m/s) | 备注 |
|---|---|---|---|---|
| 第二档:中上等强台风 | | | | |
| 6 | 1964年"露比" | 950 hPa | 74.4(山顶) | |
| 7 | 1962年"温黛" | 950 hPa | 79(山顶) | |
| 8 | 1991年"艾美" | 950 hPa | 52.9 | |
| 9 | 2008年"黑格比" | 955 hPa | 65.1(海上) | |
| 10 | 1993年"艾贝" | 960 hPa | 39 | |
| 11 | 1968年"芸蒂" | 965 hPa | >40 | |
| 第三档:接近或达到强台风强度 | | | | |
| 16 | 2013年"尤特" | 960 hPa | | |
| 17 | 1965年"法妮黛" | 960 hPa | | |
| 18 | 1991年"法雷德" | 960 hPa | | |
| 19 | 1993年"高莲" | 960 hPa | | |
| 20 | 1995年"肯特" | 960 hPa | | |
| 21 | 1980年"乔伊" | 961 hPa | | |

2013年"海燕"台风达到超强度台风级别,其登陆时中心气压仅935 hPa,为1949年以来登陆我国的最低气压。联合台风警报中心亦评定"海燕"的接近中心最高持续风速为每小时315 km(以1分钟平均风速计算)。超强台风"海燕"的中心2013年11月10日上午8点位于海南省三亚市南偏东大约155 km的南海中西部海面上,中心附近最大风力14级(42 m/s)。海南南部和西部部分地区进入"海燕"核心风圈当中,海南岛普遍出现了8级以上的阵风,三亚阵风风力甚至一度达到了16级。从台风强度统计结果来看,台风"海燕"的重现期至少超过64年一遇。另外,2013年"尤特"也达到强台风级别,登陆时中心气压为960 hPa。

### 5.2.2 台风浪反演

应用已验证的台风浪模型,计算得到台风影响期间工程外海水域波浪场分布情况,所选取的台风涵盖所有施工期影响日月湾水域的台风,包括"山神""贝碧嘉""温比亚""飞燕""山竹""尤特""蝴蝶""罗莎""海燕"等9场,所得波浪场分布如图5.2-3所示。

由图可知,台风中心地相对于工程所在日月湾的位置对波浪方向有显著影响：当台风中心位于海南省东南部时，工程附近海域波向以偏 E 向为主，当台风中心上移至海南省东北侧时，工程附近海域波向偏 ENE 向；当台风中心位于海南岛南侧海域时，则工程附近海域波向以偏 SE 向为主。从 9 场台风浪过程来看，“山神”“蝴蝶”“罗莎”“海燕”台风浪对工程附近海域影响较大。

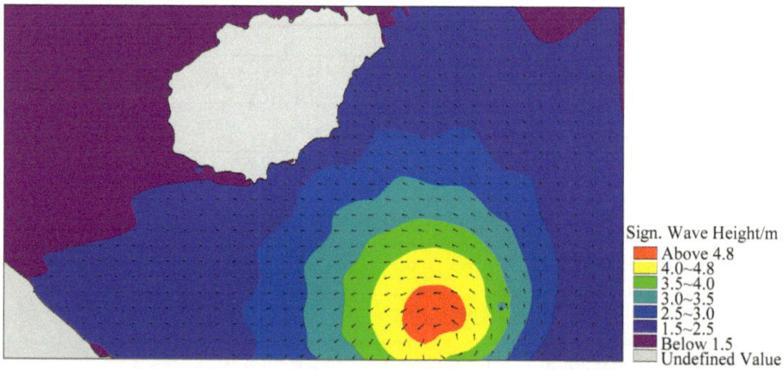


**图 5.2-3a　2012 年 10 月强台风“山神”过境时工程附近海域有效波高分布图**

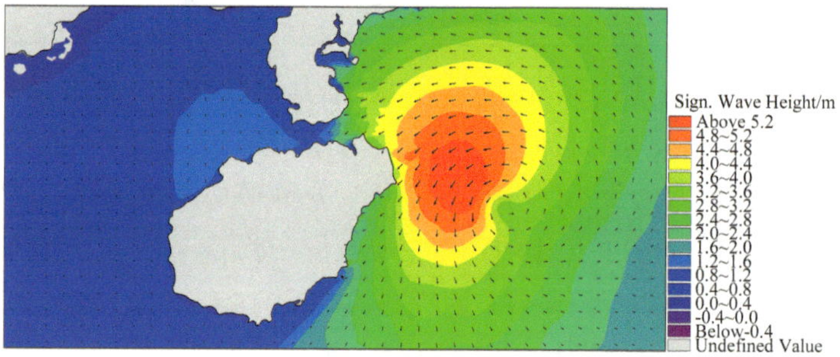


**图 5.2-3b　2013 年 6 月强热带风暴“贝碧嘉”过境时工程附近海域有效波高分布图**

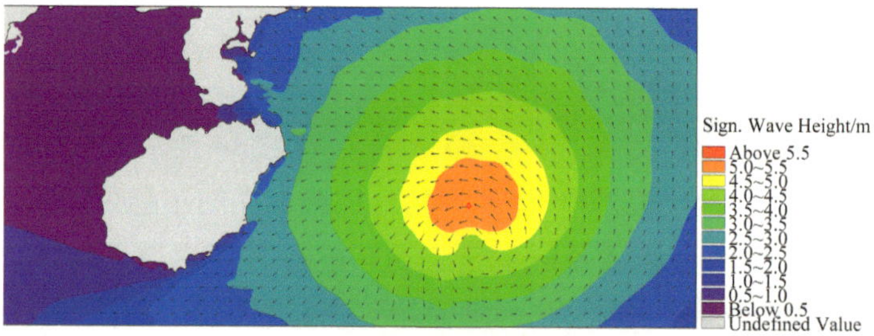


**图 5.2-3c　2013 年 7 月强热带风暴“温比亚”过境时工程附近海域有效波高分布图**

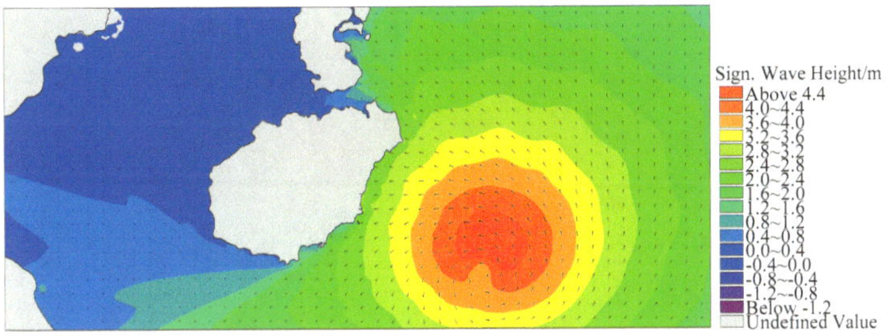


图 5.2-3d　2013 年 8 月强热带风暴“飞燕”过境时工程附近海域有效波高分布图

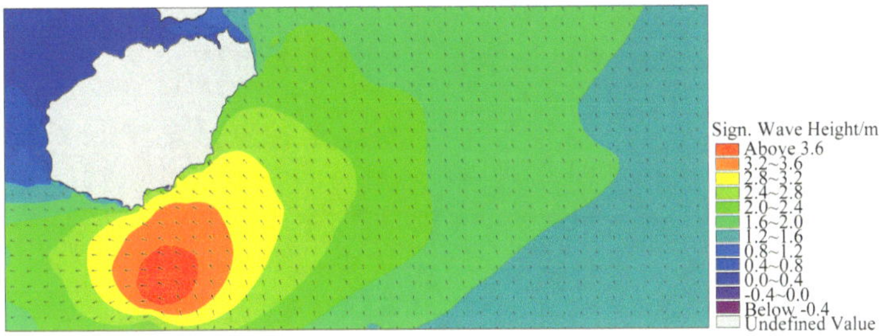


图 5.2-3e　2013 年 8 月强热带风暴“山竹”过境时工程附近海域有效波高分布图

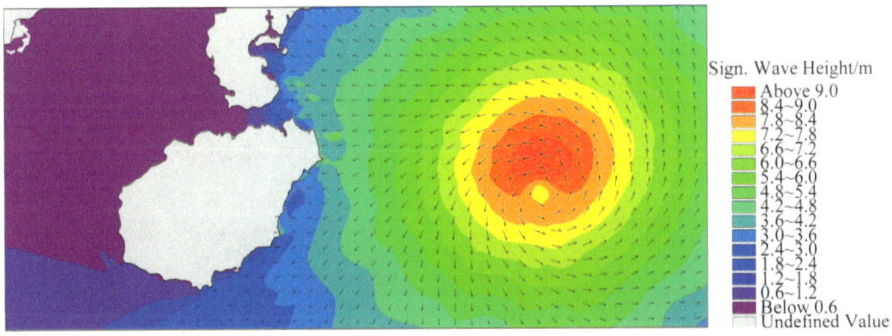


图 5.2-3f　2013 年 8 月超强台风“尤特”过境时工程附近海域有效波高分布图

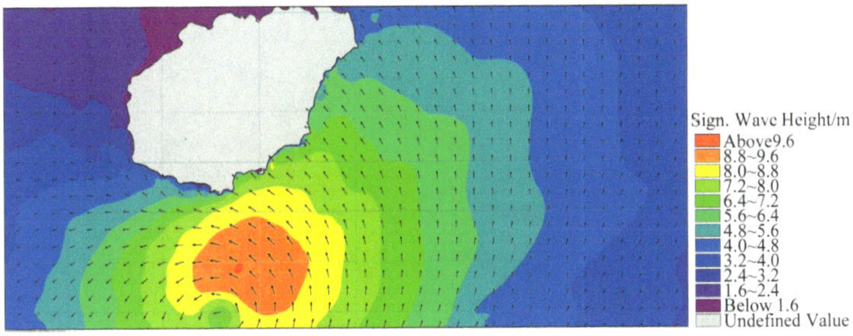


图 5.2-3g　2013 年 9 月强台风“蝴蝶”过境时工程附近海域有效波高分布图

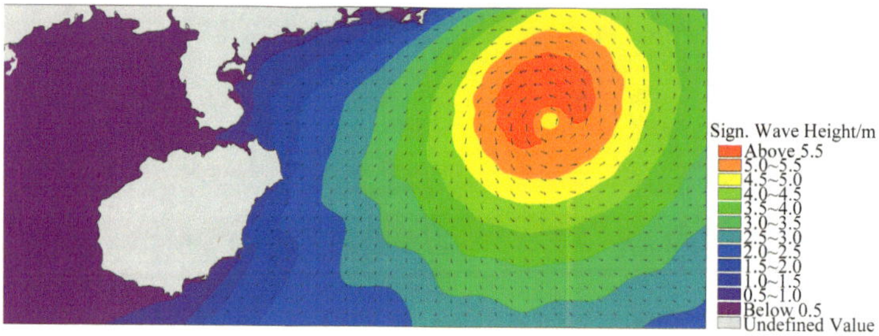


图 5.2-3h 2013 年 10 月强台风“罗莎”过境时工程附近海域有效波高分布图

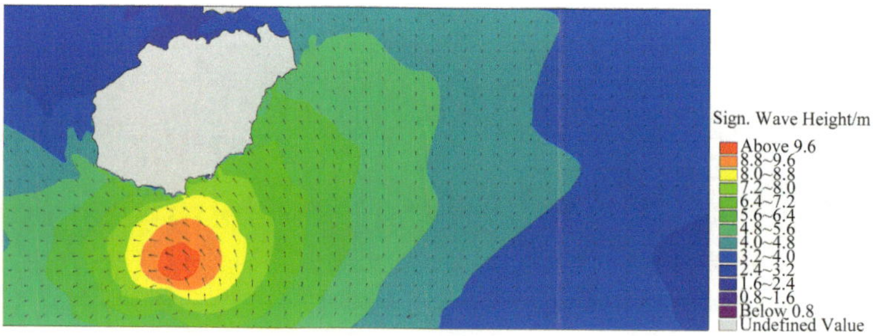


图 5.2-3i 2013 年 11 月超强台风“海燕”过境时工程附近海域有效波高分布图

为进一步定量分析日岛施工期台风过程作用下的波浪动力条件的变化，在工程附近近岸布设了 4 个采样点(图 5.2-4)，除 C1 点水深 20 m 外，其他测点水深大于 30 m，分别提取每场台风过境时采样点最大波高列入表 5.2-3。

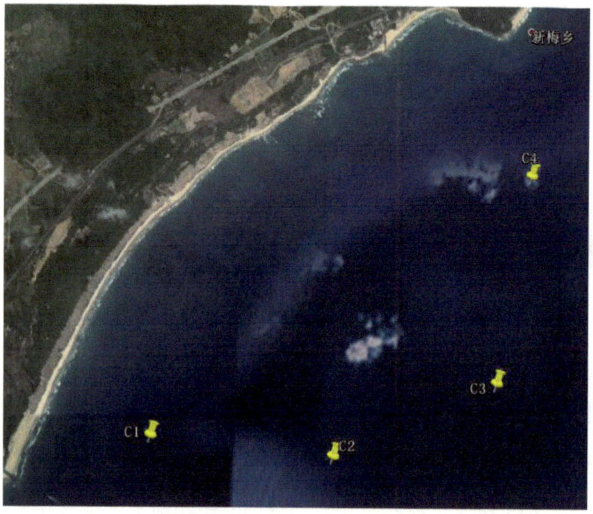


图 5.2-4 工程附近海域波高采样点布置图

表 5.2-3　采样点波浪特征统计表

| 热带风暴过程 | 采样点 | $H_s$(m) | $T$(s) | 台风过程 | 采样点 | $H_s$(m) | $T$(s) |
|---|---|---|---|---|---|---|---|
| “贝碧嘉” | C1 | 1.9 | 5.9 | “山神” | C1 | 3 | 7.4 |
| | C2 | 2.4 | 6.6 | | C2 | 3.4 | 7.9 |
| | C3 | 2.7 | 7.0 | | C3 | 3.6 | 8.1 |
| | C4 | 2.5 | 6.8 | | C4 | 3.4 | 7.9 |
| “温比亚” | C1 | 1.8 | 5.8 | “尤特” | C1 | 2.1 | 6.2 |
| | C2 | 2.3 | 6.5 | | C2 | 2.7 | 7.0 |
| | C3 | 2.7 | 7.0 | | C3 | 3.1 | 7.5 |
| | C4 | 2.4 | 6.6 | | C4 | 2.6 | 6.9 |
| “飞燕” | C1 | 2.3 | 6.5 | “蝴蝶” | C1 | 6.57 | 11.0 |
| | C2 | 2.7 | 7.0 | | C2 | 6.47 | 10.9 |
| | C3 | 2.9 | 7.3 | | C3 | 6.49 | 10.9 |
| | C4 | 3 | 7.4 | | C4 | 6.31 | 10.8 |
| “山竹” | C1 | 3.9 | 5.7 | “罗莎” | C1 | 2.5 | 6.8 |
| | C2 | 3.9 | 5.7 | | C2 | 3.1 | 7.5 |
| | C3 | 3.8 | 5.6 | | C3 | 3.4 | 7.9 |
| | C4 | 3.9 | 5.7 | | C4 | 3.1 | 7.5 |
| | | | | “海燕” | C1 | 7.5 | 11.7 |
| | | | | | C2 | 7.7 | 11.9 |
| | | | | | C3 | 7.8 | 12.0 |
| | | | | | C4 | 7.9 | 12.1 |

日月湾工程附近 A 点波浪重现期见表 5.2-4，结果显示，日月湾内的强浪向为 SE 向，湾内大部分水域 50 年一遇有效浪高 3～6 m，2 年一遇浪高 2.5～4.5 m，具体波高随水位变化略有变化。

对比 2013 年日岛施工期台风过程时波浪要素，“海燕”台风过境时工程附近波浪值最大(7.9 m)，超过偏南向浪 100 年一遇重现期；当“海燕”行进至海南岛西南侧时，工程附近波浪转向为 SW 向，有效波高 4.2 m(表 5.2-5)，超过 SW 向浪 100 年一遇重现期；强台风“蝴蝶”过境时，有效波高达 6.57 m，工程附近波向为 E 向，重现期超过 25 年一遇。

综合 2013 年影响工程附近海域的台风(热带气旋)频次与单次台风引起的波浪强度,日岛工程施工期台风浪强度重现期超过 100 年一遇。

**表 5.2-4　万宁日月湾综合旅游度假区人工岛工程附近各向浪设计波要素**

| 重现期 | 潮位 | SE | | S | | SW | | E | |
|---|---|---|---|---|---|---|---|---|---|
| | | $H_s$(m) | $T$(s) | $H_s$(m) | $T$(s) | $H_s$(m) | $T$(s) | $H_s$(m) | $T$(s) |
| 100 年一遇 | 极端高 | 8.66 | 12 | 7.65 | 11.4 | 4.07 | 10.9 | 7.3 | 11.8 |
| | 设计高 | 8.09 | 11.8 | 7.31 | 11.2 | 4.01 | 10.8 | 7.18 | 11.6 |
| | 设计低 | 7.47 | 11.7 | 6.86 | 11.1 | 3.95 | 10.7 | 6.96 | 11.4 |
| 50 年一遇 | 极端高 | 8.52 | 11.7 | 7.23 | 11.3 | 3.85 | 10.6 | 6.93 | 11.7 |
| | 设计高 | 8.01 | 11.6 | 7.02 | 11 | 3.79 | 10.6 | 6.86 | 11.4 |
| | 设计低 | 7.42 | 11.4 | 6.67 | 10.8 | 3.72 | 10.5 | 6.71 | 11.2 |
| 25 年一遇 | 极端高 | 8.15 | 11.4 | 6.53 | 11 | 3.54 | 10.2 | 6.42 | 11.5 |
| | 设计高 | 7.78 | 11.2 | 6.46 | 10.7 | 3.48 | 10.2 | 6.4 | 11.3 |
| | 设计低 | 7.29 | 11.1 | 6.3 | 10.5 | 3.4 | 10.2 | 6.32 | 11 |
| 10 年一遇 | 极端高 | 7.57 | 11.2 | 5.64 | 10.6 | 3.22 | 9.7 | 5.83 | 11.3 |
| | 设计高 | 7.37 | 10.9 | 5.63 | 10.4 | 3.16 | 9.7 | 5.84 | 11.1 |
| | 设计低 | 7.03 | 10.7 | 5.61 | 10.2 | 3.08 | 9.7 | 5.82 | 10.8 |
| 2 年一遇 | 极端高 | 5.18 | 10.1 | 3.45 | 8.7 | 2.28 | 8.2 | 3.49 | 9.6 |
| | 设计高 | 5.21 | 9.9 | 3.43 | 8.7 | 2.25 | 8.1 | 3.49 | 9.6 |
| | 设计低 | 5.24 | 9.8 | 3.38 | 8.7 | 2.17 | 8 | 3.49 | 9.6 |

**表 5.2-5　台风“海燕”行进至海南西南侧时采样点波要素**

| 采样点 | 有效波高(m) | 周期(s) | 波向(°) |
|---|---|---|---|
| C1 | 4.1 | 10.5 | 193 |
| C2 | 4.2 | 10.4 | 195 |
| C3 | 4.3 | 10.4 | 198 |
| C4 | 4.1 | 10.4 | 197 |

## 5.3 施工期岸线变化过程反演

日月湾岸线变化反演主要考虑日岛施工期年均波浪与台风大浪过程的累积过程，以单场台风过境为界，计算组合共 9 组，见表 5.3-1。

**表 5.3-1 日岛施工期对工程产生明显影响的热带风暴及台风过程**

| 名称 | 强度 | 时间 | 登陆 |
| --- | --- | --- | --- |
| 风暴前常浪 | 常浪 | 2012 年 11 月—2013 年 6 月 | 广西 |
| 05“贝碧嘉” | 强热带风暴 | 2013 年 6 月 21—23 日 | 海南 |
| 06“温比亚” | 强热带风暴 | 7 月 1—3 日 | 广东 |
| 09“飞燕” | 强热带风暴 | 8 月 1—3 日 | 海南 |
| 10“山竹” | 强热带风暴 | 8 月 5—7 日 | — |
| 11“尤特” | 超强台风 | 8 月 12—15 日 | 广东 |
| 21“蝴蝶” | 强台风 | 9 月 30 日 | 越南广平省 |
| 29“罗莎” | 强台风 | 11 月 1—4 日 | 越南中部 |
| 30“海燕” | 超强台风 | 11 月 9—12 日 | 越南 |

### 5.3.1 施工前岸滩变化

2012 年西北太平洋共生成 23 次热带风暴，基本与多年平均频次持平，其中“山神”台风(10 月 26—30 日)是距日岛施工期最近的台风。随后日月湾经历了 163 天的常浪作用，其间日岛连陆桥及预制场施工完成，形成了具有离岸堤效应的工程框架。常浪作用下日岛工程附近岸滩模拟结果显示，在 SE 向常浪作用下，岸滩总体上表现为淤积，显然与日岛工程结构物受波浪折射绕射引起的沿岸输沙变化有关。其中连陆桥附近淤积较为明显，淤积最大宽度达 23.6 m，施工便桥近岸实体引桥对两侧泥沙输运具有明显的阻挡作用，导致工程建设初期岸线快速变化；在工程东北侧及西南侧岸线，则主要是冬季浪作用下的近岸泥沙回淤沉积，形成堆积型岸滩。

### 5.3.2 施工过程中岸滩变化

强热带风暴“贝碧嘉”过境时，其路径自东向西从工程北部海域经过，因“贝碧嘉”路径位于工程海域以北，工程附近风向与风暴行进路径相反，风速相对较小、风时较短。因此，总体上波浪强度不是太大。工程附近海域波向为偏 E 向，最大浪时为 ENE 向。在偏 E 向浪作用下，日岛工程连陆桥东北侧岸滩输沙方向为自东北向西南，连陆桥附近受结构物阻挡的影响，波浪动力减弱，泥沙淤积，最大淤积宽度 44.9 m，位于连陆桥西南侧约 60 m 处，随后淤积宽度向西南侧递减；"贝碧嘉"过境后，新增淤积宽度 21.3 m，因日岛工程北侧外框架尚未完成，主体工程的遮蔽效应尚未完全显现，在连陆桥影响区范围以外，岸滩表现为侵蚀，最大侵蚀宽度 14.4 m，位于连陆桥以西 664 m 处。

强热带风暴"温比亚"过境时，日岛工程外轮廓与"贝碧嘉"过境时基本相同。"温比亚"热带风暴路径为自东南向西北在日岛工程北侧经过，在海南岛东北侧气压最低。工程所在海域外海波浪在"温比亚"影响初期为 E 向浪，工程附近受地形影响，方向略有向 S 偏转；随着热带风暴中心位置北移，工程附近波向逐渐调整为偏 S 向，当"温比亚"热带风暴逐渐消散后，工程所在近海海域波浪转向为 SE 向。台风浪模拟结果显示，工程附近有效波高最大为 2.7 m，与"贝碧嘉"热带风暴过境时波高值非常接近，波向也无明显变化。已完成的日岛南侧外防波堤工程对偏 S 向浪掩护效果显现，连陆桥两侧呈对称淤积态势，最大淤积宽度约 56.4 m 左右，新增淤积宽度为 11.5 m，位于连陆桥附近。相比"贝碧嘉"热带风暴，连陆桥附近淤积速率减慢；岛后淤积量增大的同时，西侧侵蚀量亦有增大，最大侵蚀宽度 23.4 m。侵蚀泥沙除部分在岛后淤积外，在 SE 向浪正向入射作用下，离岸输沙也是岸滩侵蚀的部分原因，最大侵蚀宽度位置西移至连陆桥以西 660 m 处。

强热带风暴"飞燕"于 2013 年 8 月 1—3 日影响海南东南部海域。在工程东南侧 600 km 左右的海域达到最强，在距离工程北侧 120 km 的海南文昌登陆，7 级风圈半径 280 km。台风行进路径与"温比亚"相近。受其影响，工程附近波浪多偏 E 向。台风浪模拟计算结果显示，受"飞燕"热带风暴影响，采样点有效波高 2.9 m，略大于"温比亚"的影响。

强热带风暴"飞燕"过境时，日岛外海防波堤及南北防波堤均已施工完成，对外海传入的偏 E 向浪有一定的掩护效果。"飞燕"过境后日岛工程波影区新增淤积宽度 14.1 m，累计淤积宽度约 70.5 m。

强热带风暴"山竹"在"飞燕"过境 5 天后形成，其路径是自东南向西北从工程海域南侧经过，7 级风圈半径 200 km，在越南北部清化省西部登陆。工程海域位于热带风暴行进路径的右侧，风区长，因此，工程海域波浪较热带风暴行进路径的左侧略大。台风浪计算结果显示，"山竹"热带风暴过境时，工程附近海域波浪以偏 S 向浪为主，采样点最大有效波高 3.9 m。但岸线变化模拟结果显示，“山竹”过境后，岛后岸线淤展宽度为 79 m，较“飞燕”热带风暴新增淤积宽度 8.5 m，这是由于尽管“山竹”过境时工程附近波浪动力增强，但其波浪周期及总体作用时间短，所以“山竹”热带风暴对岸滩影响相对较小。

在连续 163 天常浪及四次热带风暴浪过程影响下，日岛波影区累积岸线淤积宽度达 79 m。常浪过程中，日岛工程完成了连陆桥架设及预制场施工。连陆桥桥墩对沿岸输沙有一定的阻挡作用，而预制场的建设则对近岸波浪动力有一定的掩护作用。在两者共同作用下，日岛波影区最大岸线淤积宽度为 23.6 m；“贝碧嘉”热带风暴过境后，日岛波影区岸线累积淤积宽度达 44.9 m，新增淤积宽度为 21.3 m；“温比亚”热带风暴过境后，日岛波影区岸线累积淤积宽度达 56.4 m，单次热带风暴过程淤积厚度为 11.5 m；“飞燕”热带风暴过境时，日岛工程外轮廓已形成，在连陆桥及日岛主体工程的阻挡与遮蔽作用下，单次热带风暴过程淤积厚度为 14.1 m，岸线累计淤积宽度为 70.5 m；热带风暴“山竹”紧随“飞燕”影响工程区域，在同样的工程轮廓影响下，热带风暴“山竹”过境时，单场热带风暴日岛波影区岸线最大淤积宽度 8.5 m，岸线累计最大淤积宽度 79 m。总体上看，工程施工周期前半段时段内，初期日岛波影区岸线淤积速度较快，日岛轮廓形成后，在“飞燕”“山竹”热带风暴过境过程中，岛后岸线淤积速度明显减慢（图 5.3-1）。

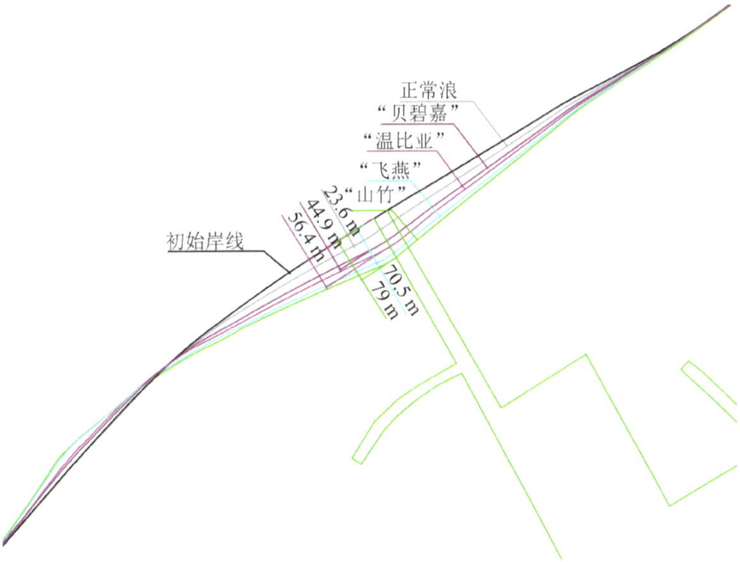


**图 5.3-1　2013 年日月湾在热带风暴作用下岸线变化综合图**

最大淤积部位基本在日岛连陆桥两侧，向两侧逐渐减小；模拟范围内，连陆桥东北侧岸线基本呈淤积态势，大致日岛岸线投影区以南西南侧岸线出现岸线侵蚀，其侵蚀速率基本与日岛波影区岸线淤积速度成正比。

2013 年影响工程海域的热带风暴与台风在时间上界限分明，8 月 10 日以后影响工程海域的热带风暴均发展为台风。

超强台风“尤特”于 8 月 8—15 日自东南向西北从工程所在海域的东侧过境，工程位置位于台风路径的左侧，且距离台风中心距离超过 300 km。因此，尽管“尤特”台风本身达到超强台风级别，风向与台风行进路径不一致，但是波浪动力不是很强，工程附近有效波高值并不是太大。台风浪模型计算结果显示，“尤特”过境时工程附近台风浪波向以偏 ESE 向浪为主，采样点波高在 3.1 m以下；但由于“尤特”是 2013 年对工程附近海域产生明显影响、持续时间最长的台风，所以总体淤积宽度增大较多，淤积最大宽度达到 23.1 m，累积淤积宽度 97.7 m，且最大淤积宽度位置向西略有偏移。与日岛波影区淤积相对应，两侧的岸滩侵蚀加剧，累计最大侵蚀宽度 38.8 m。

强台风“蝴蝶”于 9 月 28—30 日自东向西从工程所在海域南侧经过，7 级风圈半径 260 km，对海南岛南部海域产生直接影响。台风过程中，风浪最大区域位于风向与台风移动方向一致的区域，因此超强台风过境时，工程附近海域台风浪较大。台风浪数值模拟结果显示，“蝴蝶”强台风过境时，受台风浪影响的初期，工程附近波浪以 ESE 向浪为主，当台风中心位于工程海域南侧时，工程附近海域波向转向为 SSE 向。工程附近采样点最大有效波高达到 6.57 m。在“蝴蝶”强台风过境期间，日岛工程波影区淤积宽度进一步增大，最大淤积宽度达到 106.6 m，西南侧岸线侵蚀宽度亦有所增大（44.5 m）。与“尤特”台风过境后岸线冲淤状态相比，日岛波影区淤积宽度变化仅为 8.7 m，日岛西侧岸滩侵蚀明显，最大侵蚀宽度较尤特台风后增大了 5.7 m，且最大侵蚀宽度位置向西南侧偏移。侵蚀增加而日岛波影区淤积速率减慢的原因，一方面是“蝴蝶”强台风过境时，SE 向浪几乎正对日岛工程处，岸滩泥沙主要以横向运动为主，因此岛后淤积减少而西南侧岸线侵蚀加剧；另一方面，日岛工程附近海床在工程影响下发生调整，导致沿岸供沙能力降低。

强台风“罗莎”于 10 月底自东北向西南从工程所在海域南侧经过，对海南岛南部海域产生直接影响。但接近工程附近海域时，台风已经开始耗散，强度减弱，因此，形成的台风浪强度略有降低。台风浪数值模拟结果显示，“罗莎”台风初期，工程附近海域波浪以 ENE 向浪为主；最大台风浪时，台风中心位于海南岛南侧，工程附近波浪以 SE 向浪为主，采样点最大有效波高为 3.4 m。在“罗莎”台风过境期间，日岛工程波影区淤积宽度略有增大，最大淤积宽度达到 111.9 m，西南侧岸线最大侵蚀宽度 48.2 m，侵蚀段凹入度加大。

对于史上最强台风“海燕”，其行进路径先是自东南向西北移动，到达海南南部海域后，则以海南岛为中心，顺时针行进至越南广宁省下龙市一带登陆。期间 7 级风圈半径 380 km，10 级风圈半径 160 km，行进路径距海南三亚最短距离 155 km，工程所在海域处在台风核心风圈内。台风浪数值模拟计算结果显示，“海燕”过境时，日岛工程附近海域以偏 S 向浪为主，“海燕”过境时工程附近有效波高达 7.9 m，瞬时大浪达 10 m 以上。在如此强浪作用下，尽管作用时间较短（11 月 8—10 日），但日岛工程波影区累计淤积宽度达到 135.8 m，单次台风过程淤积宽度达到 23.9 m，可见超强台风浪是岛后波影区淤积的主要驱动力。

比较“尤特”“蝴蝶”“罗莎”“海燕”等 4 场台风浪过程作用下岸线调整幅度，其中“尤特”超强台风过境时（8 月 14 日），日岛波影区岸线淤积宽度达 78.7 m，占全年淤积宽度的 14%左右，累计淤积宽度达 97.7 m；“海燕”超强台风浪造成日岛波影区岸线向海推进 23.9 m，占全年淤积宽度的 17.6%；两次超强台风浪造成日岛波影区岸线向海推进距离占整个岸线淤积宽度的 32%左右，可见日岛施工期后期，波影区的岸线淤积主要是超级台风造成。

2013 年日岛工程影响下全年岸线变化过程见图 5.3-2，具体各断面上岸线冲淤宽度见表 5.3-2。总体上，日岛影响下日月湾岸线冲淤调整基本与监测结果一致，在最大淤积范围上，与施工竣工验收时动态监测结果略有差异，主要是因为 1.5 m 等高线岸线位置不同于 2013 年 12 月 6 日低潮位时水边线。

**表 5.3-2　日岛施工期岸线最大冲淤宽度变化表**

| 波浪动力 | 最大淤积宽度(m) | | 百分比(%) | | 最大侵蚀宽度(m) | | 百分比(%) | |
|---|---|---|---|---|---|---|---|---|
| | 单次 | 累计 | 单次 | 累计 | 单次 | 累计 | 单次 | 累计 |
| 常浪 | 23.6 | 23.6 | 17.4 | 17.4 | 0 | 0 | 0.0 | 0 |
| “贝碧嘉” | 21.3 | 44.9 | 15.7 | 33.1 | −14.4 | −14.4 | 21.4 | 21.4 |
| “温比亚” | 11.5 | 56.4 | 8.5 | 41.5 | −9 | −23.4 | 13.4 | 34.7 |
| “飞燕” | 14.1 | 70.5 | 10.4 | 51.9 | −5.9 | −29.3 | 8.8 | 43.5 |
| “山竹” | 8.5 | 79 | 6.3 | 58.2 | −8.1 | −37.4 | 12.0 | 55.5 |
| “尤特” | 18.7 | 97.7 | 13.8 | 71.9 | −1.4 | −38.8 | 2.1 | 57.6 |

续表

| 波浪动力 | 最大淤积宽度(m) | | 百分比(%) | | 最大侵蚀宽度(m) | | 百分比(%) | |
|---|---|---|---|---|---|---|---|---|
| | 单次 | 累计 | 单次 | 累计 | 单次 | 累计 | 单次 | 累计 |
| “蝴蝶” | 8.9 | 106.6 | 6.6 | 78.5 | −5.7 | −44.5 | 8.5 | 66.0 |
| “罗莎” | 5.3 | 111.9 | 3.9 | 82.4 | −3.7 | −48.2 | 5.5 | 71.5 |
| “海燕” | 23.9 | 135.8 | 17.6 | 100.0 | −19.2 | −67.4 | 28.5 | 100.0 |

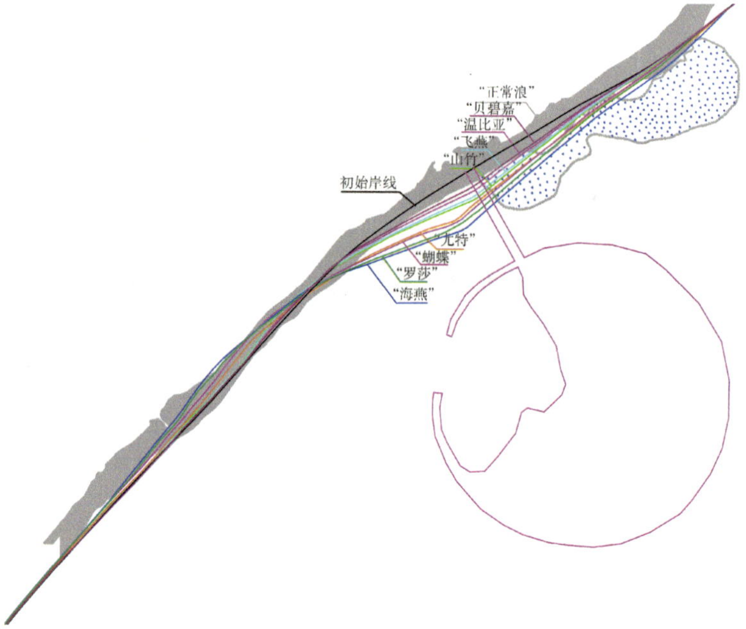


**图 5.3-2　日岛工程施工期岸线变化模拟结果图**

波浪潮流泥沙数学模型共计算了 8 场热带风暴或台风形成的波浪和潮流动力作用下的泥沙运动，其中“贝碧嘉”为 2013 年首场对工程附近岸滩变形影响较大的强热带风暴，“尤特”和“海燕”则为 2013 年对工程附近海域影响极大的超强台风。在此以这三场台风过境时工程附近海床泥沙运动与岸滩冲淤作为典型过程进行分析。

“贝碧嘉”为强热带风暴，于 2013 年 6 月 19 日在南海中部海域生成，6 月 20 日上午 2 时升格为热带低气压。6 月 21 日上午 9 时 30 分升格为热带风暴。当晚“贝碧嘉”持续增强，直至强度达热带风暴上限。6 月 22 日凌晨，“贝碧嘉”改向西或西北偏西移动，中午时分再改向西南偏西移动，掠过海南。“贝碧嘉”的中心于 6 月 22 日上午 11 时 10 分前后在海南省琼海市潭门镇沿海登陆，登陆时中心附近最大风力有 9 级(23 m/s)，中心最低气压为 984 hPa。下午 5 时，联合台风警报中心将其降格为热带低气压。“贝碧嘉”的中心已于 6 月 23 日下午 10 时 30 分前后在越南太平省东部沿海再度登陆，登陆时中心附近最大风力有 8 级(18 m/s)，中心最低气压为 991 hPa。

“贝碧嘉”作用前，工程水域的岸线变化缓慢，岸滩形态如图 5.3-3 所示。“贝碧嘉”过境期间主要以偏 E 向浪为主，最大浪时为 ENE 向。“贝碧嘉”作用后，岸滩形态如图 5.3-4 所示，台风作用前后的变化见图 5.3-5。工程附近

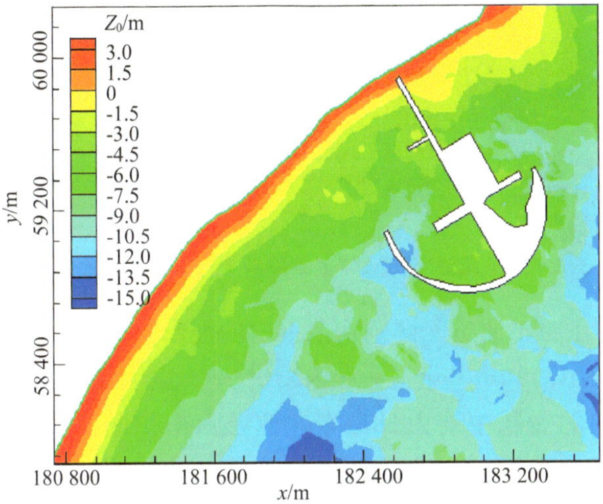


图 5.3-3　强热带风暴“贝碧嘉”之前工程局部海域地形

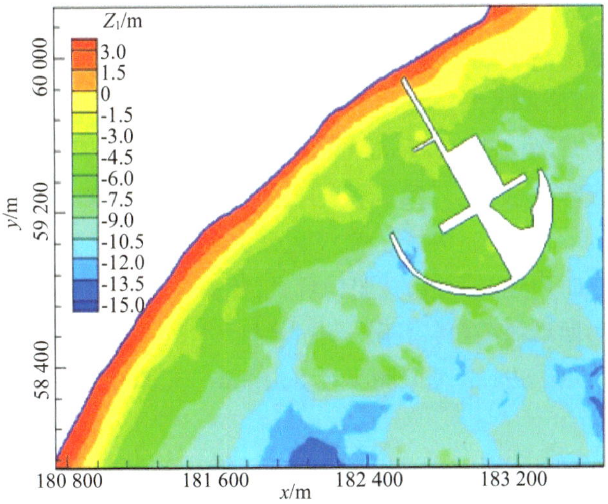


图 5.3-4　强热带风暴“贝碧嘉”之后工程局部海域地形

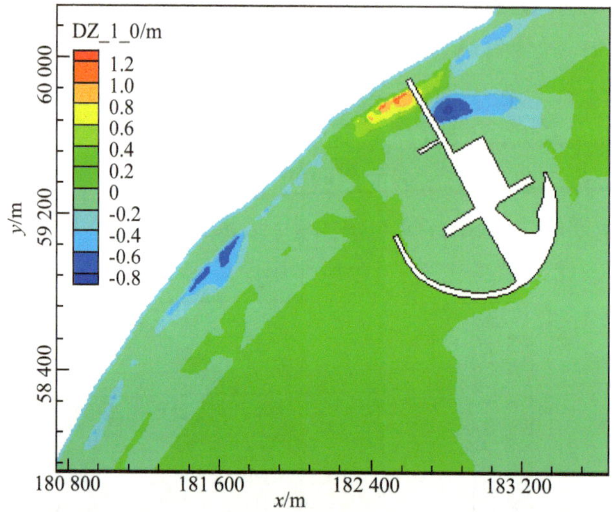


**图 5.3-5 热带风暴"贝碧嘉"影响前后工程局部海域地形变化情况**

的淤积主要位于施工便道两侧一定范围内的波影区。施工便道下面的淤积厚度最大，达到 1.19 m，其余波影区内淤积厚度在 0.26 m 左右。施工便道两侧一定范围内的淤积主要由日岛东北侧及西南侧的沙源供给，淤积量为 0.86 万 $m^3$ 左右，淤积体东北侧的泥沙输入量为 0.55 万 $m^3$ 左右，淤积体西南侧的泥沙输入量为 0.31 万 $m^3$ 左右，可见淤积体主要来自东北侧海床泥沙的向岸输运。

工程附近的冲刷主要分三块。第一块为日岛北侧岸滩及水下表层泥沙大浪侵蚀、向波影区搬运形成的冲刷带，冲刷量为 0.53 万 $m^3$ 左右；第二块为日岛西南侧岸滩泥沙大浪侵蚀、逆向搬运形成的冲刷带，冲刷量为 0.31 万 $m^3$ 左右；第三块为日岛南侧海床环岛冲刷带，冲刷量为 0.08 万 $m^3$ 左右。

"尤特"为超强台风，于 2013 年 8 月 10 日 2 时形成，11 日 17 时加强为超强台风，短短 39 个小时完成了从初级到最高级的跳跃。登陆菲律宾后，"尤特"又在 7 个小时内连降两级，减弱为台风，随后"尤特"进入南海，再次加强为强台风，并在粤西沿海阳西县登陆。中心附近最大风力有 17 级(45 m/s)，中心最低气压为 991 hPa，7 级风圈半径 300 km。登陆时中心附近最大风力有 14 级。

"尤特"影响期内，台风浪波向以偏 ESE 向浪为主，作用前后的岸滩形态变化如图 5.3-6 所示。工程附近的淤积主要位于波影区内。连陆桥桥下淤积厚度最大达到1.42 m，其余波影区内淤积厚度在0.26 m左右，淤积体体积约为1.95万$m^3$。波影区淤积体泥沙主要来自东北侧岸滩泥沙向西南方向输运，淤积量为1.33万$m^3$左右；其次为日岛工程西南侧岸滩泥沙向东北侧输运，淤积量约为0.62万$m^3$左右。

淤积体泥沙来源按动力区间可分为四个部分：(1) 日岛东北侧岸滩海床泥沙向岸搬运，海床冲刷量为1.26万$m^3$左右；(2) 日岛西南侧岸滩大浪冲刷，冲刷量为0.47万$m^3$左右；(3) 日岛南侧海床环岛冲刷，冲刷量为0.09万$m^3$左右；(4) 连陆桥东侧珊瑚礁平台东部岸滩泥沙侵蚀冲刷，冲刷量为0.13万$m^3$左右。

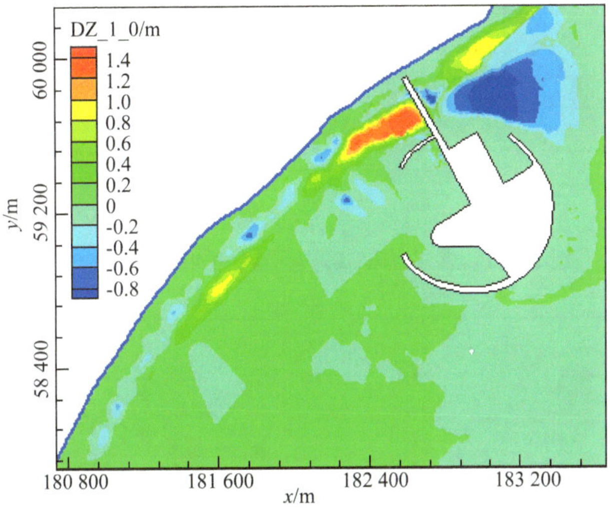


**图5.3-6 超强台风“尤特”影响前后工程局部海域地形变化情况**

“海燕”为21世纪以来的最大台风，其海浪强度超50年一遇，台风期间日岛工程附近海域以偏S向浪为主。在“海燕”过境工程海域之前，该处已积蓄了较大的淤积体。图5.3-7为“海燕”过境之后的岸滩形态，图5.3-8为“海燕”袭击前后的岸滩冲淤形态分布。工程附近的淤积主要位于连陆桥两侧一定范围及波影区内。连陆桥桥下淤积厚度最大，达到1.62 m，其余波影区内淤积厚度在0.45 m左右，淤积体体积为2.48万$m^3$左右。连陆桥东北侧泥沙输运对淤积体的贡献量为0.95万$m^3$左右，连陆桥西南侧泥沙输运对淤积体的贡献量为1.53万$m^3$左右，可见，“海燕”超强台风期间，淤积体泥沙来源以西南向来沙为主。

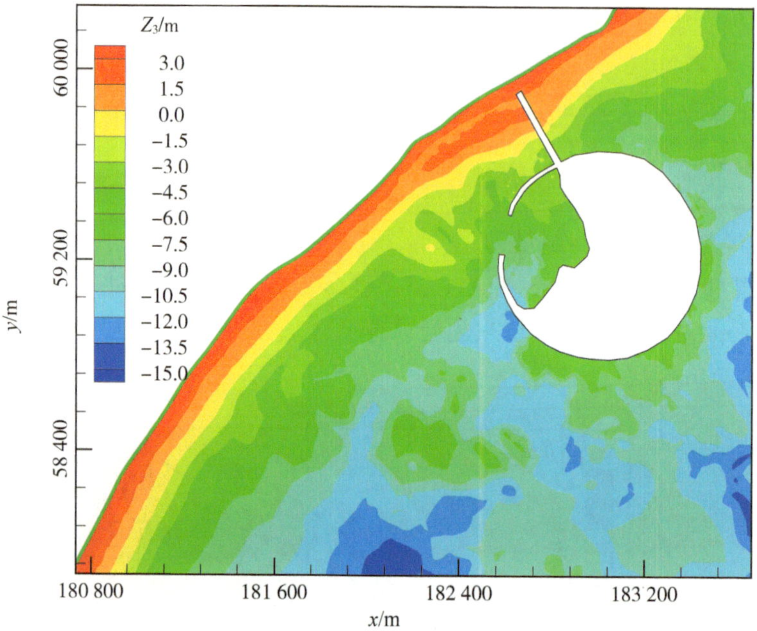


图 5.3-7　超强台风"海燕"之后的工程局部海域地形

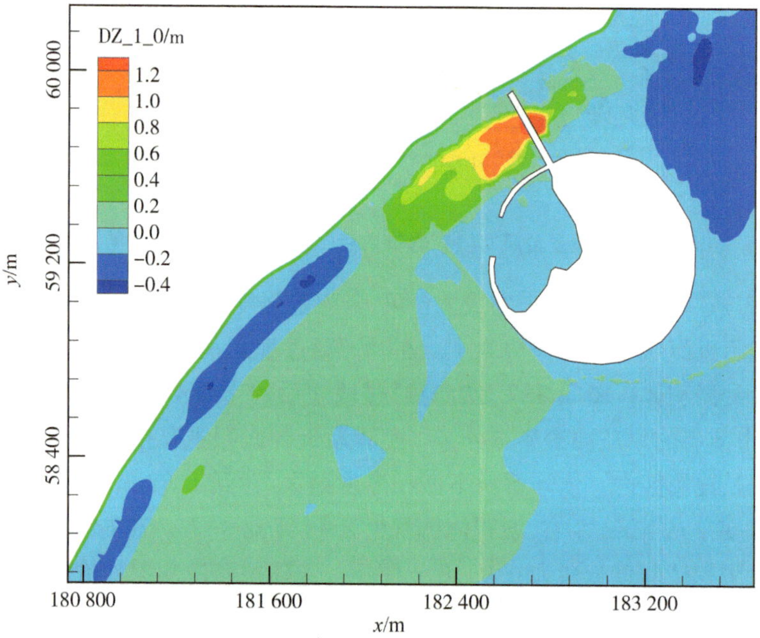


图 5.3-8　超强台风"海燕"影响前后工程局部海域地形变化情况

工程附近的冲刷主要分三块。第一块为日岛东北侧海床泥沙大浪搬运形成的冲刷带，冲刷量为 0.76 万 $m^3$左右；第二块为日岛西南侧破波带内岸滩泥沙大浪侵蚀形成的冲刷带，冲刷量为 1.39 万 $m^3$左右；第三块为日岛南侧海床环岛冲刷，冲刷量为 0.07 万 $m^3$左右。

结合数学模型研究成果，可知此三段岸滩的泥沙输运方向不同，揭示了日岛波影区内泥沙的来源不同。综上所述，初步认为日岛工程岛后淤积体来源有三个方面：(1) 滩面侵蚀供沙；(2) 日岛施工便道东北侧海床侵蚀供沙；(3) 日岛回填沙(土)流失供沙。

其中，滩面侵蚀供沙主要是西南侧侵蚀段的泥沙被波浪输运至岛后堆积，如图 5.3-9 中的日岛西侧冲淤形态所示。

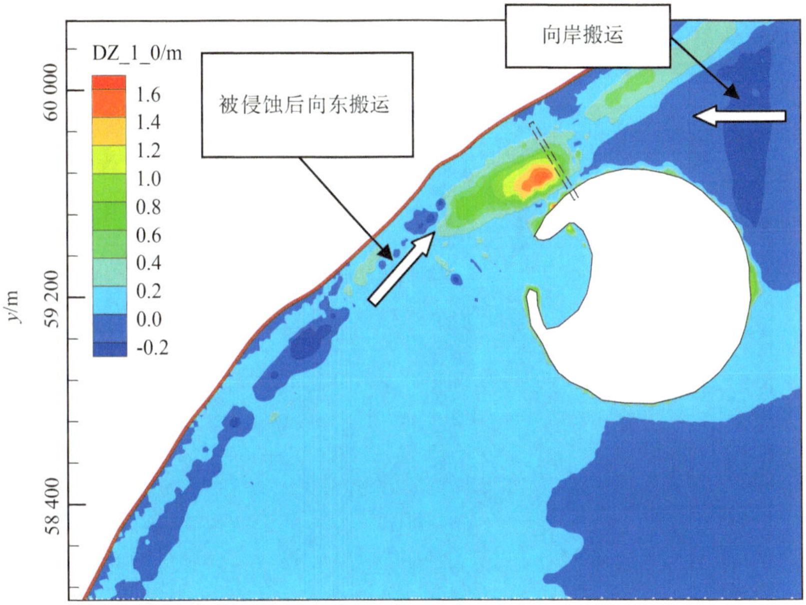


**图 5.3-9 日岛冲淤形态示意图**

海床侵蚀供沙是指日岛东北侧输沙带的沙被偏东向浪向岸输运至连陆桥附近，图 5.3-9 显示了日岛东北侧冲淤形态。

日岛施工时回填泥沙流失也是岛后淤积体的来源之一，从施工期遥感影像图可观察到，预制场东南侧、内护岸施工前填岛过程中均有一定的回填土流失，如图 5.3-10 所示。

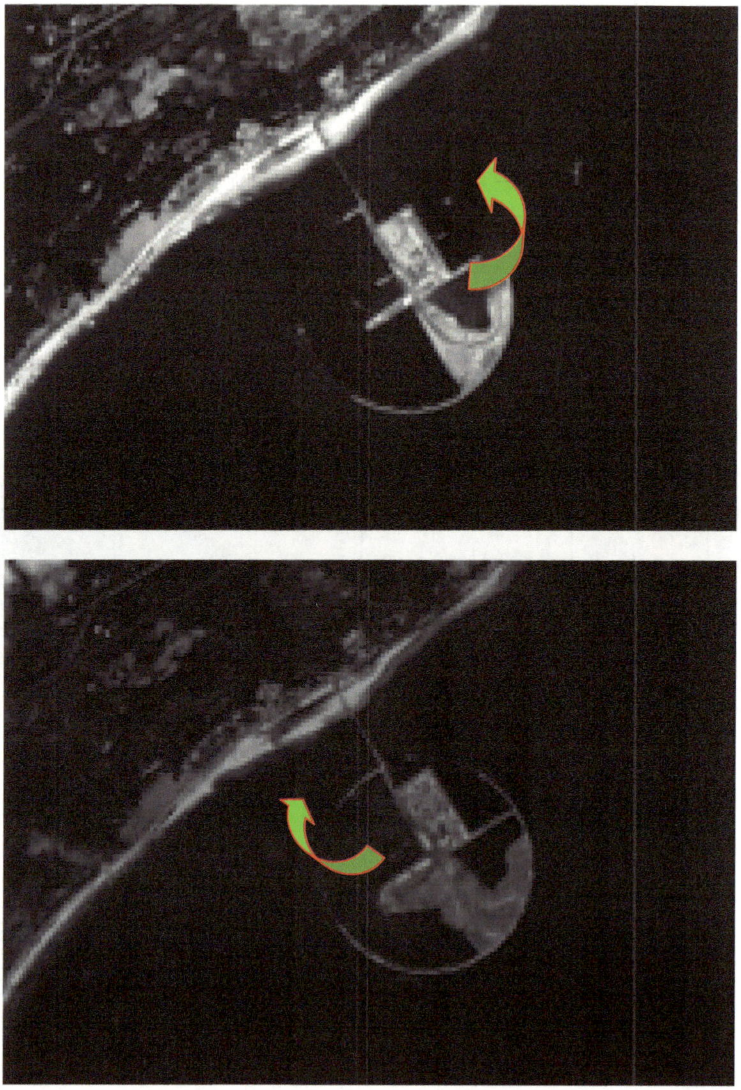

图 5.3-10　日岛施工期填土流失遥感影像图

现场考察也发现日岛施工流失沙土在岛后淤积现象，日岛连陆桥附近的沙堆，有明显的红黄色土层出露，显然非天然海滩沙，如图 5.3-11 所示。另一方面在连陆桥南侧，有大片的淤泥区，松软无支撑力，人行走其上会陷入其中，说明日岛填土亦是岛后淤积来源之一。

（拍摄点位于连陆桥北侧，向南拍摄；红色土层鲜明，明显受日岛填土的影响）

**图 5.3-11 日岛连陆桥北侧出露红黄色填土断面图**

## 5.4 日月湾岸滩侵蚀防护措施分析

### 5.4.1 日月湾岸滩稳定状态分析评价

日月湾为 SE 向开口的开敞性海湾，日月湾岸线类型大致分为两类：基岩岬角岸段，位于日月湾东侧，自新梅乡向西南之水下礁石岸段，长约 1.8 km；砂质海岸段，北接基岩岬角岸段，自东北向西南延伸约 5.6 km，其中工程所在位置西南侧平直岸段长约 3 km。

通过野外考察，结合实测地形图，进一步细分日月湾的岸滩类型，自东向西可分为以下几种岸线类型(图 5.4-1)。

(1) 基岩海岸地貌：位于日月湾东部，包括基岩岬角及岬湾水域，其靠外海侧为冲浪区，岬角段波浪直接作用，基岩间泥沙较少，而岬湾内因波浪绕射波能减小，内湾坡度平缓，滩面波纹发育，表明湾内波浪动力较弱。

(2) 岬间砂质海岸地貌：位于基岩岸段与田头河出口之间，该段岸线属发育不完全的岬间海湾段，上岬角为东北侧基岩，下岬角为田头河出口处的海蚀柱，由于上下岬角之间的距离很短，且泥沙供给少，难以发育完整的弧形海

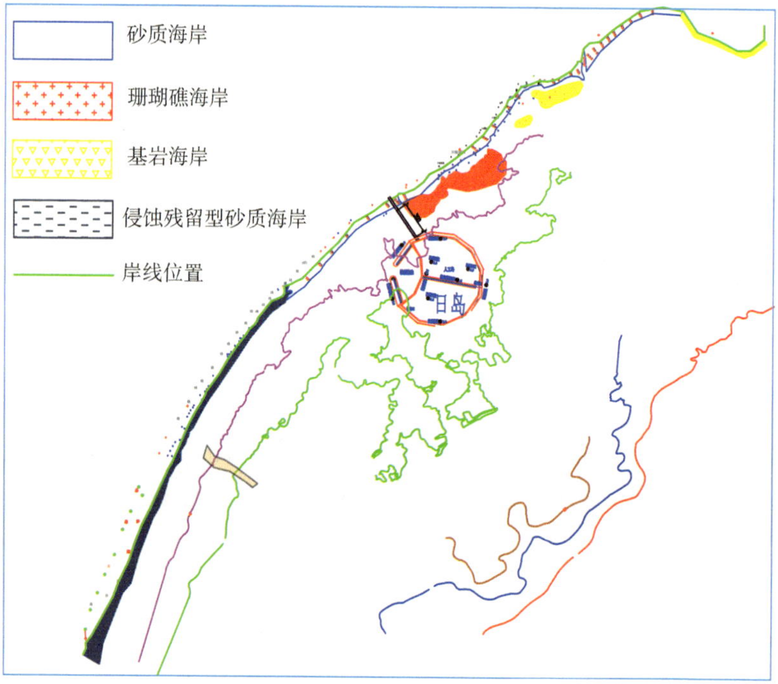


图 5.4-1　日月湾岸滩分段特征

岸形态。地貌特征上，海滩上部坡度较大，而底部平缓，属高潮时波浪反射为主、低潮时波浪绕射为主海滩。水下坡度平缓，外海涌浪破波时间长，且滩面宽，是开展冲浪运动的理想区域。

(3) 珊瑚礁海岸地貌：位于岬间砂质海岸西侧，平均潮位以上滩面较窄，平均潮位以下为珊瑚礁石群。该段海滩上部有陡坎发育而下部滩面平缓，这与珊瑚礁在不同水位下的消浪差异及泥沙供给有关。由于珊瑚礁的阻挡，珊瑚礁石群能消减大部分波能，同时外海泥沙很难在低潮位时被携带至岸线附近，因此海滩下部形成耗散性剖面，海滩坡度小；由于珊瑚只在平均潮位以下生长，高潮时，珊瑚礁消能作用有限，波浪直接作用于高滩，可侵蚀高滩肩形成陡坎，因此形成高潮反射、低潮耗散的海滩剖面形态。

(4) 平直砂质海岸地貌：自珊瑚礁岸段向西至工程所在岸段西侧，根据泥沙输移特征、滩面坡度及泥沙密实度，又可细分为两种不同的海岸地貌类型。

①现代沉积砂质岸段：从整个日月湾的形态来看，近似于弧形海岸，该段则处于弧形海岸的切线段，但剖面形态与大多数华南弧形海岸切线段发育反

射性剖面不一样，该岸段海滩剖面平直且滩面狭窄，其形成原因与珊瑚礁段剖面形成有相似之处，只是该段珊瑚礁石位于水深−5～−10 m之间，对波浪的防护作用较近岸珊瑚礁有所减弱，在正常波况下，−5 m等深线以浅的泥沙可向岸搬运，大浪时则整个滩肩被侵蚀。由于滩面泥沙经常处于运动之中，滩面泥沙松散，密实度低。

②河口沙坝段：在现代沉积砂质岸段中，有一季节性山溪性河流注入日月湾，在该岸段因淡水的注入，影响珊瑚的生长，与相邻岸段相比，水下珊瑚礁发育较两侧低，洪季排泄入海的河流泥沙在波浪作用下向岸搬运，海域来沙相对丰富，则小河口两侧滩面滩肩发育，剖面呈明显的上凹形态，滩面有所拓宽。滩面泥沙纵向输运，则封闭小河河口，形成季节性的河口封堵沙坝。总体上，该段海岸表现为季节性的堆积岸段。

(5) 侵蚀残留型海岸地貌：在工程所在西侧，尽管与现代沉积砂质海岸相接，但表现出砂质海岸显著不同的特点：①海滩密实度高，越野车可直接在滩面上行驶；②滩面后有明显的侵蚀陡坎，此陡坎与堆积性海滩的滩肩不同，其上已有植被生长，为高海面时期老的沙坝在现今波浪动力作用下侵蚀形成；③滩面异常平坦，与现代海滩泥沙活动性不同，似海蚀平台；④越往西南，滩面上锯齿状滩角韵律地形发育越密集，海滩为适应波浪动力的自我调整，通过发育突堤式的沙嘴，形成小的稳定的弧形岸线以抵挡波浪的进一步侵蚀。

因此，日月湾整体上虽为弧形海岸形态，但各个岸段地貌发育背景及现代动力条件、泥沙供给的差异，造就了具有鲜明分段特性的地貌格局。

### 5.4.2 岸滩侵蚀防护措施分析

天然情况下，沉积型海岸泥沙供给不是很充足，在常年优势浪向的波浪作用下，岬角后的海岸形成弧形，远离岬角的下波侧海岸呈现与盛行波向垂直的切线性，构成弧形海岸。根据平衡岸线理论，现状条件下日月湾岸线基本稳定，纵向净输沙方向大致向西南。

日月湾海滩属于砂质海岸，工程建设前海湾具有明显的分段特征，其中北段基本符合弧形海岸特征。日月岛工程的建设，相当于在原基本稳定的日月湾海湾中新增一个上岬角，海滩岸线形态亦会做出相应的调整。

按静态平衡模型模拟工程后的岸线形态见图5.4-2和图5.4-3。模拟结果显示，靠近月岛区域发生淤积，最大淤积宽度296 m，纵向淤积长度约638 m；工程建设后月岛西南侧岸线侵蚀后退最大值达62.3 m，纵向侵蚀段长约 1 368 m;在日月湾月岛西侧岸段发生淤积,最大淤积宽度 26.8 m,纵向淤积长度 809 m。

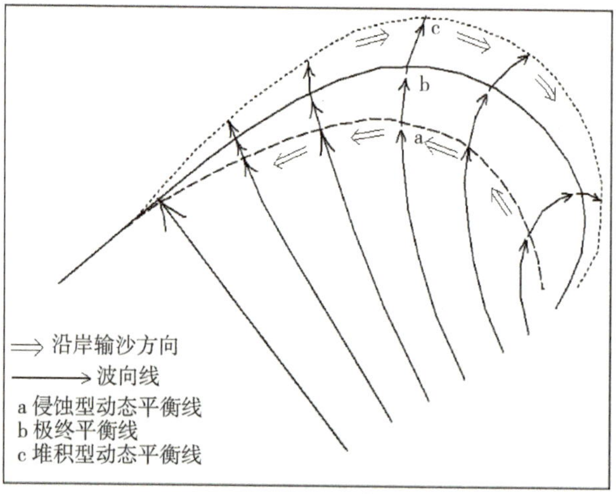


**图 5.4-2　砂质弧形海岸平衡及输沙方向示意图**

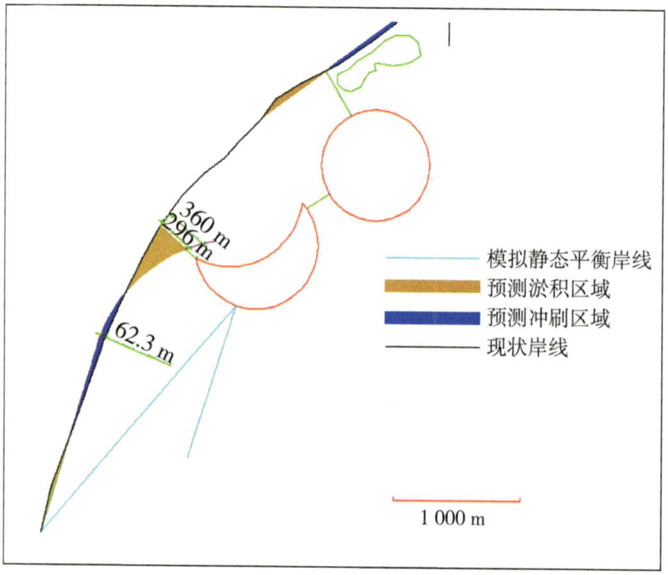


**图 5.4-3　日月岛工程建设后日月湾岸线变化预测图**

模拟结果显示,月岛工程建设后西侧岸滩的调整幅度可能比较大,需采取必要的防治与补救措施,以保证工程安全,减少对周边环境的影响。

日月湾海滩日月岛总体布置形式将在月岛外侧形成新的岬角，导致西侧岸线的调整，结合海岸防护措施的比较分析，初步拟定两个主要防护规划方案如下。

(1) 适当调整月岛平面布置形式，减少岸滩侵蚀。经多次试验调整，将月岛摆放位置以日、月岛连接桥顶端为轴逆时针旋转，使得月岛顶端成为新的岬角，调整平衡岸线的位置，则在月岛西侧侵蚀减弱的同时，减轻月岛连陆桥附近淤积的泥沙来源，从而减小工程对局部岸滩的不良影响；另外，加大月岛离岸距离，有利于岛后水域水环境改善。具体调整后的月岛西侧离岸距离大致在 500 m 左右，相对应的岛后淤积宽度 92.3 m，最大侵蚀宽度在 24.6 m 左右(图 5.4-4)。按日岛工程后海滩达到相对稳定的时间 5.5 年计算，则年均侵蚀量在 5 m 以下，若对岛后淤积地泥沙加以适当清淤，作为侵蚀海岸的补沙来源，可基本达到海滩防护要求。

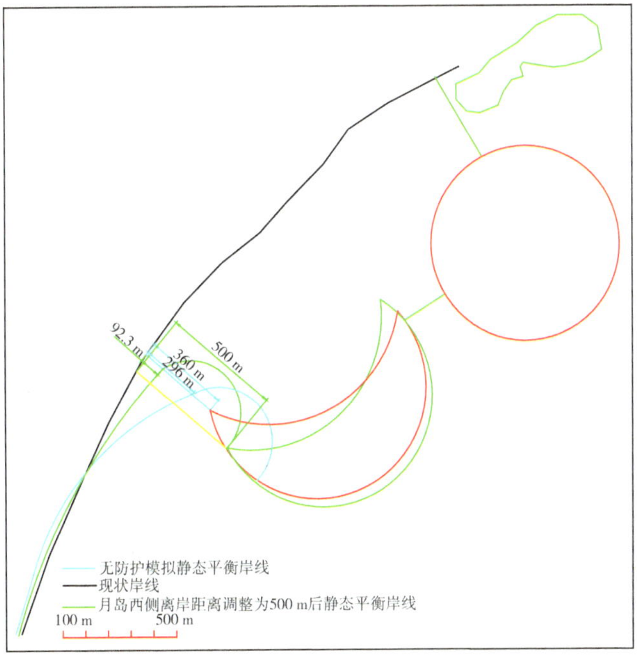


**图 5.4-4　月岛离岸间距 500 m 情况下的岸线变形预测结果**

(2) 在目前月岛平面布置形式不调整的情况下，需对冲刷较为严重的岸段采取一定的防护措施，由于岛后淤积主要是西侧海滩泥沙纵向输移造成的，根据海岸防护工程措施，泥沙纵向输移的防护主要是通过人工岬角法或丁坝法抑制沿岸输沙。因此，建议通过建造人工岬角或近岸潜礁自然形成岬角，稳定岸滩，又由于无防护时侵蚀范围较大，因此，需构筑岬角或潜礁群防治工程建设导致的海岸侵蚀。

根据不同的潜礁或岬角距离，模拟了间距 100 m、200 m、400 m 情况下的岸滩静态平衡形态，在无防护条件下侵蚀范围内 1 000 m 左右进行抛礁护岸。对于不同间距抛礁情况，在 400 m、200 m、100 m 间距下，与无防护措施相比，100 m 间距大幅减小了冲淤幅度，月岛西侧连陆桥后方淤积宽度在 65.4 m 左右，最大侵蚀宽度在 10.68 m 左右。因此，水下潜礁间距缩小至 100 m 左右情况下，无论是最大侵蚀宽度，还是岛后淤积宽度都基本达到可接受的范围。

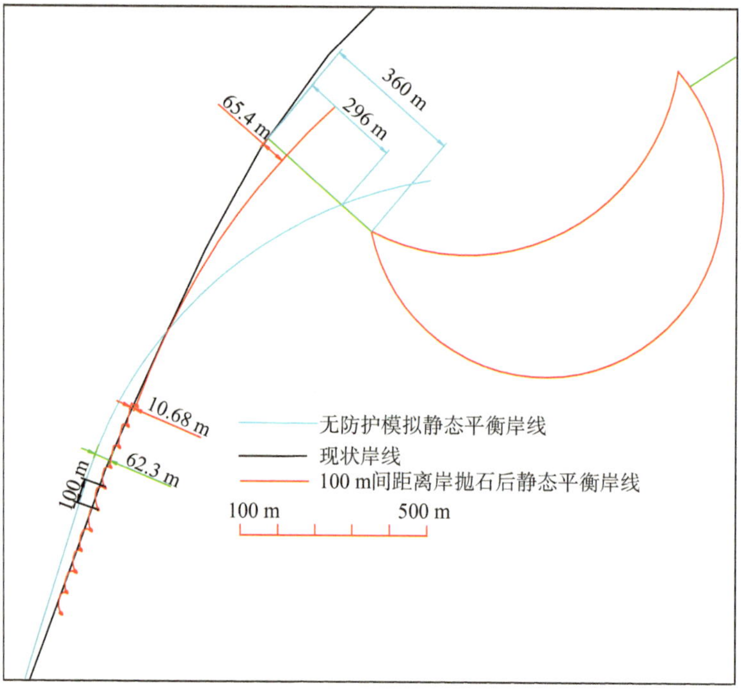


**图 5.4-5a　间距 100 m 水下潜礁防护措施后的岸线变形预测结果(大范围)**

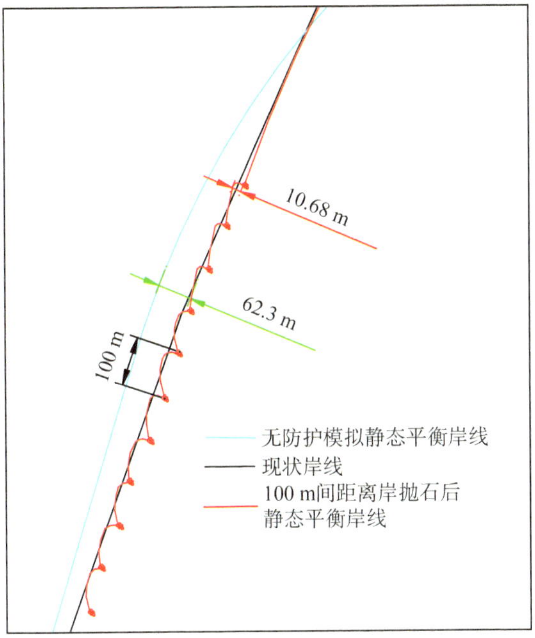


图 5.4-5b　间距 100 m 水下潜礁防护措施后的岸线变形预测结果(小范围)

# 6

# 极端动力条件下植物消浪防护关键技术

目前我国大部分海堤都是以“灰色海堤”（利用混凝土挡墙、水泥、抛石等来抵抗高水位和风暴大浪的海堤）为主导，然而在海岸带高强度开发和全球气候变暖的背景下，“灰色海堤”暴露出其局限性。海平面上升和风暴潮加剧的双重效益导致海堤防护功能迅速降低，原先高标准的防护结构在未来很快就会变为低标准。传统的海堤采用的是集挡潮和挡浪功能为一体的结构，势必要通过加高堤防来满足防灾要求。然而随着城市的发展及人民对环境需求的提高，不断加高海堤高程已不适应当下情势。改善海堤结构，采用挡潮和挡浪分治的堤防结构，充分利用自然生态系统中的生态消浪功能，降低台风浪的爬高及冲击，能有效降低堤顶高程和提高堤防的防御能力。

本章植物消浪防护关键技术研究主要从四个方面开展：一是对红树林材质的概化，即对红树林各个部位模拟材料的选择及概化方式；二是模拟红树林的分布特征对消浪的影响，如红树林种植密度、种植带宽度等；三是入射波要素（波高、周期）和水深等对红树林消浪效果的影响；四是红树林所在海滩坡度对红树林消浪效果的影响。

首先选择淤泥质海岸红树林研究区域，通过现场观测和测量获取红树林树高、冠幅、根径等参数及当地海滩坡度，应用第 3 章介绍的华南河口海岸台风浪潮数学模型计算当地波浪条件和极值潮位；然后设计物理模型试验，研究红树林不同种植宽度和种植密度下消波率的变化规律，建立红树林消浪防护经济效益曲线，根据试验结果综合多因素影响拟合出红树林消波率计算公式，总结了一种适用华南沿海的红树林种植防护技术方法。

## 6.1 现场调查和观测

为了获取研究区域真实的红树林的树种和特征参数以及海滩坡度，2020 年 9 月 3 日至 9 月 4 日，研究团队一行在研究区域进行了红树林现场调查和观测，通过现场调查，发现研究区域的红树林主要为海榄雌（又称白骨壤）和秋茄，以海榄雌为主。采用卡尺、卷尺、水准仪、经纬仪、测距仪测量红树林密度、树高、冠幅、胸径、根径以及海滩坡度等参数，现场测量照片见图 6.1-1 至图 6.1-2。

现场量测确定海榄雌的参数见表 6.1-1，现场测量海滩坡度约 1∶50～1∶200，海榄雌样方密度约 97 棵/100 $m^2$。

图 6.1-1　海榄雌和秋茄

图 6.1-2a　红树林参数现场观测

图 6.1-2b　红树林参数现场观测

表 6.1-1 海榄雌现场测量参数

| 编号 | 海榄雌(单位:cm) | | | | | | |
|---|---|---|---|---|---|---|---|
| | 树高 | 树干高 | 根径 | 冠幅长 | 冠幅宽 | 冠幅高 | 胸径 |
| H1 | 165 | 63 | 4.5 | 120 | 133 | 102 | 3.5 |
| H2 | 270 | 103 | 7 | 179 | 198 | 167 | 6 |
| H3 | 280 | 110 | 9.5 | 190 | 200 | 170 | 8 |
| H4 | 114 | 69 | 2 | 72 | 89 | 45 | 1.6 |
| H5 | 290 | 175 | 10 | 195 | 215 | 115 | 9 |

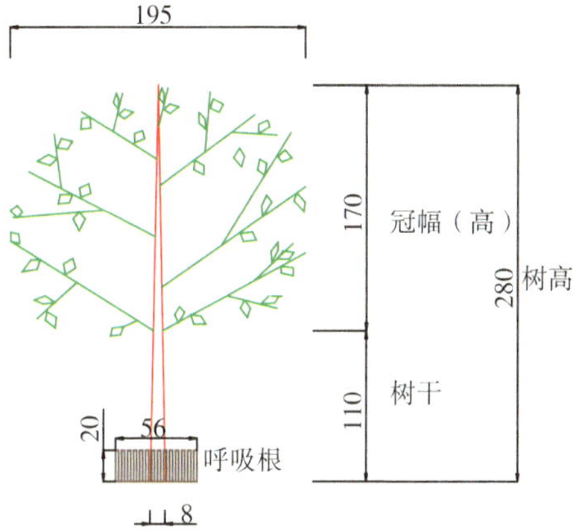


图 6.1-3 模型试验选用海榄雌代表树种示意图

## 6.2 红树林消浪概化模型试验设计与制作

### 6.2.1 试验工况

(1) 潮汐特征

本地区潮汐属不正规的半日潮，即每一太阴日有二次涨潮二次落潮。每天一个潮高一个潮低(日不等)。每月二次大潮中，一次较大，一次较小(月不等)。

根据闸坡站多年潮位资料统计，本区域潮位特征值(基面均为 85 高程，下同)如下。

最高潮位：3.97 m(1965 年)；

最低潮位：−0.146 m(1960 年)；

多年平均高潮位：1.43 m；

多年平均低潮位：−0.26 m；

最大潮差：3.92 m；

多年平均潮差：1.56 m；

平均涨潮历时：6 小时 08 分；

平均落潮历时：6 小时 7 分。

(2) 设计水位

根据附近的闸坡站水位资料计算，设计水位如下。

设计高水位：2.22 m(高潮累积频率 10%)；

极端高水位：3.42 m(50 年一遇)。

(3) 水位选取

为研究不同水位条件下红树林各个部位消波率的差异，选取了四个水位：多年平均高水位 1.43 m(约位于树干和树冠分界部位)、设计高水位 2.22 m(约位于冠幅一半高度位置)、极端高水位 3.42 m(淹没冠幅 0.1～0.3 m)及极端高水位加 0.9 m(简称最高水位，水位为 4.32 m)。水位条件与红树林、海滩坡度的关系见图 6.2-1。

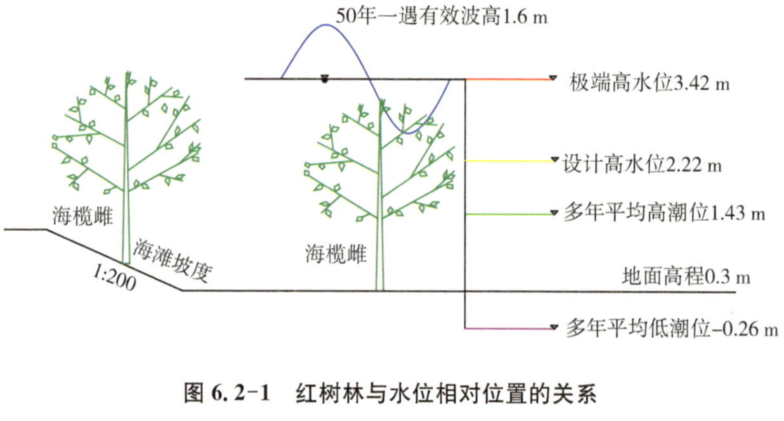


**图 6.2-1　红树林与水位相对位置的关系**

(4) 种植宽度和种植带密度

为了研究不同种植带宽度下消波率的差异，选择四个种植带宽度 10 m、20 m、40 m 和 60 m。根据现场实际测量，海榄雌样方密度约 97 棵/100 m²，本次试验选择三个种植密度 30 棵/100 m²、60 棵/100 m² 和 100 棵/100 m²，对比种不同种植密度下消浪效果的差异，种植密度布置见图 6.2-2。

（5）海滩坡度

根据现场实际测量，研究区域海滩坡度约 1∶50～1∶200，选择三个海滩坡度 1/200、1/100、1/50 研究坡度变化对红树林消波率的影响。

（6）工况组合

红树林外缘 50 年一遇水位＋50 年一遇波浪重现期的设计波要素有效波高 $H_s$为 1.6 m，平均周期 $T_m$为 5.1 s。为研究入射波要素（波高、周期）、水位变化、种植带宽度、种植密度和海滩坡度等因素对红树林消浪效果的影响，选定 108 种工况组合进行试验，选定的工况见表 6.2-1 至表 6.2-6。

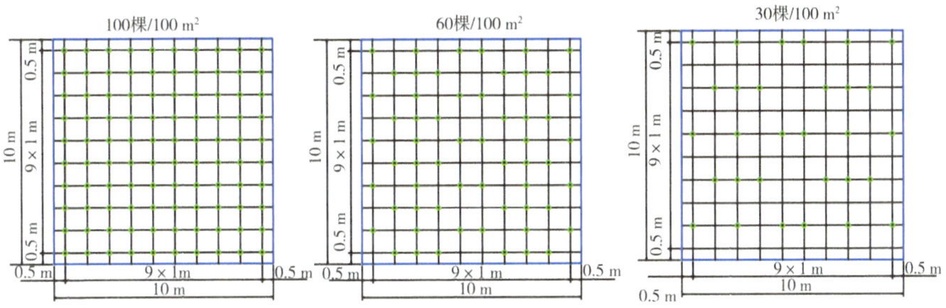


**图 6.2-2　红树林密度种植方式**

**表 6.2-1　不同入射波波高工况表**

| 工况序号 | 水位(m) | 有效波高 $H_s$(m) | 平均周期 $T_m$(s) | 种植带宽度(m) | 种植密度(棵/100 m²) | 海滩坡度 |
|---|---|---|---|---|---|---|
| B1 | 3.42 | 1.6 | 5.1 | 40 | 100/60/30 | 1/200,1/100,1/50 |
| B2 | 3.42 | 1.2 | 5.1 | 40 | 100/60/30 | 1/200,1/100,1/50 |
| B3 | 3.42 | 0.8 | 5.1 | 40 | 100/60/30 | 1/200,1/100,1/50 |
| B4 | 3.42 | 0.6 | 5.1 | 40 | 100/60/30 | 1/200,1/100,1/50 |

**表 6.2-2　不同入射波周期工况表**

| 工况序号 | 水位(m) | 有效波高 $H_s$(m) | 平均周期 $T_m$(s) | 种植带宽度(m) | 种植密度(棵/100 m²) | 海滩坡度 |
|---|---|---|---|---|---|---|
| B5 | 3.42 | 1.2 | 6.3 | 40 | 100/60/30 | 1/200,1/100,1/50 |
| B6 | 3.42 | 1.2 | 5.7 | 40 | 100/60/30 | 1/200,1/100,1/50 |
| B7 | 3.42 | 1.2 | 5.1 | 40 | 100/60/30 | 1/200,1/100,1/50 |
| B8 | 3.42 | 1.2 | 3.8 | 40 | 100/60/30 | 1/200,1/100,1/50 |

表 6.2-3 不同水位工况表

| 工况序号 | 水位(m) | 有效波高 $H_s$(m) | 平均周期 $T_m$(s) | 种植带宽度(m) | 种植密度(棵/100 m²) | 海滩坡度 |
|---|---|---|---|---|---|---|
| B9 | 1.43 | 0.8 | 5.1 | 40 | 100/60/30 | 1/200,1/100,1/50 |
| B10 | 2.22 | 0.8 | 5.1 | 40 | 100/60/30 | 1/200,1/100,1/50 |
| B11 | 3.42 | 0.8 | 5.1 | 40 | 100/60/30 | 1/200,1/100,1/50 |
| B12 | 4.32 | 0.8 | 5.1 | 40 | 100/60/30 | 1/200,1/100,1/50 |

表 6.2-4 不同种植带宽度工况表

| 工况序号 | 水位(m) | 有效波高 $H_s$(m) | 平均周期 $T_m$(s) | 种植带宽度(m) | 种植密度(棵/100 m²) | 海滩坡度 |
|---|---|---|---|---|---|---|
| B2-1 | 3.42 | 1.2 | 5.1 | 10 | 100/60/30 | 1/200 |
| B2-2 | 3.42 | 1.2 | 5.1 | 20 | 100/60/30 | 1/200 |
| B2-3 | 3.42 | 1.2 | 5.1 | 40 | 100/60/30 | 1/200 |
| B2-4 | 3.42 | 1.2 | 5.1 | 60 | 100/60/30 | 1/200 |

表 6.2-5 不同种植密度工况表

| 工况序号 | 水位(m) | 有效波高 $H_s$(m) | 平均周期 $T_m$(s) | 种植带宽度(m) | 种植密度(棵/100 m²) | 海滩坡度 |
|---|---|---|---|---|---|---|
| B9—B12 | 1.43/2.22/3.42/4.32 | 0.8 | 5.1 | 40 | 30 | 1/200 |
| B9—B12 | 1.43/2.22/3.42/4.32 | 0.8 | 5.1 | 40 | 60 | 1/200 |
| B9—B12 | 1.43/2.22/3.42/4.32 | 0.8 | 5.1 | 40 | 100 | 1/200 |

表 6.2-6 不同海滩坡度工况表

| 工况序号 | 水位(m) | 有效波高 $H_s$(m) | 平均周期 $T_m$(s) | 种植带宽度(m) | 种植密度(棵/100 m²) | 海滩坡度 |
|---|---|---|---|---|---|---|
| B9—B12 | 1.43/2.22/3.42/4.32 | 0.8 | 5.1 | 40 | 100 | 1/200 |
| B9—B12 | 1.43/2.22/3.42/4.32 | 0.8 | 5.1 | 40 | 100 | 1/100 |
| B9—B12 | 1.43/2.22/3.42/4.32 | 0.8 | 5.1 | 40 | 100 | 1/50 |

### 6.2.2 模型制作

一般在进行红树林和滨海盐沼植被海洋减灾功能评估时可采用植物高

度作为长度比尺计算依据，长度比尺 $\lambda_L$ 一般要求不超过 20，综合水槽高度、选定的红树林海榄雌树高及造波机造波能力，选定本次试验长度比尺为 10。

红树林模型安放位置距造波机的距离为 6 倍平均波长之外，后方距消波体的距离大于 2 倍平均波长。

红树林消浪断面物理模型试验在珠江水利科学研究院水科学试验基地的波浪水槽中进行。水槽的长、宽、高分别为 52 m、1.0 m、1.3 m。造波机系统由造波板、伺服电机、造波机控制器、计算机控制系统和数据采集、分析系统组成。该系统可以在 0.5～5 s 的周期范围内模拟多种谱型的不规则波。

**图 6.2-3　波浪试验水槽**

根据现场调查和观测的红树林密度分布、树高、冠幅等参数及海滩坡度，选择代表树种海榄雌，制作模型树及地形，建立物理模型，研究入射波要素、水位、红树林种植宽度、种植密度和海滩坡度等因素影响下红树林消波率变化规律。

在红树林模型区域前后布置 4 个波高仪，具体布置见图 6.2-4。1# 和 2# 波高仪测量远海入射波的波高，3# 波高仪测量红树林种植带前波高，4# 波高仪测量红树林种植带后波高。

试验布置图见图 6.2-5 至图 6.2-7。

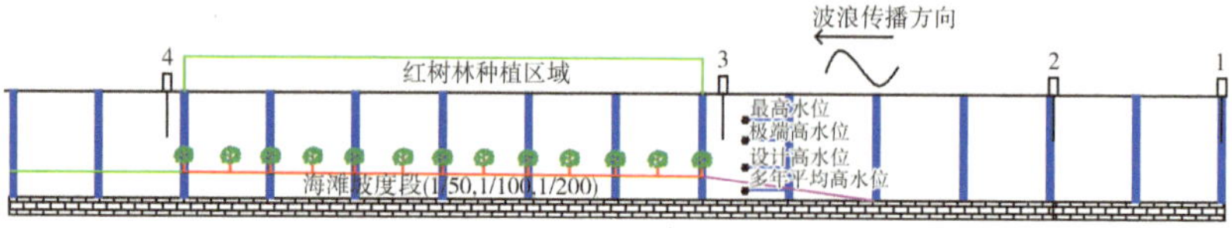


图 6.2-4　试验布置示意图

图 6.2-5　安装完成的红树林模型

图 6.2-6a　物模试验布置图

图 6.2-6b　物模试验布置图

图 6.2-6c　红树林模型布置水槽俯视图

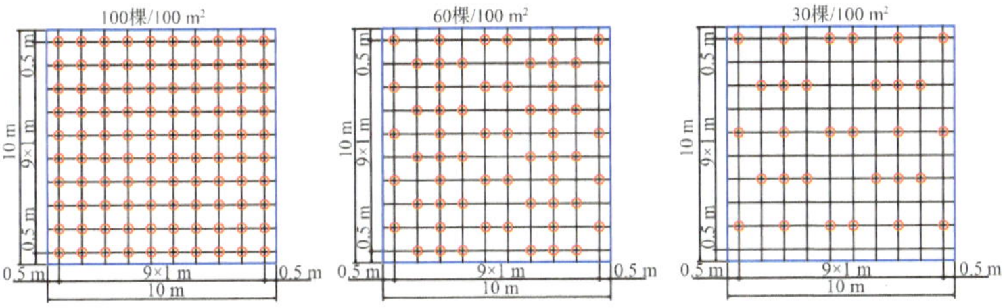


图 6.2-7　红树林密度种植方式

根据不同工况组合采集的波浪数据，对红树林种植带前 3# 波高仪和红树林种植带后 4# 波高仪的波高进行统计分析，分别计算 3# 波高仪和 4# 波高仪的有效波高 $H_s$，然后计算波浪经过红树林种植带后的波高衰减率（简称消波率），消波率用 $K$ 表示，计算消波率公式如下：

$$K=\frac{H_0-H_L}{H_0}$$

式中，$H_0$ 为种植带前有效波高；

$H_L$ 为波浪传播经过宽度为 $L$ 的种植带后的有效波高。

## 6.3 试验结果分析

### 6.3.1 不同入射波高下消波率的差异

红树林外缘 50 年一遇设计波要素有效波高 $H_s$ 为 1.6 m，平均周期 $T_m$ 为 5.1 s。为了研究不同入射波高条件下消波率的差异，选择有效波高为 0.6 m、0.8 m、1.2 m 和 1.6 m，波浪工况周期 $T_m$ 为 5.1 s，水位为极端高水位 3.42 m，红树林种植带宽度为 40 m。入射波要素详见表 6.3-1，消波率结果见表 6.3-2 至表 6.3-3 及图 6.3-1 至图 6.3-2。

**表 6.3-1　不同入射波高工况表**

| 工况序号 | 水位(m) | 有效波高 $H_s$(m) | 平均周期 $T_m$(s) |
|---|---|---|---|
| B4 | 3.42 | 0.6 | 5.1 |
| B3 | 3.42 | 0.8 | 5.1 |
| B2 | 3.42 | 1.2 | 5.1 |
| B1 | 3.42 | 1.6 | 5.1 |

**表 6.3-2　各个密度条件下不同入射波高消波率**

| 密度(/100 m$^2$) | 海滩坡度 | 种植宽度(m) | 入射波高 $H_s$(m) | | | |
|---|---|---|---|---|---|---|
| | | | 0.6 | 0.8 | 1.2 | 1.6 |
| 30 棵 | 1/200 | 40 | 31.3% | 33.5% | 38.7% | 43.6% |
| 60 棵 | 1/200 | 40 | 41.1% | 45.8% | 49.7% | 55.3% |
| 100 棵 | 1/200 | 40 | 49.7% | 53.5% | 60.9% | 62.6% |

**表 6.3-3　各个海滩坡度条件下不同入射波高消波率**

| 海滩坡度 | 密度(/100 m$^2$) | 种植宽度(m) | 入射波高 $H_s$(m) | | | |
|---|---|---|---|---|---|---|
| | | | 0.6 | 0.8 | 1.2 | 1.6 |
| 1/200 | 100 棵 | 40 | 49.7% | 53.5% | 60.9% | 62.6% |
| 1/100 | 100 棵 | 40 | 52.5% | 54.9% | 61.4% | 64.5% |
| 1/50 | 100 棵 | 40 | 55.4% | 57.9% | 64.1% | 67.6% |

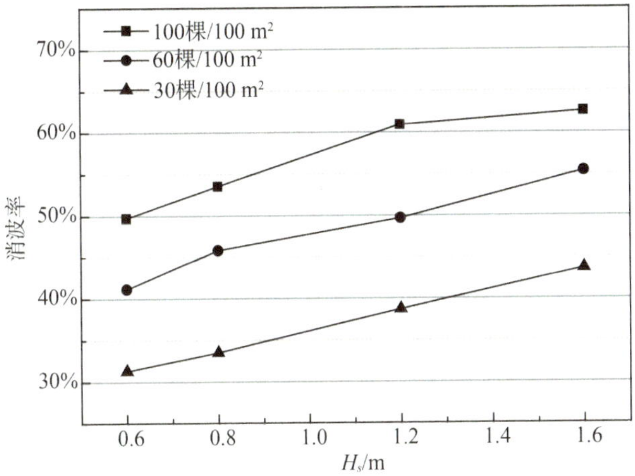


**图 6.3-1　各个密度条件下消波率随入射波高的变化**

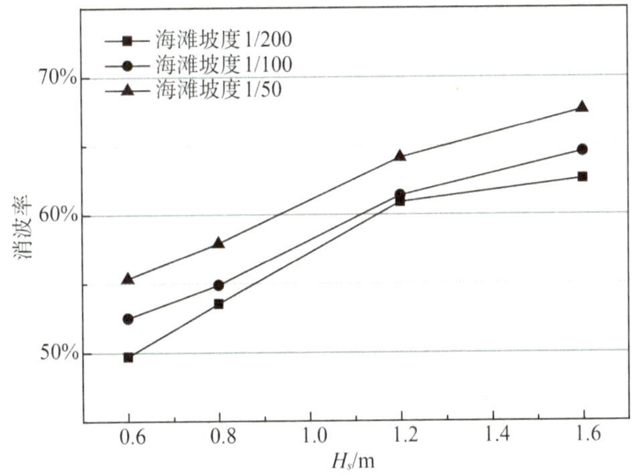


**图 6.3-2　各个海滩坡度条件下消波率随入射波高的变化**

①各个密度条件下不同入射波高消波率的变化

红树林种植密度分别为 30 棵/100 m²,60 棵/100 m²,100 棵/100 m²,分别研究三种种植带密度条件下不同入射波高消波率的变化。从消波率的计算结果可以看出,在不同种植密度条件下,当入射波浪周期相同时,随着波高的增大,消波率也在增大,当入射波高的有效波高从 0.6 m 增大到 1.6 m 时,消波率从 31.3%增加到 62.6%。在同一入射波高条件下,随着种植密度的增加,消波率也随之增加。

②各个海滩坡度条件下不同入射波高消波率的变化

根据现场观测结果，研究区域的海滩坡度介于1/50～1/200之间，所以海滩坡度选择为1/200、1/100和1/50，研究三种不同海滩坡度条件下不同入射波高消波率变化。从消波率的计算结果可以看出，在不同海滩坡度条件下，随着海滩坡度的增大，消波率也在增大，当有效波高从0.6 m增大到1.6 m时，消波率从49.7%增加到67.6%。

### 6.3.2 不同入射波周期下消波率的差异

为了研究不同入射波周期条件下消波率的差异，选择波浪有效波高 $H_s$ 为1.2 m，波周期 $T_m$ 为3.8 s、5.1 s、5.7 s和6.3 s，水位为极端高水位3.42 m，红树林种植带宽度为40 m。入射波要素详见表6.3-4，消波率结果见表6.3-5至表6.3-6及图6.3-3至图6.3-4。

**表6.3-4 不同入射波周期工况表**

| 序号 | 水位(m) | 有效波高 $H_s$(m) | 平均周期 $T_m$(s) |
|---|---|---|---|
| B8 | 3.42 | 1.2 | 3.8 |
| B7 | 3.42 | 1.2 | 5.1 |
| B6 | 3.42 | 1.2 | 5.7 |
| B5 | 3.42 | 1.2 | 6.3 |

**表6.3-5 各个密度条件下不同入射波周期消波率**

| 密度(/100 $m^2$) | 海滩坡度 | 种植宽度(m) | 入射波周期 $T_m$(s) | | | |
|---|---|---|---|---|---|---|
| | | | 3.8 | 5.1 | 5.7 | 6.3 |
| 30棵 | 1/200 | 40 | 45.5% | 38.7% | 36.5% | 35.5% |
| 60棵 | 1/200 | 40 | 59.6% | 49.7% | 48.6% | 51.1% |
| 100棵 | 1/200 | 40 | 65.3% | 60.9% | 55.7% | 60.3% |

**表6.3-6 各个坡度条件下不同入射波周期消波率**

| 海滩坡度 | 密度(/100 $m^2$) | 种植宽度(m) | 入射波周期 $T_m$(s) | | | |
|---|---|---|---|---|---|---|
| | | | 3.8 | 5.1 | 5.7 | 6.3 |
| 1/200 | 100 | 40 | 65.3% | 60.9% | 55.7% | 60.3% |
| 1/100 | 100 | 40 | 66.3% | 61.4% | 58.3% | 62.6% |
| 1/50 | 100 | 40 | 68.5% | 64.1% | 62.3% | 66.0% |

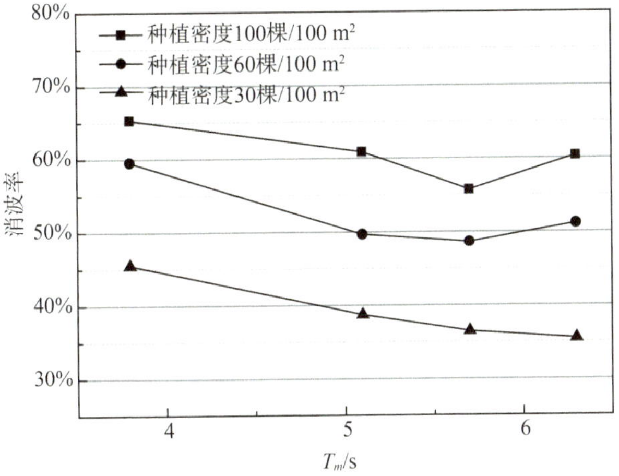


**图 6.3-3 各个密度条件下消波率随周期的变化**

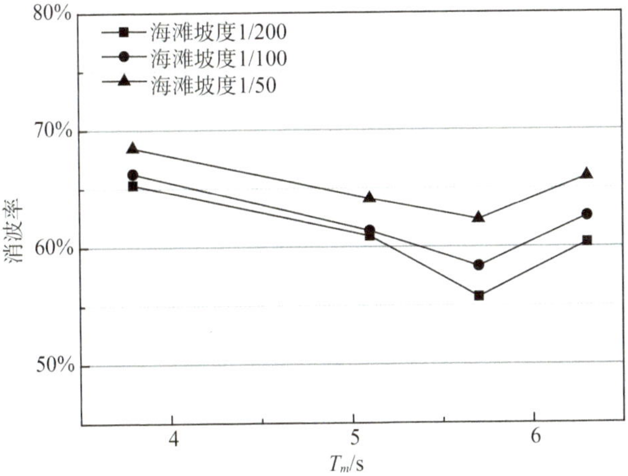


**图 6.3-4 各个坡度条件下消波率随周期的变化**

红树林种植密度分别为 30 棵/100 $m^2$、60 棵/100 $m^2$ 和 100 棵/100 $m^2$，研究三种种植带密度条件下不同入射波周期消波率的变化。

对于种植密度 60 棵/100 $m^2$ 和 100 棵/100 $m^2$，在周期小于 5.7 s 时消波率随周期增大而减小，消波率在周期大于 5.7 s 时随周期增大而增大。对于种植密度 30 棵/100 $m^2$，消波率则随着波浪周期的增大逐渐减小。

海滩坡度选择为 1/200、1/100 和 1/50，分别研究三种海滩坡度条件下不同入射波周期下消波率的变化。从消波率的计算结果可以看出，在不同海滩坡度条件下，随着海滩坡度的增大，消波率也随之增大。当海滩坡度从 1/200 增大到 1/50 时，在不同周期波浪条件下，消波率从 55.7%增加到 68.5%。种植密度为 100 棵/100 m$^2$时，三个坡度条件下，平均周期 $T_m$大于 5.7 s 时波浪消浪率又有所增加。

### 6.3.3 不同水位条件下红树林消波率的差异

为研究不同水位条件下红树林各个部位消波率的差异，选取了四个水位：多年平均高水位 1.43 m(约位于树干和树冠分界部位)、设计高水位 2.22 m(约位于冠幅一半高度位置)、极端高水位 3.42 m(淹没冠幅 0.1～0.3 m)及极端高水位加 0.9 m(简称最高水位，水位为 4.32 m)。其中多年平均高水位 1.43 m、设计高水位 2.22 m 对应常规工况，即平常水位波浪条件下的工况。

波浪工况选择有效波高 $H_s$为 0.8 m，平均周期 $T_m$为 5.1 s，红树林种植带宽度选择为 40 m。入射波要素详见表 6.3-7，消波率结果见表 6.3-8 至表 6.3-9 及图 6.3-5 至图 6.3-6。

①种植密度变化对不同水位消波率的影响

红树林种植密度为 30 棵/100 m$^2$、60 棵/100 m$^2$和 100 棵/100 m$^2$，分别研究三种种植带密度条件下不同水位的消波率变化。

从消波率的计算结果可以看出，在不同种植密度条件下，随着水位减小，消波率有增加趋势，但增长率逐渐趋缓。水深较浅时，波浪衰减受地形和红树林综合作用，消波率较大。随着红树林所处水位增加，红树林淹没水深逐渐增大，波浪受到阻力逐渐减小，消波率逐渐减小。

对于平常水位波浪条件下的消波率，由多年平均高水位 1.43 m、设计高水位 2.22 m 工况条件下消波结果可知，平常水位波浪条件下消波率在 52.6%～70.5%之间。极端高水位 3.42 m 和最高水位 4.32 m 工况的消波率在 19.2%～57.9%之间。常水位波浪条件下的消波率一般大于极端水位工况。

**表 6.3-7 不同水位工况表**

| 序号 | 水位(m) | 林缘水深(m) | 红树林树干/树冠/总高(m) | 有效波高 $H_s$(m) | 平均周期 $T_m$(s) |
|---|---|---|---|---|---|
| B9 | 1.43 | 1.21 | 1.1/1.7/2.8 | 0.8 | 5.1 |
| B10 | 2.22 | 2.00 | 1.1/1.7/2.8 | 0.8 | 5.1 |
| B11 | 3.42 | 3.20 | 1.1/1.7/2.8 | 0.8 | 5.1 |
| B12 | 4.32 | 4.10 | 1.1/1.7/2.8 | 0.8 | 5.1 |

**表 6.3-8 各个密度条件下不同水位消波率**

| 密度(/100 m²) | 海滩坡度 | 种植宽度(m) | 水位(m) | | | |
|---|---|---|---|---|---|---|
| | | | 1.43 | 2.22 | 3.42 | 4.32 |
| 30 棵 | 1/200 | 40 | 57.3% | 52.6% | 33.5% | 19.2% |
| 60 棵 | 1/200 | 40 | 65.0% | 61.6% | 45.8% | 28.4% |
| 100 棵 | 1/200 | 40 | 70.5% | 66.6% | 53.5% | 40.2% |

**表 6.3-9 各个坡度条件下不同水位消波率**

| 海滩坡度 | 密度(/100 m²) | 种植宽度(m) | 水位(m) | | | |
|---|---|---|---|---|---|---|
| | | | 1.43 | 2.22 | 3.42 | 4.32 |
| 1/200 | 100 棵 | 40 | 70.5% | 66.6% | 53.5% | 40.2% |
| 1/100 | 100 棵 | 40 | 70.4% | 65.0% | 54.9% | 40.6% |
| 1/50 | 100 棵 | 40 | | 65.5% | 57.9% | 43.8% |

备注:由于坡度为 1/50 时,多年平均高水位 1.43m 红树林尾部水深较浅,故不参与统计。

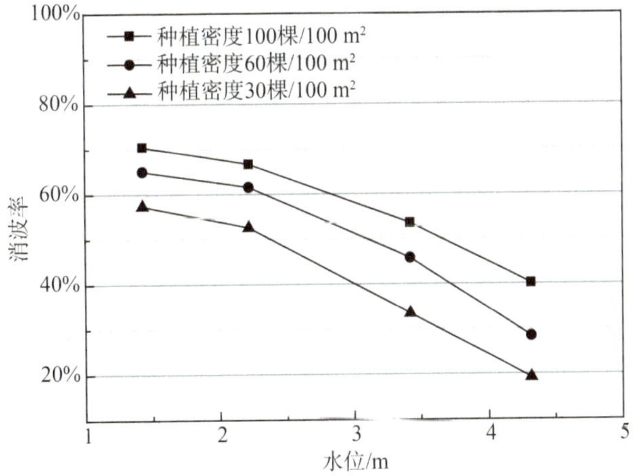


**图 6.3-5 不同种植密度条件下消波率随水位的变化**

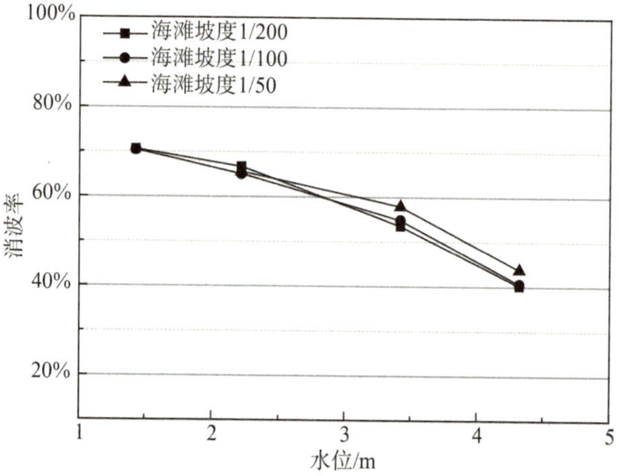


**图 6.3-6　各个坡度条件下消波率随水位的变化**

②海滩坡度变化对不同水位消波率的影响

海滩坡度为 1/200、1/100 和 1/50，分别研究三种海滩坡度条件下不同水位的消波率变化。从消波率的计算结果可以看出，随着水位减小，消波率逐渐增大。水位较高时，坡度越大消波率越大；水位较低时，不同海滩坡度之间的消波率逐渐接近，消波率趋于 70%左右。

### 6.3.4　种植带宽度对红树林消波率的影响

为了研究不同种植带宽度消波率的差异，选择四个种植带宽度 10 m、20 m、40 m 和 60 m，对比不同种植带宽度引起的消波率差异，水位统一选择为极端高水位 3.42 m。波浪工况见表 6.3-10，消波率结果见表 6.3-11 及图 6.3-7。

红树林种植密度为 30 棵/100 $m^2$、60 棵/100 $m^2$ 和 100 棵/100 $m^2$，分别研究三种种植密度条件下不同种植带宽度的消波率变化。

从消波率的计算结果可以看出，在不同种植密度条件下，随着红树林种植带宽度增加，消波率逐渐增加，但增长率趋缓。对于种植密度为 30 棵/100 $m^2$，红树林种植带宽度从 10 m 增加到 60 m 时，消浪率从 14.1%增加到 44.1%；对于种植密度为 60 棵/100 $m^2$，红树林种植带宽度从 10 m 增加到60 m 时，消波率从 23.4%增加到 54.1%；对于种植密度为 100 棵/100 $m^2$，红树林种植带宽度从 10 m 增加到 60 m 时，消浪率从 33.8%增加到 63.2%。

**表 6.3-10　入射波要素工况表**

| 工况序号 | 水位(m) | 有效波高 $H_s$(m) | 平均周期 $T_m$(s) |
|---|---|---|---|
| B2 | 3.42 | 1.2 | 5.1 |

**表 6.3-11　各个密度条件下不同种植带宽度消波率**

| 密度(/100 m²) | 海滩坡度 | 水位(m) | 种植带宽度(m) | | | |
|---|---|---|---|---|---|---|
| | | | 10 | 20 | 40 | 60 |
| 30 棵 | 1/200 | 3.42 | 14.1% | 25.2% | 38.7% | 44.1% |
| 60 棵 | 1/200 | 3.42 | 23.4% | 37.8% | 49.7% | 54.1% |
| 100 棵 | 1/200 | 3.42 | 33.8% | 49.9% | 60.9% | 63.2% |

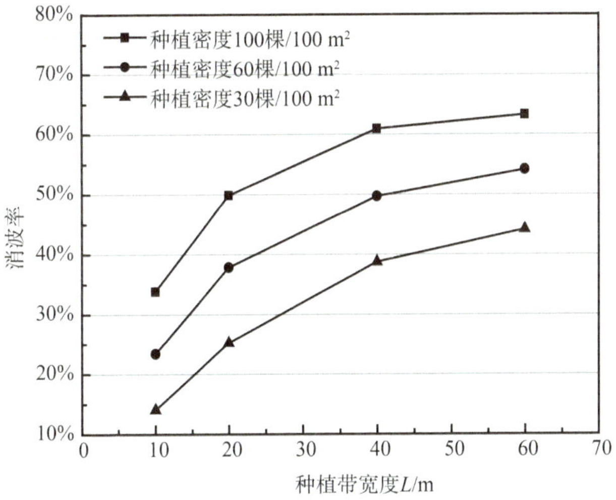


**图 6.3-7　各个种植密度条件下消波率随种植带宽度的变化**

## 6.3.5　种植密度对红树林消波率的影响

为了研究不同种植密度消波率的差异，选择三个种植密度 30 棵/100 m²、60 棵/100 m² 和 100 棵/100 m²，对比不同种植密度差下消波率的差异，水位统一选择极端高水位 3.42 m，海滩坡度为 1/200，种植带宽度为 40 m。波浪工况见表 6.3-12，消波率结果见表 6.3-13 及图 6.3-8。

红树林种植密度分别为 30 棵/100 m²、60 棵/100 m² 和 100 棵/100 m²，分别研究红树林在 4 个水位条件下消波率随种植密度的变化。从消波率的计算结果可以看出，在不同水位条件下，随着红树林种植密度的增加，消波率逐渐增加。对于多年平均高水位、设计高水位及极端高水位条件下，随着种植密度的增加，增长率趋缓。随着水位降低，红树林淹没水深减小，红树林消波率随水位变化幅度减小。

**表 6.3-12　入射波要素工况表**

| 工况序号 | 水位(m) | 有效波高 $H_s$(m) | 平均周期 $T_m$(s) |
|---|---|---|---|
| B9 | 1.43 | 0.8 | 5.1 |
| B10 | 2.22 | 0.8 | 5.1 |
| B11 | 3.42 | 0.8 | 5.1 |
| B12 | 4.32 | 0.8 | 5.1 |

**表 6.3-13　各个水位条件下不同种植密度消波率**

| 水位(m) | 海滩坡度 | 种植带宽度(m) | 密度 | | |
|---|---|---|---|---|---|
| | | | 30 棵/100 m² | 60 棵/100 m² | 100 棵/100 m² |
| 1.43 | 1/200 | 40 | 57.3% | 65.0% | 70.5% |
| 2.22 | 1/200 | 40 | 52.6% | 61.6% | 66.6% |
| 3.42 | 1/200 | 40 | 33.5% | 45.8% | 53.5% |
| 4.32 | 1/200 | 40 | 19.2% | 28.4% | 40.2% |

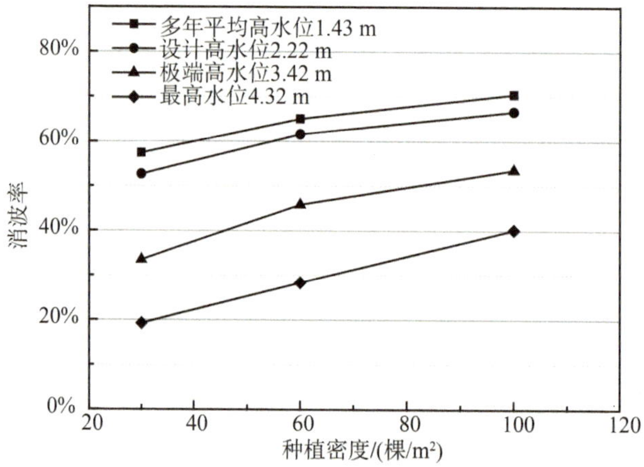


**图 6.3-8　各个水位条件下消波率随种植密度的变化**

### 6.3.6 海滩坡度对红树林消波率的影响

为了研究红树林所在的海滩坡度对红树林消波率的影响，根据现场实际测量结果，选择三个海滩坡度 1/200、1/100 和 1/50 研究坡度变化对红树林消波率的影响，种植带宽度选择 40 m，种植密度选择 100 棵/100 $m^2$。波浪工况见表 6.3-14，消波率结果见表 6.3-15 及图 6.3-9。海滩坡度分别为 1/200、1/100 和 1/50，分别研究红树林在 4 个水位条件下消波率随海滩坡度的变化。

从消波率的计算结果可以看出，在极端高水位和最高水位条件下，随着海滩坡度的增加，消波率逐渐增加。对于设计高水位，海滩坡度从 1/200 变化到 1/100，消波率略有减小，海滩坡度从 1/100 变化到 1/50，消波率又略有增加。

**表 6.3-14　入射波要素工况表**

| 工况序号 | 水位(m) | 有效波高 $H_s$(m) | 平均周期 $T_m$(s) |
|---|---|---|---|
| B9 | 1.43 | 0.8 | 5.1 |
| B10 | 2.22 | 0.8 | 5.1 |
| B11 | 3.42 | 0.8 | 5.1 |
| B12 | 4.32 | 0.8 | 5.1 |

**表 6.3-15　各个水位条件下不同海滩坡度消波率**

| 水位(m) | 密度(/100 $m^2$) | 种植带宽度(m) | 海滩坡度 | | |
|---|---|---|---|---|---|
| | | | 1/200 | 1/100 | 1/50 |
| 1.43 | 100 棵 | 40 | 70.5% | 70.4% | |
| 2.22 | 100 棵 | 40 | 66.6% | 65.0% | 65.5% |
| 3.42 | 100 棵 | 40 | 53.5% | 54.9% | 57.9% |
| 4.32 | 100 棵 | 40 | 40.2% | 40.6% | 43.8% |

备注：由于坡度为 1/50 时，多年平均高水位 1.43 m 红树林尾部水深较浅，测不到波面过程，故不参与统计。

### 6.3.7 红树林消波率公式

本次试验水动力条件主要研究了入射波高 $H_0$、入射波周期 $T_{0m}$、水深 $D$ 等因素对红树林消波率的影响，植物条件主要研究了种植带宽度 $L$、种植密度

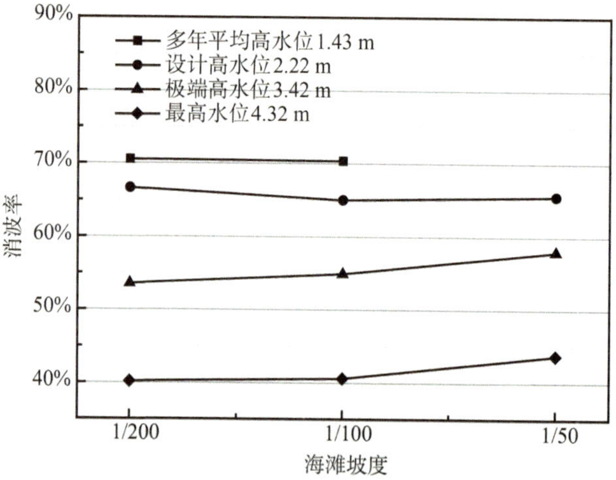


**图 6.3-9　各个水位条件下消波率随海滩坡度的变化**

$P$ 对红树林消波率的影响。另外本次研究还首次考虑了地形因素海滩坡度 $\beta$ 对红树林消波率的影响。为了研究不同水动力条件、植物因素、地形因素等对红树林消波率的相关函数关系，可将消波率表示为如下：

$$K_t = f(H_0, T_{0m}, D, L, P, h, \beta)$$

式中：$H_0$ 表示种植带前有效波高；$T_{0m}$ 表示种植带前有效波周期；$D$ 表示种植带前水深；$L$ 表示种植带宽度；$P$ 表示种植密度；$h$ 表示植物高度；$\beta$ 表示海滩坡度。

为了拟合消波率与上述参数的关系式，将参数无量纲化，消波率表示如下：

$$K_t = f\left(\frac{H_0}{D}, \frac{g{T_{0m}}^2}{D}, \frac{L}{l_m}, N\frac{P_i}{S}, \frac{h}{D}, \beta\right)$$

式中，$\frac{H_0}{D}$ 表示相对波高；$\frac{g{T_{0m}}^2}{D}$ 表示周期无因次量；$l_m$ 表示入射波浪平均波长；$\frac{L}{l_m}$ 表示种植带相对宽度；$P_i$ 表示单株植物横截面积；$N$ 表示单位面积植物株数；$S$ 表示种植区域面积；$h/D$ 表示植物相对高度；$\beta$ 表示海滩坡度。

为求得消波率与相关参数的关系，将式右端假设如下：

$$K_t = \gamma\left(\frac{H_0}{D}\right)^a \left(\frac{g{T_{0m}}^2}{D}\right)^b \left(\frac{L}{l_m}\right)^c \left(N\frac{P_i}{S}\right)^d \left(\frac{h}{D}\right)^e \beta^g$$

分别对上式两端取对数，然后得到下式：

$$\ln K_t = \ln\gamma + a\ln\frac{H_0}{D} + b\ln\frac{gT_{0m}^{\ 2}}{D} + c\ln\frac{L}{l_m} + d\ln N\frac{P_i}{S} + e\ln\frac{h}{D} + g\ln\beta$$

采用多元线性回归计算，置信区间95%的相关系数 $R^2 = 0.88$。计算分析得出的相关参数如下：$\gamma = 0.267$，$a = 0.391$，$b = 0.145$，$c = 0.492$，$d = 0.387$，$e = -0.321$，$g = 0.044$。根据上述拟合系数，则可得消波率公式如下：

$$K_t = 0.267\left(\frac{H_0}{D}\right)^{0.391}\left(\frac{gT_{0m}^{\ 2}}{D}\right)^{0.145}\left(\frac{L}{l_m}\right)^{0.492}\left(N\frac{P_i}{S}\right)^{0.387}\left(\frac{h}{D}\right)^{-0.321}\beta^{0.044}$$

植物消浪效果受多种因素影响，本次试验研究了入射波、入射波周期、植物带宽度、种植密度、树高及海滩坡度等因素的影响，然后将上述变量无量纲化，采用多元线性回归拟合出消波率公式，置信区间95%的相关系数 $R^2$ 为0.88，本次试验拟合相关性较高，消波率与相关变量成幂次关系函数。实测消波率与拟合公式计算的消波率对比见图6.3-10，其中每个点的 $x$ 代表公式计算消波率，$y$ 代表实测消波率，其中图中的曲线为 $y=x$，此曲线用于直观感受实测消波率与拟合公式计算消波率误差偏离程度。

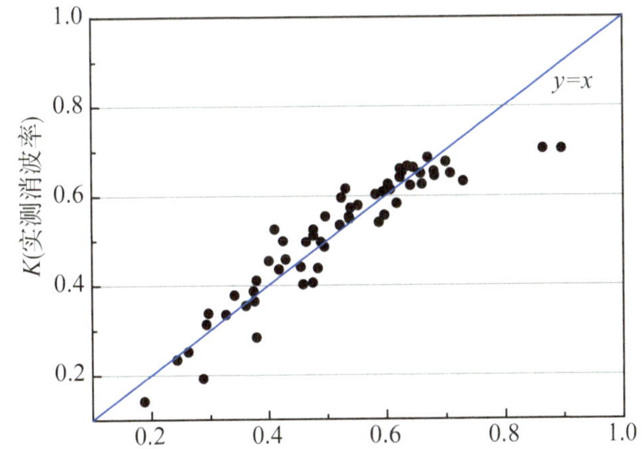


**图6.3-10 实测消波率与拟合公式计算消波率对比**

# 7

# 华南河口海岸台风浪潮灾害防御关键技术综合应用

## 7.1 小梅沙海岸带防灾减灾综合策略

### 7.1.1 小梅沙海岸带水动力特征

(1) 潮汐特征

距离小梅沙最近的潮位站为盐田港区验潮站，该站位于盐田水产码头，设于1985年4月，其潮汐特征与小梅沙海域基本一致。根据该站1985年5月至2018年10月潮位资料分析，盐田港区潮位特征值和工程潮位如下。

潮型属于不规则半日混合潮，日潮不等的现象比较明显。半日潮出现的天数为月平均25 d，全日潮为月平均25 d。主要潮位特征值如下。

| | |
|---|---|
| 最高潮位 | 3.10 m (2018年9月16日); |
| 最低潮位 | −0.31 m (1988年6月30日); |
| 平均海平面 | 1.20 m; |
| 平均高潮位 | 1.69 m; |
| 平均低潮位 | 0.62 m; |
| 最大潮差 | 2.72 m; |
| 平均潮差 | 1.07 m; |
| 平均涨潮历时 | 7 h 31 min; |
| 平均落潮历时 | 6 h 08 min。 |

大鹏湾属于弱潮流海湾，大鹏湾涨潮期间，潮流从湾口沿东岸往北流，表、中层潮流在平洲岛海域折向西，底层流向较为分散。落潮期间，潮流从湾内指向湾口，各层流向较为集中，尤其在冬季更显著。夏季在小梅沙以东附近出现局部环流。潮流流速一般在0.1～0.2 m/s间，涨潮流流速较落潮流流速大，涨潮底层流速与表层相当。

大鹏湾余流大小和方向随风场变化有所不同。冬季余流流速较小，流速为0.01～0.09 m/s；夏季余流流速较大，流速为0.02～0.18 m/s，中底层余流较小，流向湾顶。

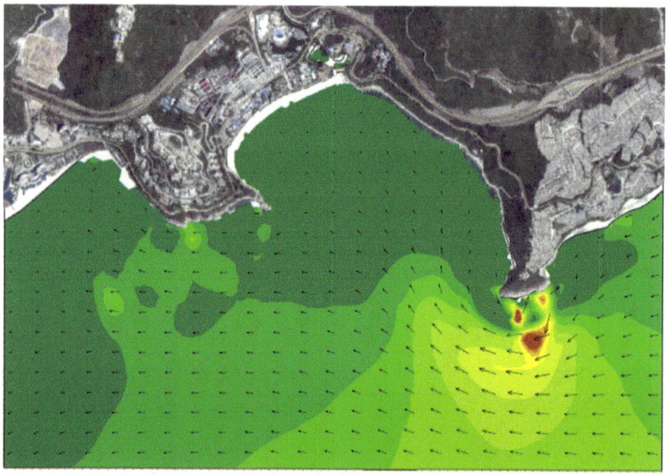

**图 7.1-1　小梅沙现状涨潮流流场图**

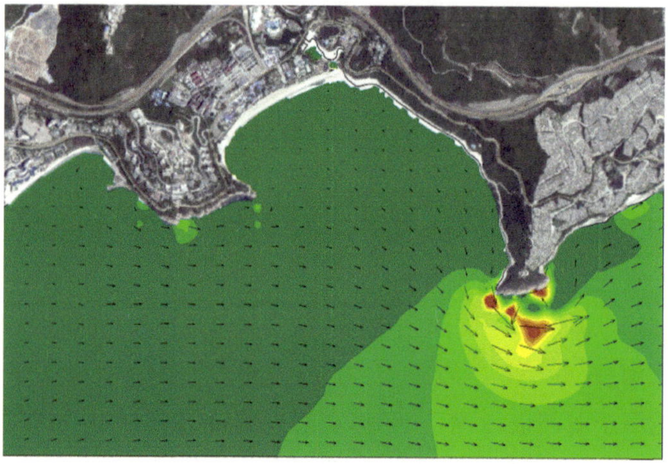

**图 7.1-2　小梅沙现状落潮流流场图**

小梅沙涨潮流从背仔角流向湾内，呈逆时针从小梅沙湾西岸流出，落潮时，湾内水流 SE 向流出，湾外水流落潮流向为 E 向。涨潮平均流速 0.06～0.10 m/s，落潮平均流速 0.04～0.09 m/s，涨潮流速总体大于落潮流速。

(2) 波浪特征

小梅沙所在的大鹏湾湾口面向东南，湾内波高总体不大。该海湾以风浪为主，外海长周期涌浪亦可进入海湾，形成混合浪。资料显示，湾内 $H_{1/10}$（取排在前面的 1/10 个波高数据取平均值)小于 0.6 m 的情况占全年的87.8%，湾口主波向在 SE～S 之间，平均 $H_{1/10}$ 约为1.1 m，最大 $H_{1/10}$ 4.6 m，周期为 5～8 s。

据大梅沙(参照点)附近 2014 年 4 月至 2019 年 6 月近六年测波资料统计，该海域常浪向为 SE 向，频率 79.78%；次常浪向为 SSE 向，频率为 11.02%。强浪向为 SE 向，实测 $H_{1/10}$ 为 2 m。该站实测 $H_{1/10}$ 小于 0.5 m 的情况占全年62.42%，大于 1 m 的占全年 0.52%。全年以风浪为主，外海长周期涌浪可以到达本海区，实测周期最大值 11.2 s，对应 $H_{1/10}$ 0.6 m，波向为 SE 向。

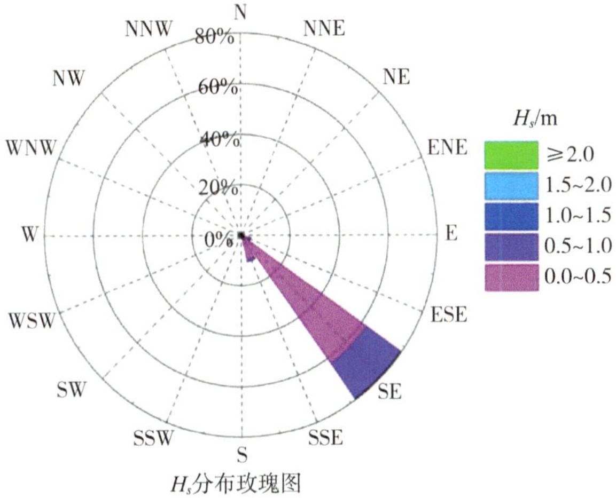


**图 7.1-3 大梅沙海域 2014—2019 年实测波浪玫瑰图**

从小梅沙波浪分布情况来看，常浪向及强浪向均为 SE 向，小梅沙东岸受到背仔角的掩护，波影区内波浪较小，50 年一遇设计波高小于 2 m，小梅沙湾正对 SE 向沙滩区域，波浪最大，可达到 3～4 m，西岸近岸段受到西部岬角掩护，波浪有所减小，大约为 2～3 m。

(3) 水环境现状

根据《深圳市 2016 年海洋环境状况公报》，小梅沙水域全年海水水质符合第一、二类海水水质标准，小梅沙海水浴场水质为优和良的天数比例分别为 67%、86%，适宜和较适宜游泳的天数比例分别为 55%、63%。

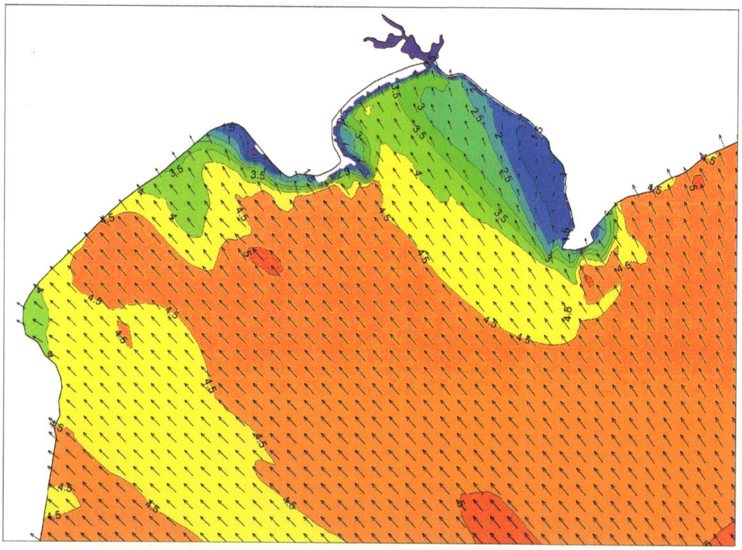


图 7.1-4　小梅沙海域 50 年一遇设计波高分布图

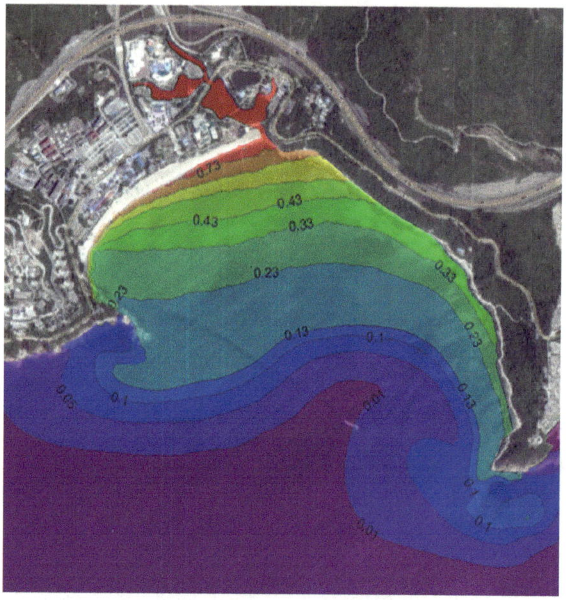


图 7.1-5　小梅沙现状水交换图

水体交换影响海湾内水环境质量，水体交换能力越强，水域水质越好，水体交换能力越弱，水域水质越差。为了分析小梅沙海域不同区域水质状况，构建小梅沙海域水体交换数学模型。从模型计算结果可以看出，靠近湾口的区域由于水域开敞，水交换能力最好，越往湾顶，水交换能力越差，小梅沙湾内东侧水域水交换能力均要强于西侧，主要是由于涨潮流从东侧进入小梅沙湾，增强了水交换能力。在小梅沙湾西北角，由于处于湾顶部，无天然水体注入，地形较高，流速较弱，使得该区域水动力较弱，水交换能力差，易成为污染蓄积区。

### 7.1.2 面临的主要问题

(1) 台风影响频繁

深圳位于珠江口沿岸，受热带气旋影响较频繁，根据1949—2015年《台风年鉴》(1989年改名为《热带气旋年鉴》)统计(以台风中心位置进入21°N～23°N，113°E～115.5°E区域内，热带气旋登陆或影响深圳沿岸海岛，即赤湾、港口及香港天文台实测风速达6级为标准)，67年间登陆或影响珠江口沿岸的热带气旋共有125个，年平均1.9个；每年6—10月为热带气旋主要影响季节，其中8月最多。热带气旋登陆前达到超强台风的有9个，达到强台风的有11个，台风24个，强热带风暴31个，热带风暴34个。

从季节分布来看，8月热带气旋出现最多，占27%，其次是9月占22%，严重危害珠江口沿岸的热带气旋多数也发生在8月和9月。

2018年台风“山竹”对深圳沿海造成了巨大的破坏。台风“山竹”于2018年9月16日17时在广东台山海宴镇登陆，登陆时中心附近最大风力14级(45 m/s，相当于162 km/h)。台风“山竹”袭击深圳期间，9月15日20时至17日14时，全市平均雨量187.2 mm，全市有151个站记录到10级以上阵风，74个站记录到12级以上阵风，沿海最大阵风16级(52.7 m/s)，陆地最大阵风15级(46.5 m/s)。9月16日13—15时，“山竹”距离深圳最近约130 km，中心附近最大风力15级(48 m/s，相当于162 km/h)。

根据赤湾站2018年9月14日8时至9月17日17时实测潮位资料分析，最大高潮位3.15 m(黄基，85高程为3.31 m)，出现在9月16日18时55分，最大增水2.46 m。盐田站最大高潮位2.94 m(黄基，85高程为3.10 m)出现在9月16日11时，最大增水1.83 m。

来源：中央气象台·台风网

**图 7.1-6　台风“山竹”路径示意图**

**表 7.1-1　“山竹”台风暴潮过程沿海验潮站增水及高潮位情况(黄基)**

| 观测站(点)名称 | 最大增水(m) | | 最大高潮位(m) | |
|---|---|---|---|---|
| | 增水值 | 时间 | 潮位值 | 时间 |
| 盐田站 | 1.83 | 16 日 11 时 | 2.94 | 16 日 11 时 43 分 |
| 赤湾站 | 2.46 | 16 日 18 时 | 3.15 | 16 日 18 时 55 分 |

注：56 黄海高程＝85 国家高程－0.16，下同。

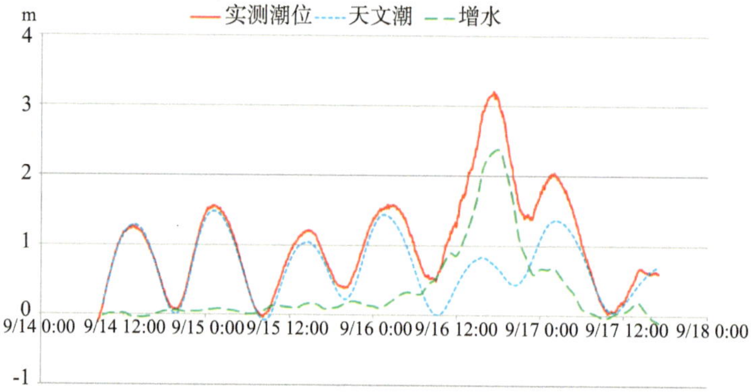


**图 7.1-7　赤湾站潮位过程图**

受“山竹”影响，深圳市东部沿海出现 4～7.5 m 巨浪到狂浪，西部沿海出现 1.5～2.5 m 的中到大浪。根据实测，东部浪高明显大于西部浪高，主要原因为东部主要风向为 E～ESE，即由海洋向陆地风，西部主要风向为 NE～ENE，即由大陆向海洋吹，且东部平均风速大于西部。

**表 7.1-2 “山竹”台风实测最大浪高表**

| 地区 | | 最大浪高(m) | | |
|---|---|---|---|---|
| | | 最大值 | 浮标站点 | 时间 |
| 1 | 东部 | 7.5 | 大鹏湾湾口 | 16 日 13 时 |
| 2 | 西部 | 2.5 | 珠江口内伶仃 | 16 日 17 时 |

2013 年起深圳市陆续在近岸海域投放了 8 套波浪浮标，其中在小梅沙附近的大梅沙海域布放了一套波浪浮标。经查，投放至今，大梅沙海域最大浪高 5.0 m，出现时间为 2018 年 9 月 16 日 15 时。

台风“山竹”过境，小梅沙海岸遭到巨大破坏，由于堤防防潮能力不足，海水漫过堤防，淹没后方低洼陆域，沙滩部分沙体被巨浪推举到沙滩后方陆域上，一大部分被巨浪淘刷卷走，造成沙滩沙源流失，两岸栈道均被巨浪打坏，至今仍未恢复。图 7.1-9 为遭遇“山竹”一年后小梅沙现场调研可见的“山竹”破坏后的景象。

图 7.1-8 大梅沙海滩巨浪

图 7.1-9　遭“山竹”台风破坏岸滩现场照片

(2) 赤潮频发

赤潮是在水温、光照、营养盐等环境条件适宜时，某些浮游藻类快速繁殖、高度聚集的一种海洋生态异常现象。赤潮有时可造成渔业危害，主要原因有：产生赤潮毒素、密度过大而堵塞鱼鳃，或由于其死亡分解导致水体缺氧等。

2016 年深圳市海域共发现赤潮 3 起，低于近 7 年来均值水平 4.7 次/年；累计赤潮面积约 75.5 $km^2$。赤潮均发生在大鹏湾沿岸海域，生物种类为红色赤潮藻和夜光藻。2016 年赤潮发现次数和累计面积较 2015 年均有所增加，其中，2012 年至 2016 年深圳东部大鹏湾海域共发现赤潮 12 起，年均值水平为 2.4 次/年，累计赤潮面积约 119.05 $km^2$；深圳东部大亚湾海域共发现赤潮 3 起，年均值水平为 0.6 次/年，累计赤潮面积约 5.5 $km^2$。

小梅沙海域近几年均有赤潮发生，发生次数、时间及面积见表 7.1-3。

表 7.1-3　2012—2016 年深圳市东部海域赤潮发生统计表

| 海区 | 赤潮发生次数/时间/面积($km^2$) | | | | |
|---|---|---|---|---|---|
| | 2012 年 | 2013 年 | 2014 年 | 2015 年 | 2016 年 |
| 大、小梅沙 | 2 次/4、7 月/20 (夜光藻、锥状斯克里普藻) | / | 4 次/4、5、6、11 月/8.05 (多纹膝沟藻、红色赤潮藻、夜光藻) | 1 次/8 月/1.5 (多环旋沟藻) | 1 次/3 月/70 (红色赤潮藻、夜光藻) |

## 7.1.3　海洋灾害韧性防护体系的构建

传统灾害学主要将灾害预报作为重点，然而灾害发生的时间和破坏力往往很难被准确预测，在城市规划中也试图“刚性”抵御各种风险和不确定性，这种“控制和命令”的方式未能认识到具备韧性和适应能力的社会生态系统自身的发展趋势。面对各种各样的城市风险，城市规划和管理亟待引入一种更灵活和具适应性的思路以应对未来各类不确定的风险与挑战，探索出一条更加安全、有抵御能力的可持续发展道路。在应对全球气候变化的大环境下，韧性理念为城市的安全发展提供了一种新思路，通过提升城市自身应对自然灾害的抵御能力、适应能力和学习能力降低灾害对城市的破坏。“韧性城市”(Resilient City)规划建设被认为是防灾、减灾、生态保护的一种新理念、新模式，是能够在冲击或变化下消化、吸收外界干扰，并保持原有主要结构和关键功能的城市系统。

为提高小梅沙滨海片区应对台风暴潮灾害的能力和自适应性，拟采用“刚性”基础设施与生态基础设施相结合的手段。“刚性”基础设施对于高强度的风暴潮的防御能力较好，但其景观和生态效益较差，而生态基础设施能较好地弥补这方面的缺陷，在有效防灾减灾的同时提高海岸带的生态功能和社会功能。

小梅沙海域防护系统由防潮堤、挡潮闸及防护沙滩等组成，考虑将防潮堤提高到200年一遇的防潮标准，在防潮堤前改造沙滩，增加沙滩的宽度和改善沙滩坡度，构造沙丘恢复完整沙滩结构，增强沙滩对风浪的消浪作用。改造海洋公园内潟湖与外海的溢流堰，增加防潮闸，保证小梅沙片区防潮体系封闭。在小梅沙西岸投放巨型礁石，起到衰减波浪能量的作用，减小波浪对西岸的淘刷。在小梅沙东岸岬角构筑透水式消浪栈桥。

深圳市小梅沙海岸带按国际咨询中防灾减灾的布局规划及应用效果评估进行规划，这是对华南河口海岸台风浪潮灾害防御关键技术的综合应用。针对小梅沙防潮、防浪、沙滩侵蚀及生态保育的问题，本次国际咨询中综合采用了风暴潮增水防灾减灾关键技术、强台风作用下海堤防护关键技术、海岸侵蚀保护防护关键技术。

(1) 防潮综合体系的构建

针对小梅沙现状防潮体系不闭合、堤防标准偏低等问题，本次国际咨询提出了堤防提标改造及河口建挡潮闸的综合防潮方案。

海堤堤防提标改造防潮标准确定：小梅沙近岸堤防仅5～20年一遇，不满足小梅沙日益发展的经济社会需求及应对高频极端气候变化的需求。根据小梅沙地区海堤所保护的城市重要性、人口数量及社区经济等，依据《防洪标准》(GB 50201—2014)、《海堤工程设计规范》(GB 51015—2014)的相关规定，同时结合极端恶劣天气，以不低于典型防潮标准（台风“山竹”）规划提高海堤的防潮标准，确定为200年一遇。

堤防形式确定：小梅沙定位为滨海国际旅游示范城镇，因此海堤设计需同时满足防潮及景观需求，本次国际咨询中利用强台风作用下海堤防护关键技术中“浪潮分离”的堤防设计方式，将堤前沙滩用于消浪，减小波浪爬高高度，降低堤顶高程。

堤顶高程计算：采用附近潮位站数据推求小梅沙设计频率水位，结合超级海堤的堤防断面形式，利用多尺度嵌套波浪耦合模型计算小梅沙堤前波浪爬高，根据《海堤工程设计规范》(GB 51015—2014)计算小梅沙堤顶高程。

闭合防潮体系设计：为保证小梅沙海洋世界景观湖的景观水位，现状小梅沙东北角景观湖与外海连接处仍保留一溢流堰，在低潮位时，内湖与外海通过溢流堰进行分割，当外海潮水涨至高潮位时，可漫过溢流堰，与内湖连通。在发生风暴潮时，风暴潮高潮位通过这个缺口侵入内湖，内湖周边仍存在较多低洼地段，高水位容易通过溢流堰对小梅沙片区低洼地段造成浸淹。

本次国际咨询中提出了“河口建闸”及“内湖建防潮驳岸”两种方案，采用华南河口海岸台风浪潮灾害防御关键技术中南海台风-海洋-海浪耦合模型计算两种方案的防灾减灾综合效益，通过比选，认为“河口建闸”较优。因此小梅沙防潮体系由提标改造后的堤防及河口挡潮闸共同构成了防潮闭合体系。

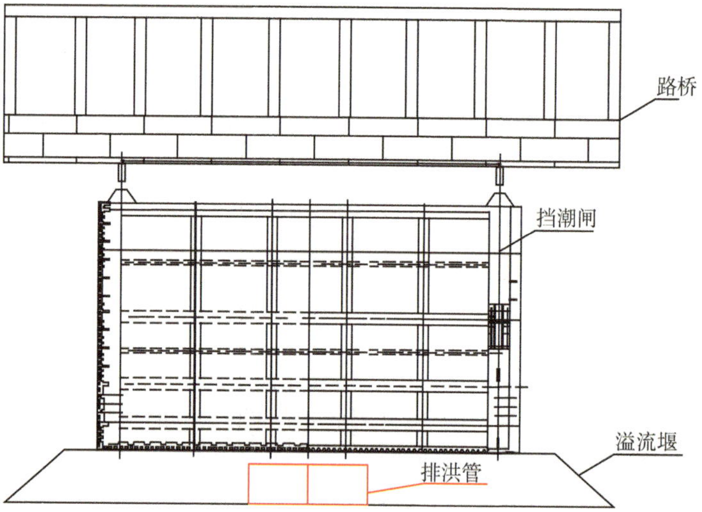


**图 7.1-10　河口挡潮闸平面图**

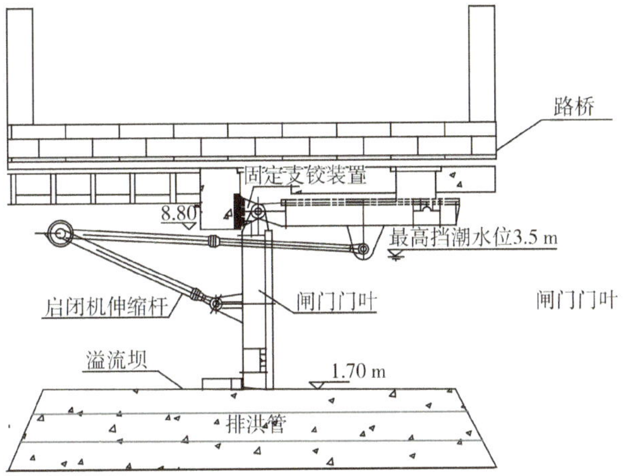


图 7.1-11 河口挡潮闸剖面图

(2) 沙滩保护与修复

小梅沙现状沙滩长约 800 m,沙滩宽度不足 60 m,小梅沙大酒店前沙滩宽度不足 40 m,沙滩陡,现状沙滩坡度为 1/13.5,沙滩砂质粗,体验性差,沙滩容易淘刷流失。

拟采用海岸侵蚀修复保护技术对现状沙滩进行修复,考虑对现有沙滩进行加宽变缓改造,同时营造人工沙丘构造沙滩完整性,增强沙滩对波浪的耗散作用,同时增加沙滩生态多样性,选用这种亲和性的海岸防护方式,加强人类与海洋的互动作用。

小梅沙大酒店以西岸滩宽度由原来的不足 60 m 扩宽到 110 m 左右,其中向陆扩宽约 10 m,向海扩宽 40 m,海滩坡度由现状 1/13.5 放缓到约 1/20,接近国际知名胜地的沙滩坡度(1‰~5%)。

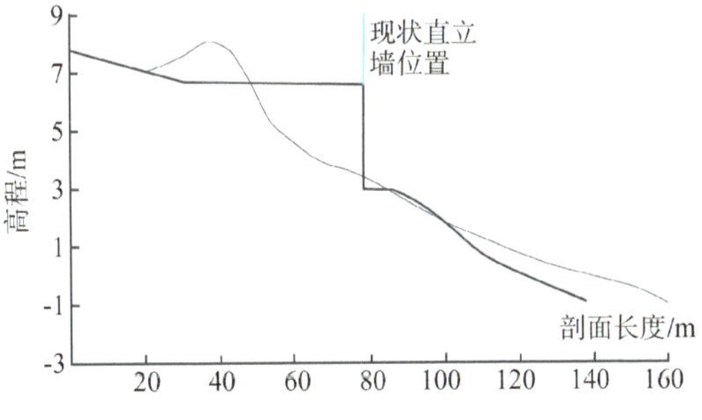


图 7.1-12 小梅沙大酒店以西沙滩增益改造前后断面比较图

小梅沙大酒店所在东侧岸滩宽度由原来的不足 40 m 扩宽到 60 m 左右，向海扩宽 20 m，海滩坡度由现状 9/60 放缓到约 4/60。水下－1 m 等深线与西侧等深线同步向外延伸，保持与原－2 m 等深线基本平行。

经改造后沙滩侵蚀将显著减慢，一方面沙滩加宽后消除了原直立堤对大浪的反射，有利于减缓岸滩侵蚀；另一方面，宽沙滩、高沙丘有利于耗散波浪能量，降低大浪对岸滩的侵蚀。因此，沙滩修复后改造系数（改造后与改造前的海滩宽度之比）显著增大、保存系数（改造海滩的实际寿命与设计寿命之比）明显增大，预估修复后沙滩沙体年保有量在 90%以上；效率系数（改造后和改造前海滩侵蚀率之比）将显著减小。

目前，随着海滩治理理念逐渐趋于生态性，国内外的海滩治理更倾向采用生态效应更优的抛沙养滩，即所谓的“软工程”护岸——向海滩抛沙，并辅以丁坝或离岸坝等“硬工程”护沙，达到增宽和稳定海滩的目的。

为维护岸线稳定性，通过海滩养护工程，对海滩进行吹填沙，以达到增宽海滩的效果，吹填沙源来自外海－5 m 等深线以外海域。此方法也被认为是当前抵御海岸侵蚀的最佳护岸措施。海滩砂松散，易受波浪、潮流等作用的卷挟，通过利用吹沙船等人为方式对海滩进行补沙，并借助波浪、潮流等水文条件使海滩达到平衡剖面的状态。

离岸潜堤是指在破浪带或其他浅水区平行岸线修建的坝，又称为离岸坝，可以使一部分波浪在岸外破碎，另一部分波浪从坝与坝之间的空隙传至坝后，发生绕射，使泥沙堆于坝岸之间，增宽海滩。

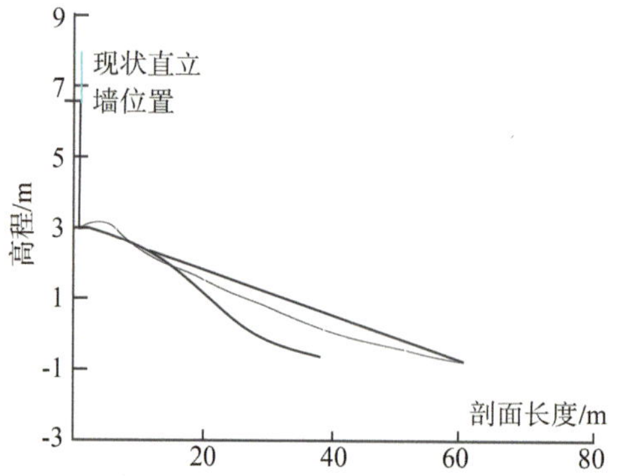


**图 7.1-13　小梅沙大酒店所在区域沙滩增益改造前后断面比较图**

本次方案拟在小梅沙海域现状游泳场前沿－5 m 等深线处构筑一条长约300 m 的蓄沙生态潜堤，潜堤中心采用排桩结构，迎滩面采用生态礁石构筑1∶2的坡面，背滩面采用生态礁石构筑1∶2的坡面。本次采用的生态礁石既能起到消浪作用，又能促进该海域渔业资源的保护和可持续发展，两者兼得。生态潜堤已在秦皇岛、祥云岛西南端等多处工程中得到了实例验证，取得了良好效果。

通过人工养滩＋潜堤工程，实现沙滩加宽变缓的效果，沙滩坡度保持在1∶20的最佳坡度，沙滩最宽增加至110 m。既适合亲水游玩，又可有效防止沙滩侵蚀。

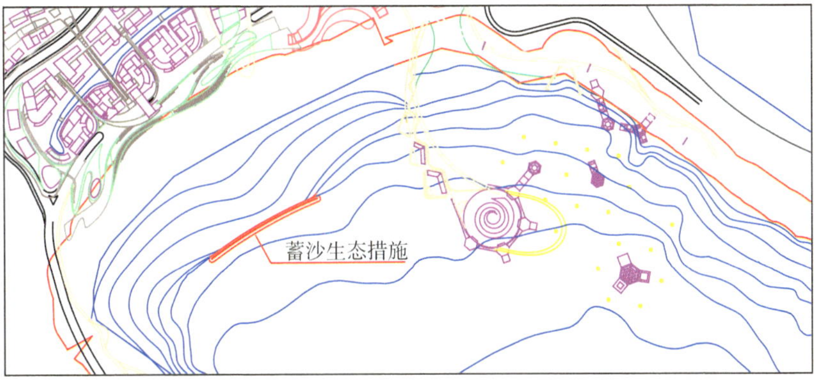


**图 7.1-14　蓄沙生态措施平面图**

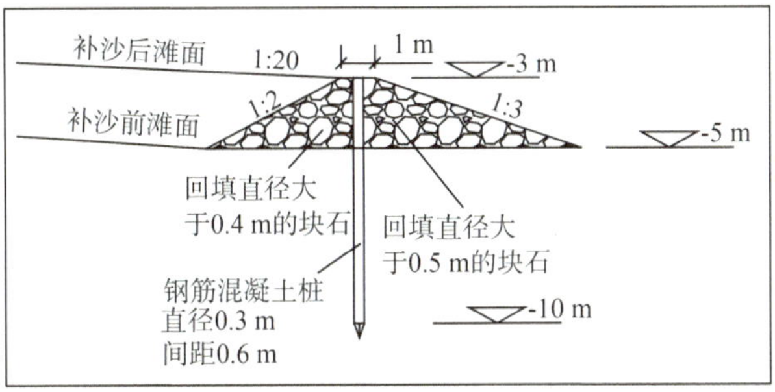


**图 7.1-15　蓄沙生态措施立面图**

（3）防浪减灾方案

①防浪巨石

从2018年小梅沙遭遇“山竹”台风的灾情来看，受灾地区主要集中在沙滩、后方低洼区域以及东西部岸线的人工栈桥，主要是台风巨浪的淘刷作用使得栈桥结构失稳倒塌。

拟在小梅沙西岸布置错落的几个天然巨石，直径 2～5 m，巨浪来时，可起到对波浪的耗散作用，消减波浪能量，减小波浪对西岸的破坏。

②防浪栈桥

由于东部岬角－8 m 等深线以内范围设置为珊瑚生态保育试验区，该区域靠近外海，虽然受到岬角的掩护作用，但是当遭遇台风灾害时，该区域受到的破坏影响较大。为了更有效地保护该区域，使生长的珊瑚及投放的珊瑚礁资源保持稳定，拟在岬角位置修建 150 m 的透空式防浪栈桥。

由于波浪传播过程中，90％的能量都是聚集在水面附近，因此，修建透空式防浪栈桥，其梁底高程位于年极值多年平均潮位，在日常无台风天气时，波浪、水流能自由通过，防浪栈桥对水体交换影响极小；当遭遇台风天气时，其栈桥的上部结构能够较好地抵挡水面附近的台风大浪，能够起到较好的台风浪消浪效果。

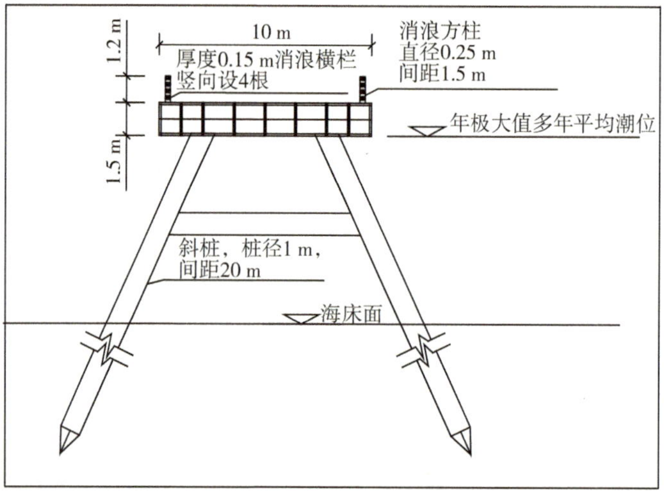


**图 7.1-16　台风防浪栈桥下部结构图**

## 7.1.4　防灾减灾效果分析

（1）防潮堤防灾效果分析

本次规划防潮堤顶高度为 8 m，防潮堤与河口挡潮闸构成了一个闭合的防潮系统，其设置高度能有效抵挡200年一遇及以下风暴潮漫滩，防潮堤与改造后的沙滩构成了一个完整的防潮防浪综合体，沙滩不仅可以消减波浪能耗，降低波浪对堤岸的淘刷，同时可提供更丰富的生态环境和亲水平台，是一个兼顾防灾减灾与生态环境的生境系统。

从小梅沙大酒店延伸出去的栈桥及隧道能对波浪起到较好地掩护作用，在栈桥下方形成波影区，有利于沙滩加宽加厚，能够起到较好的防浪效果。

(2) 西岸防浪巨石防浪效果分析

小梅沙西海岸正对强浪向及常浪向，容易受到波浪淘刷，在西海岸边布置几块大型防浪巨石，能衰减波能，起到保护西岸海岸线的作用。通过计算，设置防浪巨石，波浪衰减36%，工程后波浪效果图见图7.1-17。

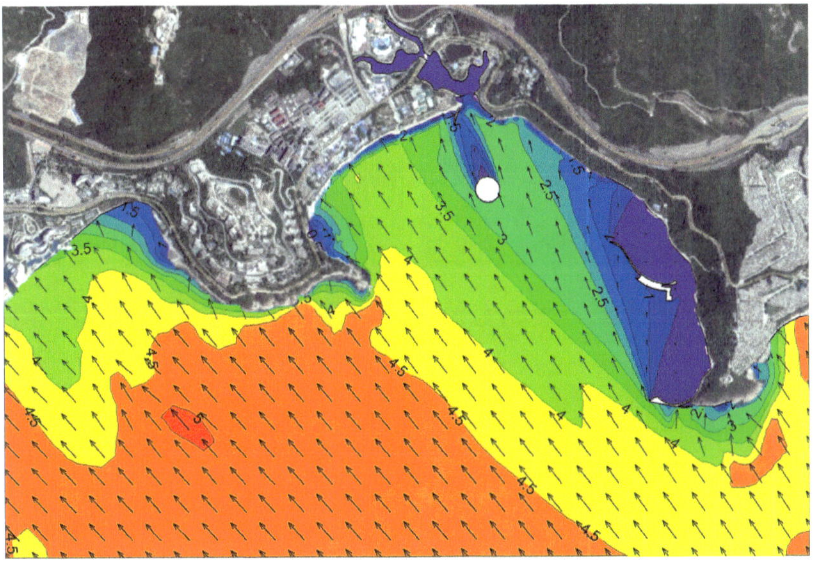

**图7.1-17　小梅沙工程后50年一遇SE向波高分布图**

(3) 东岸岬角防浪栈桥防浪效果分析

小梅沙东岸岬角伸出防浪栈桥，因其位于小梅沙岸线最外侧，桥梁底高程为多年极大值平均潮位，根据断面物理模型试验结果，当发生台风时，桥梁上部结构能有效衰减波能，栈桥掩护区域，波高较工程前衰减了70%，防浪栈桥的布置能较好地掩护珊瑚试验保护区，在保证水体流通的条件下，较好地防止台风浪对珊瑚的破坏。

日常情况下，防浪栈桥底高程高于天文潮水位，防浪栈桥对日常波浪无阻挡衰减作用。

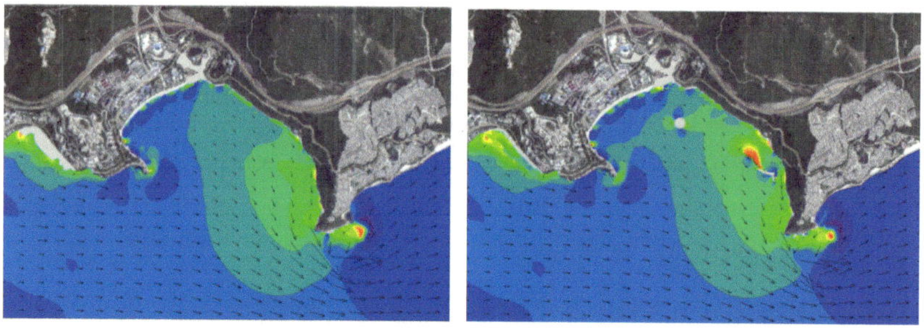

图 7.1-18　工程前、后落潮流流场图(左:工程前;右:工程后)

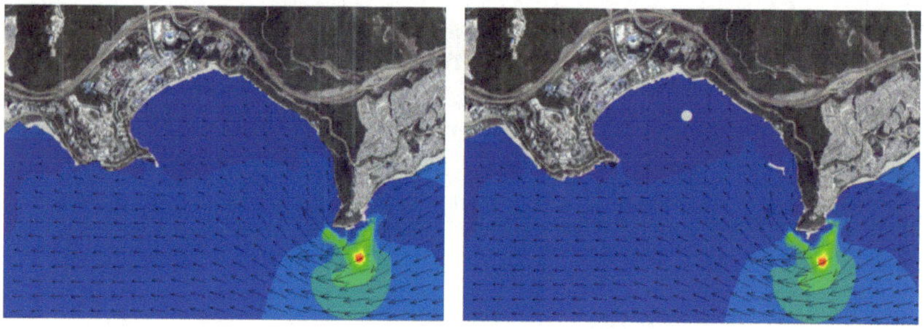

图 7.1-19　工程前、后涨流流场图(左:工程前;右:工程后)

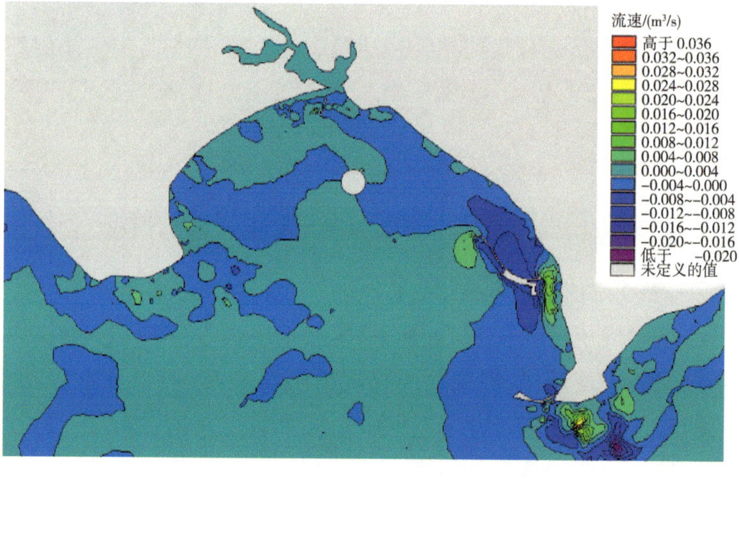

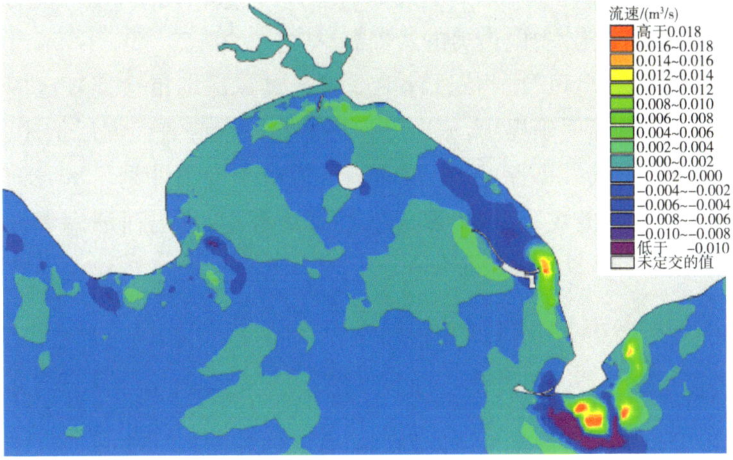


**图 7.1-20 工程前后流速差值等值线图(上:落潮流;下:涨潮流)**

(4) 游艇码头的综合影响分析

游艇码头布置在小梅沙东岸,游艇码头设计了一个实体式防波堤,能有效阻挡波浪,保证港内泊稳。由于游艇码头附近分布着珊瑚群,实体地方会改变水流交换,因此在堤防连接东岸的根部保留了约 50 m 的过流通道保证水体的畅通,通过计算,工程后,游艇码头港内波高均小于 0.5 m,较现状减小 1 m。由于码头的建设,堤防内外侧流速有所减小,过水通道位置流速有所增大,流速变化会对珊瑚生长造成影响,建议对流速变化值超过 50%的区域(游艇码头往北 100 m 范围)的珊瑚进行移植。

综上所述,规划的防灾减灾措施能较好地减小极端天气对小梅沙的影响,对小梅沙生态保育及防灾减灾起到增益作用。

## 7.2 深圳市大鹏新区南澳西涌城市设计国际咨询

### 7.2.1 项目概况

西涌东临大亚湾,西接大鹏湾,南望太平洋,三面环山,一面临海,社区总面积约 22 $km^2$。西涌海岸带是深圳迄今保护最完好的一块处女地,被誉为“深圳夏威夷”,拥有绵延 4 $km^2$ 的沙滩,沙质以“细、软、净”闻名;这里山海相连,群山叠翠,溪流纵横,植被茂盛,海域碧波荡漾,一望无垠。2005 年 10 月,在由《中国国家地理》主办的“中国最美的地方”评选活动中，以西涌为代表的大鹏半岛海岸被评为“中国最美的八大海岸”之一。

但西涌海滩在台风“山竹”过程中受损严重，《深圳市大鹏新区南澳西涌城市设计国际咨询》明确提出，城市设计理念和方案应兼顾灾后重建、民生提质与旅游发展，明确发展路径，为西涌制订近中期行动计划。本咨询主要针对西涌海岸带面临的灾害问题，基于韧性发展理念，提出西涌海岸带综合防灾体系策略。

## 7.2.2 海岸带防护体系构建

西涌海岸带韧性防护体系构建，包括闭合防潮体系构建、海岸防护体系构建、海岸带生态增益体系构建及洪潮风险区划分。

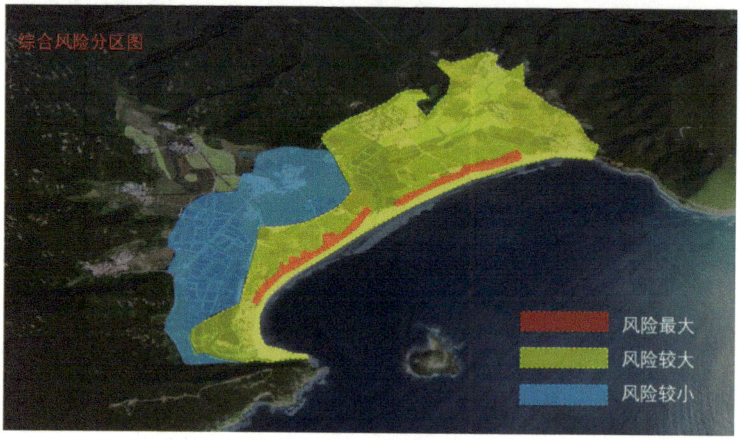


**图 7.2-1 西涌海湾现状综合风险分区图**

(1) 闭合防潮体系构建：通过淡水河和西贡河河口建闸、沙丘养护与侵蚀防护、南门头河口堤防生态化改造、淡水河和西贡河河口潟湖湿地修复等措施，构建西涌海岸带防(风暴)潮、消浪、纳潮、容洪的综合防御体系。

(2) 海岸防护体系构建：通过沙滩养护、滩肩附近植物种植、水下鱼礁、离岸分段潜堤、珊瑚培育、沙丘养护等综合措施，构建海岸带消浪、防浪综合体系，构建“沙丘-沙滩-沙坝-鱼礁潜堤”的岬湾砂质旅游海滩生态修复体系。

(3) 海岸带生态增益体系构建：通过河口潟湖湿地生态化改造、海岸损毁防风林修复，构建海岸带生态增益体系。

(4) 通过综合西涌海湾面临的台风暴潮、台风浪、山洪及内涝、海岸侵蚀及防风林损毁风险划分防护风险区。总体上西涌海湾最重要的基础资源砂质海岸面临的风险最大，其次是淡水河和南门头河区间的陆域，香蒲桃林及南侧西贡河流域风险相对较小。

### 7.2.3　灾害防护关键技术

在本研究中综合应用了海岸侵蚀修复保护关键技术、河口区台风暴潮高精预报技术及海堤生态防护关键技术。

（1）西涌海岸带岸滩保护与养护策略

西涌海岸岸滩保护，主要采取分段化保育策略，一方面采用补沙培厚，滩面加宽，配以滩面覆网（两端加配重）的临时措施；另一方面应用海岸滨面自动调整特性，自动调整岸滩坡度以适应区域海洋动力特征，构建“沙丘-沙滩-沙坝-鱼礁潜堤”的岬湾砂质海滩生态修复体系。

依据海岸带分段特征，针对不同岸段进行海滩保护。

①对于西侧游泳区，尽管有赖氏洲岛的遮挡，但因岛屿距海岸约 1 km，外海大浪传播至近岸时仍有一定的侵蚀能力，且－5 m 等深线附近水下坡度较大（图 7.2-2）。为防止该段海岸侵蚀，采用人工鱼礁集合离岸潜堤方式进行水下消浪。

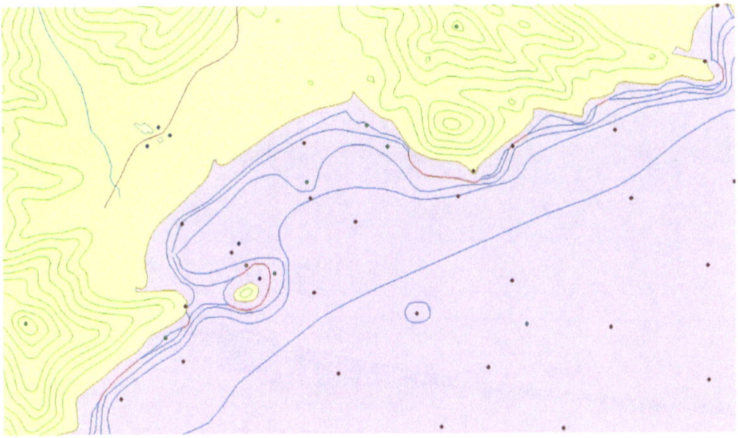

**图 7.2-2　西涌水下地形图**

人工鱼礁形式建造离岸潜堤的技术，不仅可以起到消浪护滩的作用，有效防止泥沙流失，还能为鱼类和贝类等海洋生物提供栖息地，改善周边生态环境，具有重要的生态功能。该项技术已在河北省秦皇岛市西海滩、金梦海滩等国内海滩修复工程中得到了广泛应用，取得良好效果。

②对于西涌河口以北、沙丘发育高度较低的岸段，采用人工养滩方式，既可放缓沙丘至海岸的坡度，又达到增加滩面干滩宽度的目的，还能美化岸滩景观，减缓岸滩侵蚀。养护沙丘高度以防御 50 年一遇风暴潮为标准，以风暴潮增水叠加波浪爬高为参考，并与相邻沙丘高度平顺衔接，初步估算沙丘顶高度在 9～10 m 之间，单宽平均补沙量为 22.52 $m^3/m$。

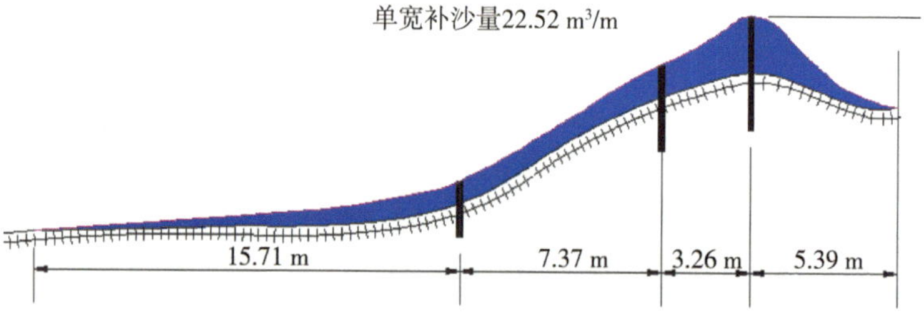


**图 7.2-3　沙丘补沙断面形态布置图**

对于建有部分护岸的岸段（1# —3# 断面），进行绿色海堤改造。采用人工补沙放缓护岸前沿斜坡，原海堤或护岸包覆于海滩内，以植被栽覆其上。同时适当填高沙丘，使得自沙丘至滩面形成平顺连接的上凹型剖面。单宽平均补沙量为 27.73 $m^3/m$。

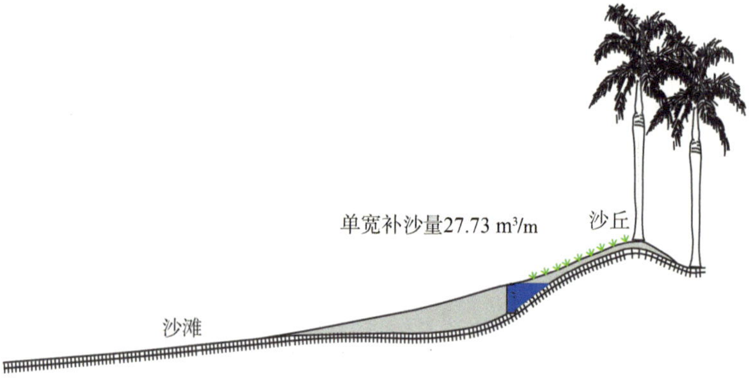


**图 7.2-4　沙丘补沙断面形态布置图**

③对于北侧开敞岸段（20# —25# 断面），因沙丘与滩面垂直高差大，沙丘坡度陡，采用人工补沙＋木排桩＋沙网组合进行滩面养护。木排桩结合拦沙网防止前滨海岸侵蚀导致的上部沙丘崩塌，人工补沙养滩放缓海滩滨面坡

度。增加沙丘前沿滩面地被植物覆盖度，减缓海浪侵蚀。经测算，单宽平均补沙量为 14.04 $m^3/m$。

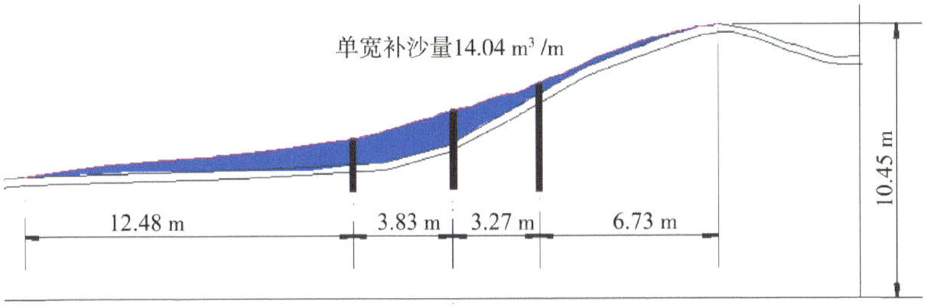


图 7.2-5 开敞岸段海滩养护断面图

④珊瑚菜保护区（13#—16#断面），珊瑚菜属于国家Ⅱ级重点保护野生植物，保护区位于木麻黄林南侧沙滩，受海岸开发的影响，其生境受到挤压。现阶段仅用木质围栏圈地隔离。由于其草本植物的特性，不能进行迁地保护。拟采用生态围栏进行原址保护，并预留一定的自由生长空间。

鉴于现状珊瑚菜保护区海滩剖面坡度较小，为避免保护区频繁地被海水淹没，在现围栏外侧人工构建一道人工沙坝，略高于大潮高潮位浪迹线，保障珊瑚菜生长周期内基本不受海潮淹没影响。沙坝顶部设置剑麻等灌木隔离带，既可防止沙坝侵蚀，又用于防止游客进入。

图 7.2-6 珊瑚菜保护区现状图

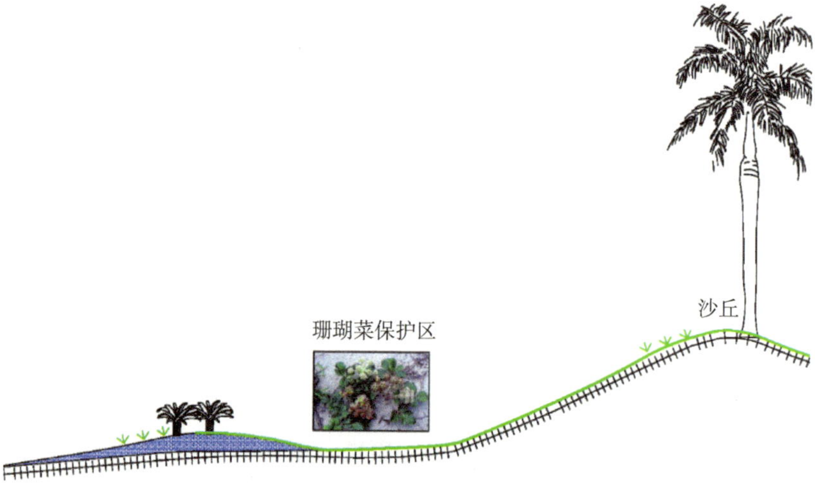


**图 7.2-7　珊瑚菜保护区保护措施示意图**

（2）西涌海岸河口灾害防护策略

河口生态化改造以广东省碧道建设规划为指引，以雨、洪、潮通道建设为前提，突出城市海岸带建设的安全保障；以生态廊道建设为核心，统筹山水林田湖草；以休闲文化廊道建设为重要载体，衔接绿道与古驿道，营造特色空间；以水陆联动发展为最终目标，实现绿水青山就是金山银山。

在华南诸多独流入海中小河流河口区，均发育有横向沙坝，河口须借助口门导堤以保持口门开敞和位置稳定(图 7.2-8)。而未建防沙堤的河口多被沙坝封堵口门而面临泄洪不畅，纳潮受阻后水体交换差，水环境恶化等问题(图 7.2-9)。西涌城市设计以高标准为约束，必然要求河口治理达到更高的防治标准。

①河口挡潮闸主要位于中部的淡水涌河口，因直面大海，河口区两侧沙丘不发育，河口成为风暴潮防御的薄弱区域。为建立闭合的防潮系统，需在河口设闸抵御风暴潮侵袭。

根据西涌海滩现场调查及断面观测结果，河口闸应与两侧沙丘连接，形成闭合的防御体系。闸门防潮高度在 9～10 m，建议采用下卧式闸门，遭遇风暴潮时升起闸门阻拦潮水，平时闸门下卧于河床底部，不影响河道景观。河口闸上部与两侧沙丘自由连通，增强了淡水涌河口两侧沙滩的连通度。闸门设计结合景观，打造独特的海岸景观。泰晤士水闸即是挡潮闸设计的成功案例。

（建设防沙堤对于保持口门位置稳定、持续开敞具有决定性作用；右侧防沙堤太短，导致西侧泥沙反向输沙封堵口门）

**图 7.2-8　口门防沙堤建设后口门开敞**

（当波浪动力较强时，口门易被沙坝封堵，仅在大洪水时发生冲决）

**图 7.2-9　河口沙坝封堵口门现状**

②西贡河河口区域作为城市设计的重点区域，需保持河口口门开敞，防止口门被外侧沙坝封闭。除了河口设闸外，还需在西贡河口左岸建防沙堤，防沙堤应向海延伸至破波带以外，且防沙堤河口侧宜采用直立式结构，以减小口门阻力，利于泄洪纳潮及维持口门稳定。

（防潮的薄弱地带，需建闸以抵御风暴潮的侵袭）

**图 7.2-10　淡水涌河口**

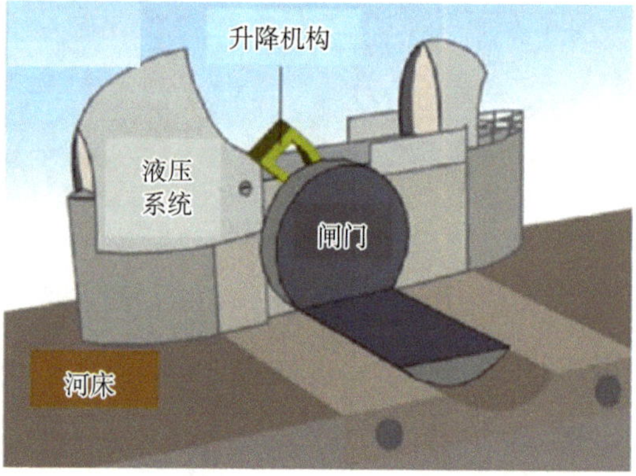


**图 7.2-11　泰晤士河口下卧式挡潮闸示意图**

③西贡河口内潟湖湿地整治首要任务是保持沙坝潟湖型河口口门稳定和保持开敞。河口保持开敞的动力，既有洪水冲决，又包括大潮期潮汐动力对口门的维持。因此，将西贡河口内已被围填成塘的区域恢复为自然湿地与潟湖水体自由连通，既能增加纳潮面积，又可在洪水期滞纳洪水，减缓区域防洪排涝压力。潟湖湿地整治结合海洋、渔民文化，兼顾修复、提升旧的西贡渔港文化及旅游价值的功能。

潟湖湿地整治还包括潟湖岸坡的生态化改造，选择本土草灌植被搭配，采用鱼礁护岸、红树林护坡、地被植被固沙、木麻黄防风等综合措施，构建潟湖湿地生态岸坡。

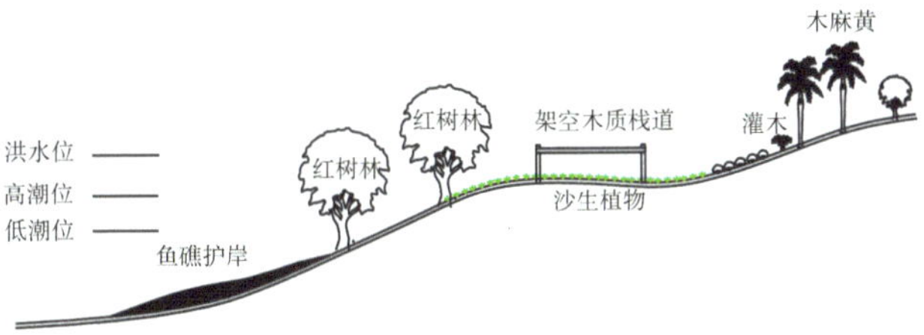


图 7.2-12　西贡河潟湖生态岸坡构建示意图

④河口堤防的生态化改造主要针对南门头河口的直立式堤防，南门头河集雨面积很小，日常流量对河口区地形地貌影响不大。堤防生态化改造是为了打破原有的灰色防护工程的硬约束，代之以柔性的生态堤防设计，在不降低过流能力、保证行洪安全的基础上，结合本土草灌植被特征，构建绿色生态堤防体系。

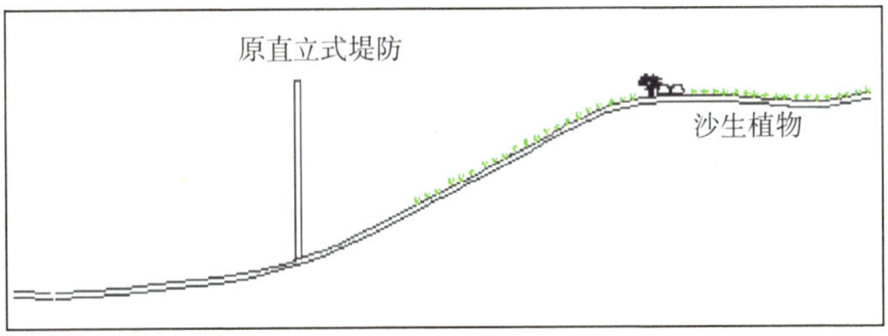


图 7.2-13　南门头河口堤防生态岸坡改造示意图

## 7.2.4　总体布局及效果分析

通过构建闭合防潮体系、海岸防护体系、海岸带生态增益体系，可显著降低西涌海湾的自然灾害风险。体系构建完成后西涌海湾自然灾害风险分区见图 7.2-14。对比修复与治理前后风险分区图，有如下明显变化：①受自然灾害威胁的区域显著减小；②西涌海湾核心资源砂质海岸灾害风险显著降低，范围缩小；③西涌河口潟湖区在采取扩大河口及增设水位调节闸、退渔还湖治理与修复措施后，整体风险水平显著下降，自然环境更为优良，有利于提升西涌海湾的旅游承载力。

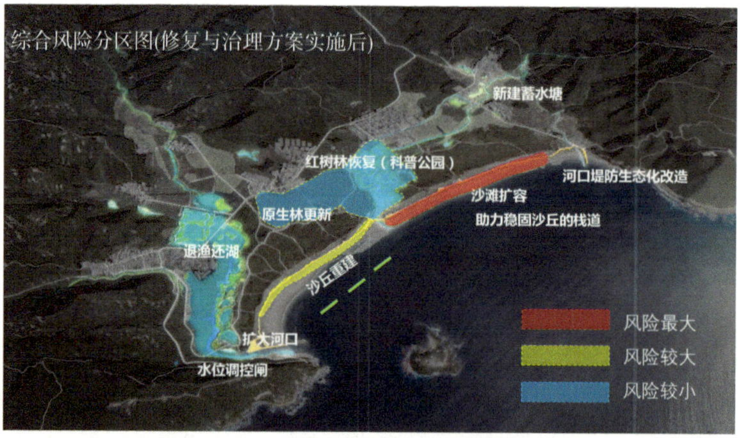


**图 7.2-14　西涌海湾修复与治理后风险分区图**

西涌海湾修复与治理后风险主要在海岸带沙丘附近，为防止淡水河口以西的游泳区海岸侵蚀，在水下布设人工鱼礁群以减缓侵蚀。珠江河口以东附近海域波浪波向以偏 SE 向为主，是岸滩冲淤演变的主导波向。为减缓波浪动力对该段海滩的侵蚀，提升西涌海滩游泳区承载能力，经反复计算比较，提出在−5 m 等深线以内水域沿 NE-SW 向布设 3 段 200 m 长离岸人工鱼礁群，礁群间隔 100～150 m。礁群顶标高在低潮位附近时，既可消减台风大浪强度，又可防止台风大浪造成岸滩泥沙过度流失。而在正常天气情况下，人工鱼礁对于海滩游泳区适宜的海浪影响较小(图 7.2-15)。

修复与治理方案实施后，可实现以下目标：

①退渔还湖及扩大西涌河口，开挖沙体可用于沙丘重建或岸滩补沙，实现挖填方平衡；同时扩大纳潮滞洪空间，有利于口门保持畅通，亦有利于调蓄洪水，降低洪涝风险；

②通过调控闸控制，西涌河口区风暴潮、台风浪风险显著降低，使得受控区间适合适度开发；

③中部淡水涌河口区退渔还湖，红树林恢复，与香蒲桃林共同构建科普公园，一方面增强对内涝水位的调蓄能力，另一方面增加口门纳潮动力，利于口门开敞，改善水质；

④东侧河口生态化改造，有利于泄洪排涝及改善河口景观，亦有利于高位地块开发，以及低位地块临时服务设施布置，提高当地人民的生活水平；

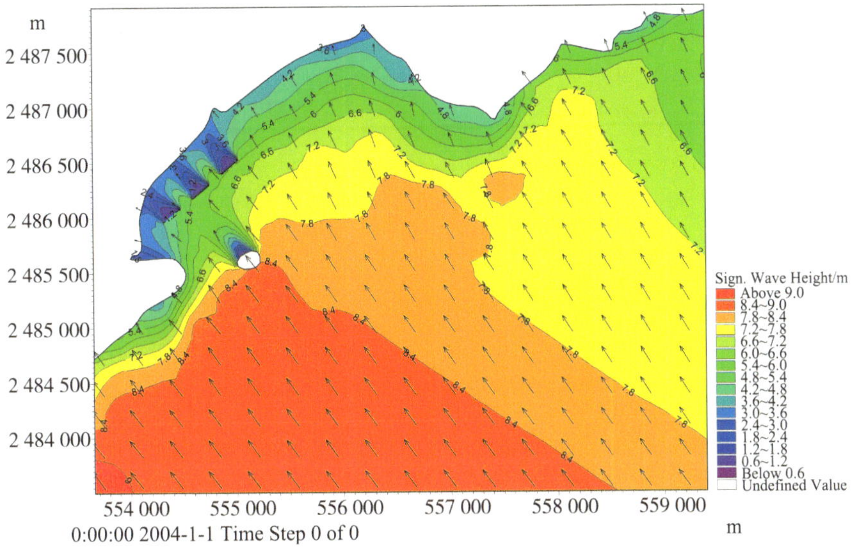


**图 7.2-15　西涌海域在极端高水位、50 年一遇 SE 向浪作用下波浪场(鱼礁布置后)**

⑤东侧沙滩扩容及稳固沙丘栈道有助于减缓海岸侵蚀，降低海岸侵蚀风险，并提升海滩旅游价值。

# 参考文献


[1] 张海燕.南海区台风风暴潮时空分布特征[J]. 海洋预报,2019,36(6):1-8.

[2] 国家海洋局. 2017 年中国海洋灾害公报[EB/OL].(2018-06-19). https://m.mnr.gov.cn/sj/sjfw/hy/gbgg/zghyzhgb/201806/t20180619_1798021.html.

[3] 董剑希,李涛,侯京明,等. 广东省风暴潮时空分布特征及重点城市风暴潮风险研究[J]. 海洋学报,2014,36(3):83-93.

[4] 中华人民共和国自然资源部. 中国海洋灾害公报[EB/OL]. https://www.mnr.gov.cn/sj/sjfw/hy/gbgg/zghyzhgb/.

[5] SUH S W, LEE H Y, K H J, et al. An efficient early warning system for typhoon storm surge based on time-varying advisories by coupled ADCIRC and SWAN[J]. Ocean dynamics,2015,65(5):617-646.

[6] JONES K, HANNA E. Design and implementation of an ecological engineering approach to coastal restoration at Loyola Beach, Kleberg County, Texas[J]. Ecological Engineering, 2004, 22(4-5):249-261.

[7] KABAT P, FRESCO L O, STIVE M J F, et al. Dutch coasts in transition[J]. Nature Geoscience, 2009,2 (7): 450-452.

[8] Council of Europe. European Code of Conduct for Coastal Zones [S]. 1999.

[9] US Army Corps of Engineers. The coastal engingeering manual [M]. //EM 1110-2-1100 (Part I) ,1 August 2008 (Change 2) .

[10] GITTMAN R K, PETERSON C H, CURRIN C A, et al. Living shorelines can enhance the nursery role of threatened estuarine habitats [J]. Ecological Applications, 2016,26: 249-263.

[11] 范航清. 广西沿海红树林养护海堤的生态模式及其效益评估[J]. 广西科学,1995, 2(4): 48-52.

[12] 严飞, 董学刚. 长江口炮台湾湿地公园生态景观型海堤设计[J]. 人民长江,2012, 43(S1): 7-10.

[13] 潘丹, 曾嵘. 城市生态景观型海堤岸带工程建设初探——以防城港西湾红沙环海堤工程规划为例[J]. 林业科技开发, 2014,28(2): 135-138.

[14] 陈国能. 广东全新世海岸线变迁[J]. 海洋地址与第四纪地质. 1991,11(2):47-55.

[15] 李春初. 华南港湾海岸的地貌特征[J]. 地理学报,1986,41(4): 311-320.

[16] 孙杰,詹文欢,姚衍桃,等. 广东省海岸侵蚀现状及影响因素分析[J]. 海洋学报,2015,37(7): 142-152.

[17] 刘孟兰,郑西来,韩联民,等. 南海区重点岸段海岸侵蚀现状成因分析与防治对策[J]. 海洋通报,2007,26(4):80-84.

[18] 李团结,刘春杉,李涛,等. 雷州半岛海岸侵蚀及其原因研究[J]. 热带地理,2011,31(3): 243-250.

[19] 广东省自然资源厅. 广东省海岸带综合保护与利用总体规划[EB/OL]. (2021-10-20). http://nr.gd.gov.cn/gkmlpt/content/3/3581/mmpost_3581827.html#682.

[20] 高岚. 广东省沿海防护林体系综合效益评价及可持续经营策略研究[M]. 北京:中国林业出版社, 2012.

[21] 许秀玉,曾锋,黎珊颖,等. 广东省沿海防护林体系建设现状、问题与对策[J]. 广东林业科技,2009, 25(5):98-101.

[22] WRIGHT L D, SHORT A. Morphodynamics of Beaches and Surf Zones in Australia[M]. //Handbook of Coastal Processes and Erosion. CRC Press, 1983.

[23] LIPPMANN T C, HOLMAN R A. Quantification of sand bar morphology: A video technique based on wave dissipation[J]. Journal of

Geophysical Research, 1989, 94(C1), 995.

[24] FRANCIS P SHEPARD, RUTH YOUNG. Distinguishing between Beach and Dune Sands[J]. Journal of Sedimentary Research, 1961, 31: 196-234.

[25] TAMURA T, NICHOLAS W A, OLIVER T S N, et al. Coarse-sand beach ridges at Cowley Beach, north-eastern Australia: Their formative processes and potential as records of tropical cyclone history[J]. Sedimentology, 2017, 65(3), 721-744.

[26] WARREN E YASSO. Plan geometry of headland-bay beaches[J]. The Journal of Geology, 1965, 73(5): 702-714.

[27] LARSON M, KRAUS N C, WISE R A. Equilibrium beach profiles under breaking and non-breaking waves [J]. Coastal Engineering, 1999, 36(1): 59-85.

[28] LEE P Z. The submarine equilibrium profile: a physical model[J]. Journal of Coastal Research, 1994, 10(1): 1-17.

[29] MAURICIO GONZÁLEZ, RAUL MENDINA. On the application of static equilibrium bay formulations to natural and man-made beaches [J]. Coastal Engineering, 2001, 43(3-4): 209-225.

[30] E1-Sabh IM. Statistical analysis of long term storm surge data: observation and modelling[C]. //Proceedings of International Symposium on Storm Surge ,Bei jing, China Ocean Press, 1990: 313-314.

[31] LI J C, NIE B C. Storm surge prediction: present status and future challenges [J]. Procedia IUTAM, 2017, 25, 3-9.

[32] 自然资源部海洋预警监测司. 中国海平面公报[EB/OL]. https://www.mnr.gov.cn/sj/sjfw/hy/gbgg/zghpmgb/.

[33] 杨桂山. 中国沿海风暴潮灾害的历史变化及未来趋向[J]. 自然灾害学报, 2000, 9(3): 23-30.

[34] PETAK W J, ATKISSON A A. Natural hazard losses in the united states: a public problem[J]. Review of Policy Research, 1985, 4(4), 662-669.

[35] PETAK W J, ATKISSON A A. Natural hazard risk assessment and public policy: Anticipating the unexpected [J]. Earth-Science Re-

views,1984,21(4):304-305.

[36] BUSH D M, NEAL W J, YOUNG R S, et al. Utilization of geo-indicators for rapid assessment of coastal-hazard risk and mitigation[J]. Ocean & Coastal Management, 1999,42(8), 647-670.

[37] 黄崇福,王家鼎. 模糊信息分析与应用[M]. 北京:北京师范大学出版社,1992.

[38] SYVITSKI J P M, KETTNER A J, OVEREEM I, et al. Sinking deltas due to human activities[J]. Nature Geo science, 2009,2 (10): 681-686.

[39] 李锋, 孟范平, 徐伟, 等. 中国海岸退化问题和整治修复工作评述[J]. 海洋科学前沿, 2018, 5(3): 99-107.

[40] SNYDER R L, DOBSON F W, ELLIOTT J A. Array measurements of atmospheric pressure fluctuations above surface gravity waves[J]. Journal of Fluid Mechanics, 1981,102(1), 1-59.

[41] JELESNIANSKI, JYE CHEN, WILSON A. Slosh:sea,lake and overland surges from hurricane[R]. NOAA Technical report NWS,1992: 48-71.

[42] SURANJANA SAHA, SHRINIVAS MOORTHI, HUA-LU PAN, et al. The NCEP Climate Forecast System Reanalysis[J]. American Meteorological Society, 2010,91(8):1015-1057.

[43] MELLOR G L, YAMADA T. Development of a turbulence closure model for geo-physical fluid problems[J]. Reviews of Geophysics. 1982,20(4): 851-875.

[44] 尹庆江,王喜年,吴少华. 镇海可能最大台风增水的计算[J]. 海洋学报, 1995,6:21-27.